"十四五"职业教育国家规划教材

高等职业教育计算机类课程
MOOC+SPOC 系列教材

U0771902

HTML5+CSS3

网页设计
任务教程

（第2版）

汤佳　陈晓男／主编

中国教育出版传媒集团

高等教育出版社·北京

内容提要

本书为"十四五"职业教育国家规划教材。

本书将网页制作中使用频率较高、具有代表性的案例按照知识点和技能点归纳、整理,构建 8 个单元、55 个任务,内容包括 HTML5 静态网站开发概述、HTML5 中常用标签的使用、CSS 基本应用、CSS3 高级应用、页面局部布局、页面整体布局、Bootstrap5 框架简介和 HTML5 综合案例。全书采用支持 HTML5 的 Web 集成开发环境——HBuilderX 作为开发工具,不仅提供了大量个人计算机(PC)端网站制作案例,还介绍了基于 Bootstrap5 框架的响应式网站经典案例和 WebApp 自适应网站的制作方法,并深入浅出地讲解了 HTML5+CSS3 的各项知识及实战技能,为读者学习后续专业课程奠定基础。

本书配有微课视频、拓展阅读、授课用 PPT、课程标准、教学日历、案例素材、源代码等丰富的数字化学习资源。与本书配套的数字课程"HTML5+CSS3 网页设计与制作"在"智慧职教"(www.icve.com.cn)及"中国大学 MOOC"(www.icourse163.org)平台上线,学习者可登录相应平台进行在线学习,授课教师可调用本课程构建符合自身教学特色的 SPOC 课程,详见"智慧职教"服务指南及前言说明。教师也可发邮件至编辑邮箱 1548103297@qq.com 获取相关资源。

本书为高等职业院校计算机类专业的网页设计与制作类课程的教学用书,也可供广大网页设计开发人员参考使用。

图书在版编目(C I P)数据

HTML5+CSS3 网页设计任务教程 / 汤佳,陈晓男主编 . --2 版 . --北京:高等教育出版社,2023.12

ISBN 978-7-04-060659-1

Ⅰ. ①H… Ⅱ. ①汤… ②陈… Ⅲ. ①超文本标记语言 -程序设计-高等职业教育-教材 ②网页制作工具-高等职业教育-教材 Ⅳ. ①TP312,8 ②TP393.092.2

中国国家版本馆 CIP 数据核字(2023)第 110675 号

HTML5+CSS3 Wangye Sheji Renwu Jiaocheng

策划编辑	刘子峰	责任编辑	刘子峰	封面设计	赵 阳	版式设计	于 婕
责任绘图	裴一丹	责任校对	窦丽娜	责任印制	耿 轩		

出版发行	高等教育出版社	网 址	http://www.hep.edu.cn
社 址	北京市西城区德外大街 4 号		http://www.hep.com.cn
邮政编码	100120	网上订购	http://www.hepmall.com.cn
印 刷	北京市联华印刷厂		http://www.hepmall.com
开 本	787 mm×1092 mm 1/16		http://www.hepmall.cn
印 张	18	版 次	2018 年 10 月第 1 版
字 数	460 千字		2023 年 12 月第 2 版
购书热线	010-58581118	印 次	2023 年 12 月第 1 次印刷
咨询电话	400-810-0598	定 价	49.80 元

本书如有缺页、倒页、脱页等质量问题,请到所购图书销售部门联系调换
版权所有 侵权必究
物 料 号 60659-00

▥ "智慧职教"服务指南

"智慧职教"（www.icve.com.cn）是由高等教育出版社建设和运营的职业教育数字教学资源共建共享平台和在线课程教学服务平台，与教材配套课程相关的部分包括资源库平台、职教云平台和 App 等。用户通过平台注册，登录即可使用该平台。

● 资源库平台：为学习者提供本教材配套课程及资源的浏览服务。

登录"智慧职教"平台，在首页搜索框中搜索"HTML5+CSS3 网页设计与制作"，找到对应作者主持的课程，加入课程参加学习，即可浏览课程资源。

● 职教云平台：帮助任课教师对本教材配套课程进行引用、修改，再发布为个性化课程（SPOC）。

1．登录职教云平台，在首页单击"新增课程"按钮，根据提示设置要构建的个性化课程的基本信息。

2．进入课程编辑页面设置教学班级后，在"教学管理"的"教学设计"中"导入"教材配套课程，可根据教学需要进行修改，再发布为个性化课程。

● App：帮助任课教师和学生基于新构建的个性化课程开展线上线下混合式、智能化教与学。

1．在应用市场搜索"智慧职教 icve"App，下载安装。

2．登录 App，任课教师指导学生加入个性化课程，并利用 App 提供的各类功能，开展课前、课中、课后的教学互动，构建智慧课堂。

"智慧职教"使用帮助及常见问题解答请访问 help.icve.com.cn。

前　言

从 1991 年万维网诞生至今,网页技术发生了翻天覆地的变化,开发语言从最初的 HTML 1.0 和 CSS 1.0 发展到现在的 HTML 5.3 和 CSS 3.0;开发技术从开始的表格排版发展到 DIV+CSS 排版,直至最近的弹性布局、响应式排版、WebApp 框架;开发工具从最初的 Dreamweaver 发展到 SharePoint 再到 HBuilderX,技术的革新、工具的进步、行业的发展要求教材内容必须与时俱进。本书作为极具"任务工单"特色的新形态一体化教材,采用 HTML5+CSS3 技术,结合 HBuilderX 开发工具,通过任务情景式教学,详细讲解网页设计的相关知识与技术。

本书为"十四五"职业教育国家规划教材。全书分为两部分,第一部分为网页基础案例,主要包括 HTML5 静态网站开发概述、HTML5 中常用标签的使用、CSS 基本应用、CSS3 高级应用、页面局部布局、页面整体布局以及 Bootstrap5 框架简介,帮助学生掌握个人计算机(PC)端网站、响应式网站和 WebApp 自适应网站的基本开发技巧。第二部分为 HTML5 综合案例,内容包括网站开发的基本流程及期末大作业,该部分主要介绍网站的基本开发流程,以及如何将第一部分的技巧融入综合案例中。

本书具有以下几个特点。

1. 内容丰富,由浅入深

本书以"看得懂、学得会、做得出"为原则,系统介绍网页开发的各种知识和技术,通过每个单元的内容逐渐引导学生进入网页开发的世界,并将新技术、新知识、新规范有机融入教材。书中所讲解的知识基础而实用,学生认真学习本课程后将基本具备网页开发的能力。编者根据多年 Web 前端开发和教育培训的丰富经验,对每个技术细节和实际工作中可能遇到的难点与易错点都进行了详细说明和提示,从而大大降低了学习门槛。

2. 结构清晰,讲解到位

本书针对每个需要讲解的知识点都给出了丰富的插图与完整的实例,使得初学者易于上手。书中所有的案例均基于企业实际开发需求,结构清晰明了,便于自学。同时,书中还给出了很多关于网页开发的实用技巧与心得,具有较高的参考价值。

3. 立德树人,提升素养

为推进党的二十大精神进教材、进课堂、进头脑,本次第 2 版修订探索将职业素养和专业知识有机融合。结合每单元的内容提炼出相应的能力与素养目标,重点培养和提升规范操作、精益求精的工匠精神、设计师的大局观和创新思维等核心职业素养,通过加强行为规范与思想意识的引领作用,满足"培养德才兼备的高素质 IT 人才"的时代要求;对各单元的网页制作案例进行全面更新,通过将弘扬中国传统文化和科技成果、介绍科学文化名人巨匠、鼓励科研创新、展示优秀校园文化和民族品牌形象等富有特色的案例融入教学,采用兴文化、展形象的方式增强学生的文化自信并激发其学习兴趣,树立创新发展的理念,培养拼搏奋斗的精神,体现"提高人才自主培养质量,着力造就拔尖创新人才"的教育理念。

4. 方法为先，数字支持

本书从初学者的角度出发，结合大量的案例来讲解相关知识，使得学习不再枯燥、拘泥、教条，学生可边学习边实践操作，避免学习的知识流于表面、限于理论。作为入门书籍，本书知识点和技能点比较庞杂，有限的纸面内容不可能面面俱到。技术学习的关键是方法，本书在很多实例中体现了方法的重要性，读者只要掌握了各种技术的运用方法，在学习更深入的知识时便可大大提高自学的效率。此外，为了方便广大读者通过线上线下混合式学习将知识、技能融会贯通并拓展所学，编者持续在"智慧职教"（www.icve.com.cn）及"中国大学 MOOC"（www.icourse163.org）平台更新与本书配套的数字课程"HTML5+CSS3 网页设计与制作"，体现现代信息技术与教育教学的深度融合，进一步推动教育数字化发展。有兴趣的读者可以扫描课程二维码并登录相应平台进行在线学习。

智慧职教
数字课程

中国大学 MOOC
数字课程

本书建议课时分配如下：PC 端网站 40 课时，响应式网站 16 课时，WebApp 自适应网站 8 课时。各院校可以根据本校实际课时数进行案例讲解。

本书由汤佳、陈晓男主编，汤佳主要负责案例重构、初稿编写、文字审核、视频录制及其他资源配套工作，陈晓男负责知识点整理及文字组织工作。特别感谢张春燕、华敏敏、周谢益三位教师对本书提出了宝贵的意见及建议。

本书在写作过程中力求严谨，案例也经过精心设计，但由于编者水平有限，书中不妥之处在所难免，敬请广大读者批评指正。

编　者
2023 年 6 月

目　录

单元 1　HTML5 静态网站开发概述　　1

任务 1-1　常用 HTML5 开发环境的搭建　　2
任务 1-2　完成第一个 HTML5 页面　　5
单元小结　　7

单元 2　HTML5 中常用标签的使用　　9

任务 2-1　使用\<marquee\>标签制作
　　　　　滚动字幕　　10
任务 2-2　使用\<a\>标签实现超链接　　11
任务 2-3　使用\<a\>标签实现锚点链接　　12
任务 2-4　使用文本类标签实现文本的显示　　14
任务 2-5　使用文本格式类属性实现文本的
　　　　　特殊显示效果　　21
任务 2-6　使用转义字符显示特殊符号　　24
任务 2-7　使用图像类标签显示图像及图像
　　　　　映射　　26
任务 2-8　\<iframe\>标签的使用　　31
任务 2-9　多媒体标签的使用　　33
任务 2-10　表单的简单应用　　36
任务 2-11　表单格式验证　　42
单元小结　　46

单元 3　CSS 基本应用　　49

任务 3-1　使用 CSS 设置 body 样式　　50
任务 3-2　CSS 元素选择器的使用　　53
任务 3-3　内联式、嵌入式、外部式样式的
　　　　　使用　　62
任务 3-4　测试样式优先级　　63
任务 3-5　创建盒子模型　　66

任务 3-6　CSS 中 float 属性的使用　　69
任务 3-7　常用文本样式属性的使用　　72
任务 3-8　常用图片样式属性的使用　　77
任务 3-9　position 的 4 种定位方式的使用　　85
任务 3-10　Chrome 浏览器调试基本技巧　　91
单元小结　　95

单元 4　CSS3 高级应用　　97

任务 4-1　Font Awesome 图标的
　　　　　使用　　98
任务 4-2　CSS3 图片背景的使用　　100
任务 4-3　制作搜索框　　105
任务 4-4　制作无间隙滚动文字和图片　　108
任务 4-5　制作轮播文字和图片　　113
任务 4-6　制作多种文字特效　　116
任务 4-7　制作图片遮罩和悬停特效　　120
单元小结　　127

单元 5　页面局部布局　　129

任务 5-1　图文混排与文字溢出　　130
任务 5-2　中英文混合标题　　135
任务 5-3　阅读更多内容　　137
任务 5-4　制作文字选项卡与图片选项卡　　140
任务 5-5　制作内容折叠与菜单折叠　　144
任务 5-6　制作导航条　　150
任务 5-7　制作文字列表、图文混排列表和
　　　　　缩略图列表　　156
任务 5-8　制作登录界面　　165
任务 5-9　制作评论区　　167
单元小结　　171

单元 6   页面整体布局   173

任务 6-1   960 网格系统在网页制作中的
使用   174

任务 6-2   clearfix 和 clear 的使用   180

任务 6-3   常用经典布局   182

任务 6-4   常用弹性布局   189

任务 6-5   表格基本知识   194

任务 6-6   使用表格制作个人简历   206

任务 6-7   使用表格制作 QQ 邮箱   212

任务 6-8   使用基于 lib-flexible 库的
rem 单位制作自适应网站   219

单元小结   235

单元 7   Bootstrap5 框架简介   237

任务 7-1   Bootstrap5 基础知识   238

任务 7-2   制作栅格化布局页面   240

任务 7-3   制作响应式导航栏   245

任务 7-4   制作响应式轮播图   248

任务 7-5   制作响应式文字和图片   252

任务 7-6   制作完整的响应式网站   253

单元小结   265

单元 8   HTML5 综合案例   269

任务 8-1   静态网页开发的基本流程   270

任务 8-2   期末大作业   274

单元小结   276

参考文献   277

单元 *1*

HTML5 静态网站开发概述

🔍 **学习目标**

【知识与技能目标】

1. 了解开发工具 HBuilderX 及其相关使用技巧。

2. 掌握网站文件及文件夹的存储方法。

3. 了解网页的命名规则和四大命名规范。

4. 掌握 HTML5 标签的组成结构。

5. 了解并掌握 HTML5 代码注释的使用方法。

【能力与素养目标】

总体目标：熟悉代码编写规范。

1. 掌握规范化、标准化的代码编写习惯。

2. 具备勤学善问、举一反三的钻研精神。

3. 提升自学能力，加强有效学习，保持核心竞争力。

任务 1-1 常用 HTML5 开发环境的搭建

任务描述

本书第 1 版所使用的 HBuilder 目前已经升级为 HBuilderX（以下简称 HX），是当前最高效的 HTML5 开发工具之一。HX 提供了强大的代码助手，可帮助用户快速完成开发；其还拥有最全的语法库和浏览器兼容性数据，可以很好地解决浏览器碎片化等令人头痛的问题。因此，本书选择 HX 作为开发工具进行开发环境的搭建以及后续任务的讲述。

HX 是数字天堂（北京）网络技术有限公司（DCloud）推出的集成开发环境，是一款免费、免安装软件，可从 DCloud 官网直接下载，目前的最新版本是 HX3.7.3。HX 具有轻巧、快速、小程序支持等特点，深受广大用户的喜爱。图 1-1-1 所示为 HX 的初始界面。

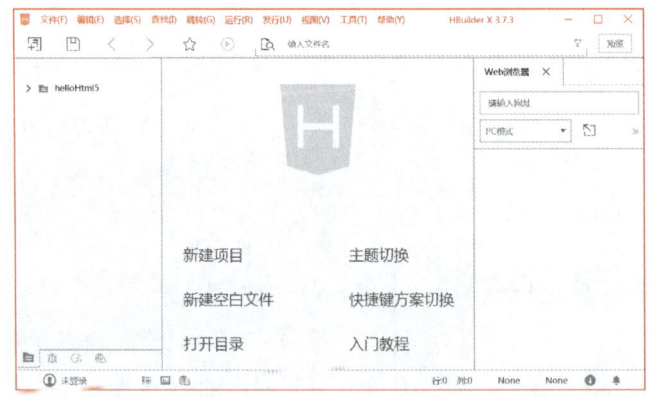

图 1-1-1
HX 初始界面

笔 记

从图 1-1-1 中可以看到，HX 初始界面的左侧窗格是项目管理器；中间窗格是显示项目文件的主窗口，未打开项目文件时，可在主窗口中快捷地新建或打开项目；右侧窗格是 Web 浏览器的预览窗格，可在编写代码的同时看到网页效果，起到所见即所得的作用。

基础知识

1. 静态网站页面文件命名规范

一个完整的静态网站不仅有一个首页文件，并可根据需求创建多个子页面文件，这些文件一般放在网站根目录下。子页面文件的命名遵循编程语言使用的标识符命名规则，即统一用小写的英文字母、数字和下画线的组合，不能含有汉字、空格和特殊字符。目前业界常用的命名规则有骆驼（Camel）式命名法、帕斯卡（Pascal）命名法、匈牙利（Hungarian）命名法和下画线（_）命名法。

1）骆驼式命名法：也称为小驼峰命名法，即当标识符是由一个或多个单词连接在一起构成的唯一识别字时，第一个单词以小写字母开始，之后每个单词的首字母都大写，如 myFirstName、myLastName。这样的标识符看上去就像骆驼一样此起彼伏，故因此得名。

2）帕斯卡命名法：也称为大驼峰命名法，与骆驼式命名法相似，不同的是采用帕斯卡命名法的标识符的第一个单词是以大写字母开始，如 MyFirstName、MyLastName。

3）匈牙利命名法：命名的基本原则是"变量名=属性+类型+对象描述"。标识符以一个或者多个小写字母作为前缀，前缀之后是一个首字母大写的单词或多个单词组合，该单词或单词组合要指明变量的用途。例如，iMyAge、cMyName[10]、fManHeight 表示 3 个变量的类型分别为 int、char、float。

4）下画线命名法：该方法是随着 C 语言的出现而流行起来的，在 UNIX、Linux 环境以及 GNU 代码中使用非常普遍。采用下画线命名法时，标识符中用到的单词使用小写字母，单词之间用下画线分隔，如 book_author、book_price。

对于采用哪种命名规范，应该为子页面取什么文件名，虽然没有明确规定，但是必须遵循方便理解、见名知意的原则。本书推荐使用可体现子页面功能的英文单词为子页面命名，命名规则采用骆驼式命名法。例如：

- 首页——index.html
- 产品列表——proList.html，产品详细页面——proDetail.html
- 新闻列表——newsList.html，新闻详细页面——newsDetail.html
- 发展历史——history.html
- 关于我们——about.html
- 联系我们——contact.html

对于不熟悉英文的开发者，建议使用可体现子页面功能的汉语词语的拼音为子页面命名。如果使用简化的拼音，则首字母小写，从第二个字母开始需要大写，以示不同的汉语词语。例如：

- 首页——index.html
- 产品列表——cPLB.html，产品详细页面——cPXX.html
- 新闻列表——xWLB.html，新闻详细页面——xWXX.html
- 发展历史——fZLS.html
- 关于我们——gYWM.html
- 联系我们——lXWM.html

2. 静态网站页面文件命名实例

例如，搭建一个名为海德的企业网站之前，需要创建 haide 文件夹和 index.html（网站首页）、news.html（新闻列表）、product.html（公司产品）、service.html（公司服务）和 contact.html（联系我们）等页面。企业网站目录结构如图 1-1-2 所示。

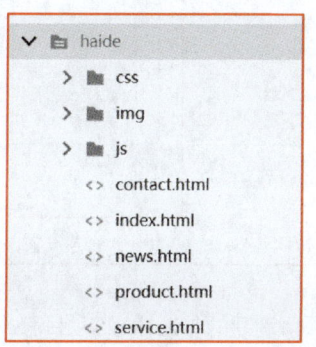

图 1-1-2
企业网站目录结构

微课 1-1
常用 HTML5
开发环境的
搭建

源代码：Blog 网站的
建立

任务实现

拓展阅读 1-1
HBuilderX
快捷键大全

1）在 HX 初始界面中，可以使用菜单命令式快捷方式新建一个普通项目，此时会打开"新建普通项目"页面，如图 1-1-3 所示。

图 1-1-3
新建普通项目

2）按照提示的信息填写相应的项目名称及项目的存储位置。项目的存储位置可以使用 HX 的默认位置，也可以根据开发者的机器环境指定存储的位置。本任务创建了一个名为 helloHtml5 的普通项目，存储在 D 盘的 web1Eg 文件夹中，并且选择"基本 HTML 项目"模板，如图 1-1-4 所示。单击"创建"按钮，就可以在项目管理器中看到新建的名为 helloHtml5 的 Web 项目，主窗口的右下角会弹出"项目[helloHtml5]创建成功"对话框，如图 1-1-5 所示。

图 1-1-4
指定项目名称和存储路径

3）从图 1-1-5 中可以看到，新建的 helloHtml5 项目有 3 个文件夹和一个名为 index.html 的文件，这是一个完整的静态网站所必需的文件结构。

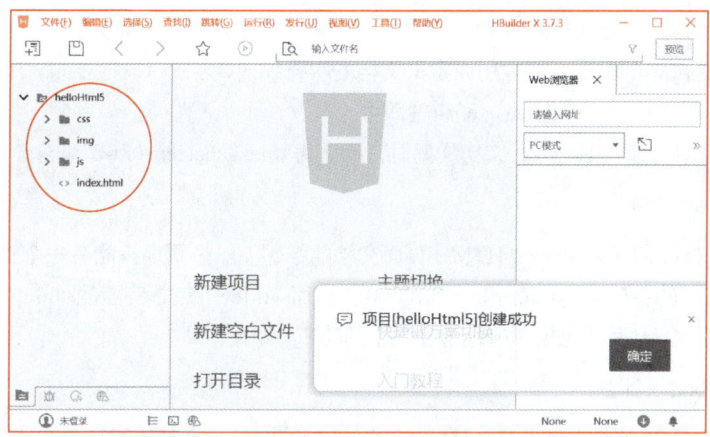

图 1-1-5
项目创建成功

说明：

① css 文件夹。该文件夹用来存放网站的样式文件，样式文件的扩展名为 css。

② img 文件夹。该文件夹用来存放网站页面显示的图片文件，常用的图片文件格式为 JPG，其他的如 PNG、GIF 等格式的图片文件也需要放置在此文件夹中。

③ js 文件夹。该文件夹用来存放完成网站相关功能的脚本文件，脚本文件的扩展名为 js。

④ index.html 文件。一个静态网站的首页文件默认使用 index.html 命名，所以在 HX 中创建一个 Web 项目时会自动创建一个空的 index.html 文件。

任务 1-2　完成第一个 HTML5 页面

任务描述

完成任务 1-1 所创建的项目 helloHtml5 的首页，要求在页面上显示"Hello HTML5！"。具体效果如图 1-2-1 所示。

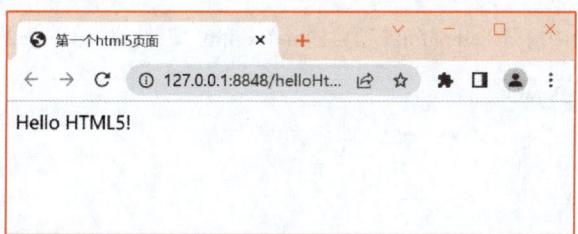

图 1-2-1
第一个 HTML5 页面

基础知识

拓展阅读 1-2
<meta>标签
常用属性

1. <meta>、<title>、<body>标签的使用

（1）<meta>标签

<meta>标签用来描述一个 HTML 页面文档的属性，可提供有关页面的元信息，如作

者、日期和时间、网页描述、关键词和页面刷新等，位于页面文档的头部。在 HTML5 中，<meta>标签添加了 charset 属性用以定义文档的字符编码，若没有其他要求，HTML5 页面文档中只写明<meta>标签的 charset 属性即可。

在 HX 中，编辑 HTML5 文档代码时，默认为<meta charset="utf-8" />。

（2）<title>标签

<title>标签用来定义一个 HTML 页面文档的标题。一个页面只能有一个<title>标签，位于页面文档的头部。"<title>第一个 HTML5 页面</title>"就是完整的<title>标签。它是一个双标记标签，后标记相对前标记多一个"/"符号。

（3）<body>标签

<body>标签用来定义页面文档的主体。该标签中包含文档的所有内容（如文本、超链接、图像、表格和列表等）。<body>标签支持 HTML5 中的标准属性和事件属性。

2. HTML5 注释标签的使用

1）在 HTML5 中，注释标签用于在源代码中插入注释，注释的内容不会显示在浏览器中。注释标签的格式为<!--注释的内容-->。选中需要注释的内容，可以利用"Ctrl+/"快捷键实现注释，再次按该快捷键就可以取消注释。

2）在 HTML5 中，可使用注释标签对相关代码进行解释，这样做有助于开发者自己进行代码检查或者其他开发人员对代码进行修改。尤其是编写大量代码时，注释的作用非常明显。

3）需要在页面文档中添加脚本时，使用注释标签隐藏浏览器不支持的脚本也是一个好习惯。

4）在 HTML5 中，注释标签仅仅起到解释相关代码的作用，它不支持任何标准属性和事件属性。

微课 1-2
完成第一个
HTML5 页面

任务实现

1）在主窗口中打开 helloHtml5 项目的 index.html 文件，如图 1-2-2 所示。

```
index.html
1  <!DOCTYPE html>
2  <html>
3
4      <head>
5          <meta charset="utf-8" />
6          <title>第一个HTML5页面</title>
7      </head>
8
9      <body>
10         <!-- 内容主体开始-->
11         Hello HTML5
12         <!-- 内容主体结束-->
13     </body>
14
15  </html>
```

语法提示库　　行:16 列:1　　UTF-8(BOM)　　HTML

图 1-2-2
index.html 文件

2）从图 1-2-2 中可以看到，HTML5 文件代码的首行<!DOCTYPE html>用来声明该页面所使用的 HTML 版本。HTML5 代码中只有这一种声明，它必须放置在<html>标签的前面。

3）第二行就是 HTML5 代码的开始标签<html>，HTML5 文档的所有内容都包含在这个标签中。HTML5 文档的内容分为两部分，头部<head>…</head>和主体部分<body>…</body>，省略号代表的是这两部分的具体内容。

源代码：index.html
网页内容

4）如图 1-2-3 所示，选择菜单栏中的"运行"→"运行到浏览器"→"Chrome"命令，即可运行网页，注意需要先安装 Chrome 浏览器。

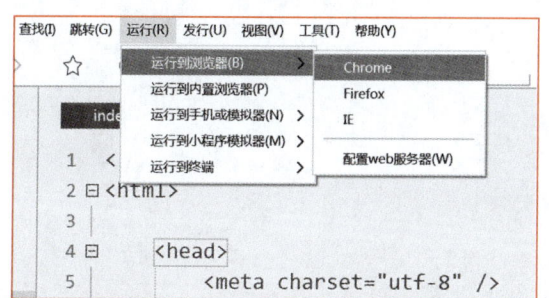

图 1-2-3
运行网页

根据任务描述及基础知识的相关内容，可以得到如下 HTML 代码：

```
1    <!DOCTYPE html>
2    <html>
3      <head>
4          <meta charset="utf-8" />
5          <title>第一个 HTML5 页面</title>
6      </head>
7      <body>
8          <!--内容主体开始-->
9          Hello HTML5!
10         <!--内容主体结束-->
11     </body>
12   </html>
```

单 元 小 结

本单元使用 HX 开发了一个简单的 HTML5 页面，并介绍了静态网站的存储路径及页面的命名规则。通过本单元的学习，需要掌握以下知识点：

1）HTML5 网页的标准结构，网页主体内容的代码写在<body>标签中。

2）HTML5 的头部<head>标签中有两个重要标签，分别是<meta>和<title>。前者提供网页的元信息，后者定义网页的标题。

3）HTML5 提供注释标签<!--……-->，用以解释相关代码，提高代码的可读性，注释内容不显示在浏览器中。

HTML5 中常用标签的使用

🔍 **学习目标**

【知识与技能目标】

1. 以<marquee>标签为例掌握标签的属性。

2. 掌握 HTML5 中常用的文本类标签及其属性的使用方法。

3. 掌握 HTML5 中常用的图像类标签及其属性的使用方法。

4. 掌握 HTML5 中常用的多媒体类标签及其属性的使用方法。

【能力与素养目标】

总体目标：培养良好的代码编写习惯。

1. 开发网站必须坚持质量优先的职业操守。

2. 培养探究精神，知其然，更要知其所以然。

3. 面对困难，学会以创新思维解决问题、攻克难关。

任务 2-1 使用<marquee>标签制作滚动字幕

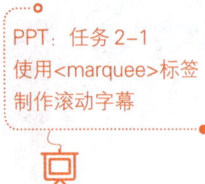

任务描述

在网页的左上角设置一个宽度为 200 px（像素）、高度为 50 px、背景色为 bisque 的区域，要求在这个区域内显示滚动字幕，内容为"弘毅守正，盈科匠心"。要求字幕滚动的速度为 5，滚动方向向左，鼠标移入该区域时，字幕停止滚动；鼠标移出该区域时，字幕继续滚动。效果如图 2-1-1 所示。

图 2-1-1
滚动字幕的页面效果

基础知识

<marquee>标签已经被 HTML5 废弃了，但是由于该标签的趣味性会令初学者产生学习的兴趣，所以可作为学习基本标签以及标签属性的入门工具，具有典型性。但是开发者在掌握标签用法之后，建议尽量不要使用<marquee>标签，毕竟支持该标签的浏览器越来越少，而且它本身并不是网站开发所必需的。

<marquee>标签的语法结构如下：

> <marquee A 属性="A 值" B 属性="B 值" C 属性="C 值">…</marquee>

<marquee>标签可以设置多个属性，但属性之间需要用空格隔开。<marquee>标签的常用属性如下。

1）behavior：设置文本的滚动方式，可选值有 scroll、slide 和 alternate。其中，scroll 表示由一端滚动到另一端，会重复；slide 表示由一端滚动到另一端，不会重复；alternate 表示在两端之间来回滚动。如果未指定值，则默认为 scroll。

2）bgcolor：使用颜色名称或十六进制值设置背景颜色。

3）direction：设置文本滚动的方向，可选值有 left、right、up 和 down。如果未指定值，则默认为 left。

4）height：以像素（px）或百分比值设置高度。

5）width：以像素（px）或百分比值设置宽度。

6）scrollamount：设定字幕的滚动速度，范围为 1～6，数字越大则滚动的速度越快，默认值为 6。

7）onMouseOut="this.start();"：设置鼠标移出该区域时继续滚动。

8）onMouseOver="this.stop();"：设置鼠标移入该区域时停止滚动。start()和 stop()都为 JavaScript 自带函数，函数名要加括号，结尾处要有分号。

微课 2-1
使用<marquee>
标签制作滚动
字幕

任务实现

在网站根目录下新建文件 marquee.html，根据任务描述和基础知识可知，要在浏览器中显示滚动的字幕需要使用<marquee>标签，其常用属性及属性值的具体代码如下：

```
<marquee scrollamount="5" width="200px" height="50px" bgcolor="bisque" onMouseOut=
"this.start();" onMouseOver="this.stop();">弘毅守正，盈科匠心</marquee>
```

说明：

1）为节约篇幅，只显示<body>和</body>标签之间的代码，后文类同。

2）<html>标签有很多属性，可用来扩展该标签的功能。属性通常由属性名和属性值组成，属性之间用空格隔开。为确保代码的易读性，<html>标签的属性应当按照以下顺序依次排列：class、id、name、data-*、src、for、type、href、title、alt、aria-*、role……其中，class 用于标识高度可复用组件，因此排在首位；id 用于标识具体组件（如页面内的书签），应当谨慎使用，因此排在第二位。

3）注意输入属性值时，在"<marquee"后按空格键会自动弹出属性列表，输入所需属性的首字母即可选择所需属性值。引用属性值的引号内无空格。

4）引用属性值的引号为英文半角的双引号。

源代码：滚动的字幕

任务 2-2　使用<a>标签实现超链接

PPT：任务 2-2
使用<a>标签实现超
链接

任务描述

制作一个页面，用来展示<a>标签的 3 种超链接效果，如图 2-2-1 所示。

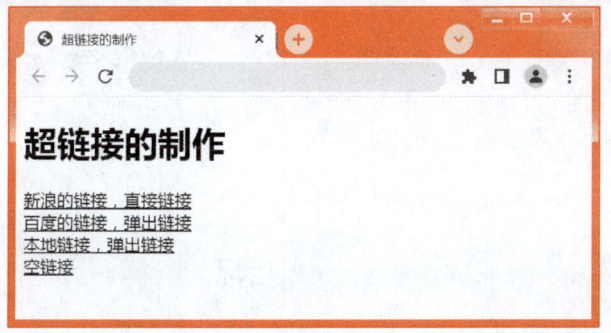

图 2-2-1
超链接效果

**基础知识**

<a>标签可以定义超链接，用于从一个页面链接到另一个页面，其语法结构如下：

<a 属性设置>…</a>

<a>标签最重要的属性是 href，它指示超链接的目标，可以是网址，也可以是文件路径，还可以是空（使用"###"表示，如果使用"#"则跳转到当前网页的头部），但 href 属性必不可少。target 也是<a>标签的重要属性，属性值可以是 _blank（在新空白窗口中打开超链接）、_parent（在当前窗口的上一级窗口中打开链接）、_self（在当前窗口中打开超链接）、_top（在顶层框架中打开超链接）。省略号部分被作为超链接显示在页面上，显示时有下画线，显示的颜色根据该超链接是否被访问过而分别在蓝色、紫色和红色之间切换。

微课 2-2
使用<a>标签
实现超链接

任务实现

在网站根目录下新建文件 index.html 和 contact.html，根据任务描述及图 2-2-1 所示内容，可知第 1 个和第 2 个超链接的 href 属性的值是一个网址，第 3 个超链接的 href 属性的值是另一个网页的路径，最后一个超链接的 href 属性的值是"###"。

index.html 文件的具体代码如下：

```
1    <a href="https://www.sina.com.cn">新浪的链接，直接链接</a><br/>
2    <a href="https://www.baidu.com" target="_blank">百度的链接，弹出链接</a><br/>
3    <a href="contact.html" target="_blank">本地链接，弹出链接</a><br/>
4    <a href="###">空链接</a>
```

PPT：任务 2-3
使用<a>标签实现锚
点链接

任务 2-3 使用<a>标签实现锚点链接

任务描述

制作一个页面，用来展示锚点链接的效果，如图 2-3-1 和图 2-3-2 所示。

图 2-3-1
锚点链接效果

图 2-3-2
链接目标效果

基础知识

锚点链接可以实现跳转到同一个页面的指定位置，类似于 Word 文档的目录，单击目录中的标题可以跳转到相应内容处。锚点链接是超链接的一种特殊方式，仍然使用<a>标签来实现。在 HTML5 规范中实现这种功能要利用标签的 id 属性值，例如：

```
<a href="#mark">页面内链接</a>
…
<p id="mark">目标</p>
```

因为 id 属性值在同一个 HTML 页面中是唯一的，适合用于锚点链接。

任务实现

根据任务要求及效果图所示内容，可知具体代码如下：

```
1    <h1>锚点链接</h1>
2    <a href="#mark">页面内链接</a><br />
3    <br /><br /><br /><br /><br /><br /><br /><br /><br /><br /><br /><br />
4    <br /><br /><br /><br /><br /><br /><br /><br /><br /><br /><br /><br />
5    <br /><br /><br /><br /><br /><br /><br /><br /><br /><br /><br /><br />
6    <p id="mark" style="color:red;font-size:36px;">目标</p>
```

说明：任务实现部分的代码中多次出现的
标签起到回车换行的作用，显示效果就是插入一行，它是单标签标记。

补充：锚点链接也可以实现跨页面跳转，例如有两个页面 index.html 和 other.html，在 other.html 中插入锚点 "<p id="here">需要链接到的内容处……</p>"，在 index.html 中输入代码 "<a href="other.html#here">超链接文字</a>"，效果如图 2-3-3 和图 2-3-4 所示。

微课 2-3
使用<a>标签
实现锚点链接

图 2-3-3
跨页面锚点链接效果

任务 2-4 使用文本类标签实现文本的显示

任务描述

子任务 1： \<h\>、\<p\>、\<br\>标签的使用。

在页面中显示 4 段文字，包括两段英文和两段中文（是英文的译文），标题是"\<h\>、\<p\>、\<br\>标签的使用"，效果如图 2-4-1 所示。

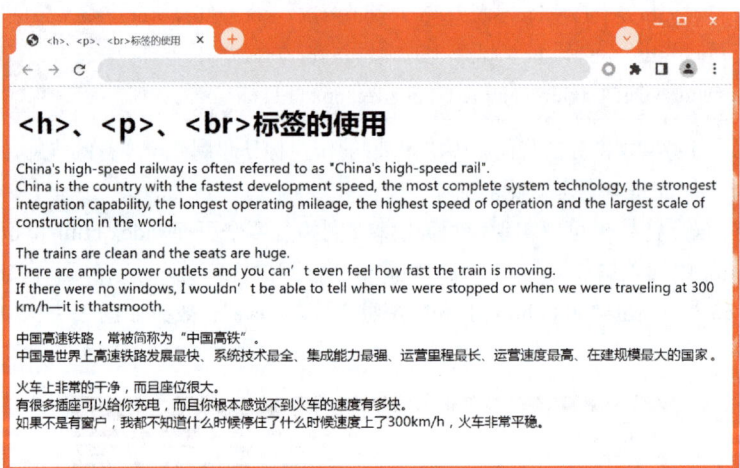

子任务 2： \<i\>、\<em\>、\<b\>、\<strong\>标签的使用。

对子任务 1 的段落内容使用文本格式标签设置不同的文本显示效果，标题为"\<i\>、\<em\>、\<b\>、\<strong\>标签的使用"，效果如图 2-4-2 所示。

子任务 3： \<div\>、\<span\>标签的使用。

使用\<div\>和\<span\>标签及相关属性实现子任务 1 的页面效果，标题是"\<div\>、\<span\>标签的使用"，效果如图 2-4-3 所示。

子任务 4： \<div\>标签与\<p\>标签的区别。

分别使用\<div\>标签、\<p\>标签显示 3 行文字，效果如图 2-4-4 所示。

子任务 5： \<ul\>、\<ol\>标签的使用。

图 2-4-2
<i>、<em>、<b>、
<strong>标签的使用效果

图 2-4-3
<div>、<span>标签的
使用效果

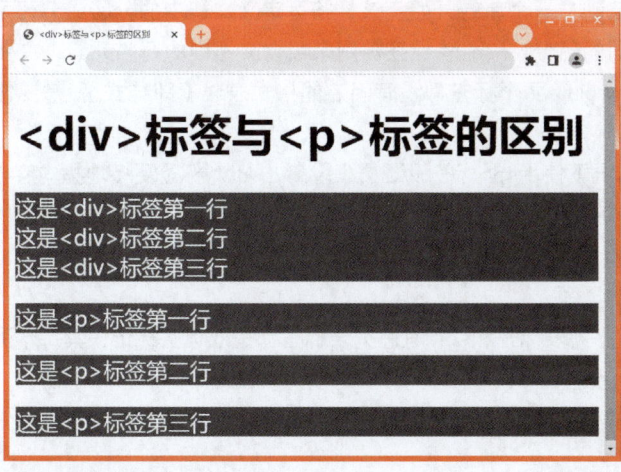

图 2-4-4
<div>标签与<p>标签的区别效果

分别使用<ul>、<ol>标签显示两种不同类型的列表，效果如图 2-4-5 所示。

图 2-4-5
<ul>、<ol>标签的使用效果

基础知识

　　网页中的文本编辑非常重要。HTML5 中常用的文本类标签有用于设置标题的<h>标签，用于设置文本段落的<p>标签，用于强制换行的
标签，用于设置文本格式的<i>标签、<em>标签、<b>标签和<strong>标签，用于设置文档中的分区或节的<div>标签和<span>标签，以及用来显示列表的<ul>标签和<ol>标签。

　　1）<h>标签中的 h 是英文单词 headtitle（标题）的首字母，<p>标签中的 p 是英文单词 paragraph（段落）的首字母，
标签中的 br 是英文单词 break row（断行）的首字母。

　　2）<i>标签中的 i 是英文单词 italic（斜体）的首字母，<em>标签中的 em 是英文单词 emphasize（强调）的前两个字母，<b>标签是英文单词 bold（粗体）的首字母，<strong>标签中的 strong 表示文本十分重要，一般用粗体显示。

　　3）<div>标签和<span>标签都是容器类标签。其中，<div>是一个块级元素，这意味着它的内容自动从一个新行开始。该标签可定义文档中的分区或节，可以把文档分割为独立的、不同的部分。<span>标签被用来组合文档中的行内元素，主要用于修饰局部文字。<div>和<span>两个标签都没有固定的格式表现（即样式），需要使用属性完成样式的设置。

　　4）通常情况下使用<p>标签设置文章段落，<div>标签更多地指内容模块，比如调用"最新文章"这个内容模块。整篇文章可以使用<div>标签，但是文章里面的段落则需要使用<p>标签，该标签具有默认样式。<div>标签的 margin-top 和 margin-bottom 的属性值为0，<p>标签不是。

　　5）<ul>无序列表标签和<ol>有序列表标签都是双标签标记，其每个列项的内容都使用<li>…</li>标记。

　　无序列表的格式如下：

```
<ul>
    <li>…</li>
    <li>…</li>
    …
</ul>
```

type 属性有 3 个属性值，分别是 disc（实心圆形，默认值）、circle（空心圆形）和 square（实心正方形）。例如：

```
<ul>
    <li>无序列表</li>
    <li>列表内容</li>
    <li>列表内容</li>
</ul>
```

显示效果如图 2-4-6 所示。

有序列表的格式如下：

```
<ol>
    <li>…</li>
    <li>…</li>
    …
</ol>
```

type 属性有 5 个属性值，分别是 1、a、A、i、l（罗马数字），表示列表前缀的格式。start 属性的属性值是数字，表示第一个列表项的起始值。例如：

```
<ol type="a" start="2">
    <li>dd</li>
    <li>aa</li>
    <li>dd</li>
</ol>
```

显示效果如图 2-4-7 所示。

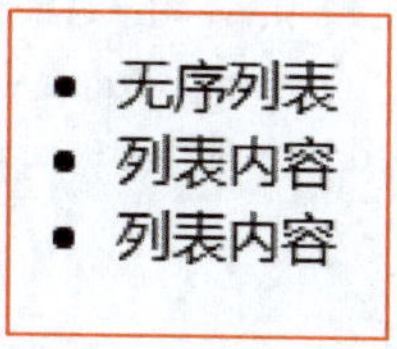

- **无序列表**
- **列表内容**
- **列表内容**

图 2-4-6
无序列表效果

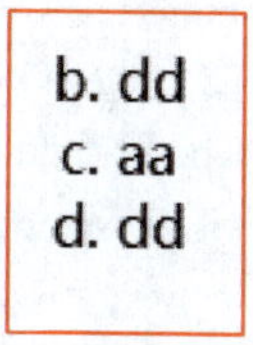

b. dd
c. aa
d. dd

图 2-4-7
有序列表效果

任务实现

子任务 1：根据任务描述及效果图，可以得到如下代码。

```
1    <h1>&lt;h&gt;、&lt;p&gt;、&lt;br&gt;标签的使用</h1>
2    <p>China's high-speed railway is often referred to as "China's high-speed
     rail".<br/>China is the country with the fastest development speed, the most complete
     system technology, the strongest integration capability, the longest operating mileage,
     the highest speed of operation and the largest scale of construction in the world.
3    </p>
4    <p>The trains are clean and the seats are huge. <br/>There are ample power outlets and
     you can't even feel how fast the train is moving.<br/>If there were no windows, I
     wouldn't be able to tell when we were stopped or when we were traveling at 300
     km/h—it is thatsmooth.
5    </p>
6    <p>中国高速铁路，常被简称为"中国高铁"。<br/>中国是世界上高速铁路发展最快、
     系统技术最全、集成能力最强、运营里程最长、运营速度最高、在建规模最大的国家。
7    </p>
8    <p>火车上非常的干净，而且座位很大。<br/>有很多插座可以给你充电，而且你根
     本感觉不到火车的速度有多快。<br/>如果不是有窗户，我都不知道什么时候停住
     了什么时候速度上了 300km/h，火车非常平稳。
9    </p>
```

说明：子任务 1 中使用了 3 个文本类标签，分别是标题标签\<h1\>、段落标签\<p\>和换行标签\<br\>，其中\<h1\>、\<p\>这两个标签都有开始和结束标记，\<br\>标签只有一个标记\<br/\>。标题\<h1\>的文本是加粗的，标题标签\<h\>后面的数字可以是 1~6 范围内的任何一个，数字越大，标题的字号越小，\<h1\>标题的字号最大。从效果图上可以看出，两个\<p\>标签间有换行和空行，\<br\>标签则只换行不空行。

"<"和">"为"<"和">"的 HTML 转义字符，详见任务 2-6。

子任务 2：根据任务描述及效果图，可以得到如下代码。

```
1     <h1>&lt;i&gt;、&lt;em&gt;、&lt;b&gt;、&lt;strong&gt;标签的使用</h1>
2     <h3>i 是斜体字</h3>
3     <p>China's high-speed railway is often referred to as <i>"China's high-speed
      rail"</i>.China is the country with the fastest development speed, the most complete
      system technology, the strongest integration capability, the longest operating mileage,
      the highest speed of operation and the largest scale of construction in the world.
4     </p>
5     <h3>b 是粗体字</h3>
6     <p>The trains are <b>clean</b> and the seats are <b>huge</b>. There are ample power
      outlets and you can't even feel how fast the train is moving. If there were no windows, I
      wouldn't be able to tell when we were stopped or when we were traveling at 300
      km/h—it is thatsmooth.
7     </p>
8     <h3>strong 是页面强调文本，加粗形式显示</h3>
9     <p>中国高速铁路，常被简称为<strong>"中国高铁"</strong>。中国是世界上高
      速铁路发展最快、系统技术最全、集成能力最强、运营里程最长、运营速度最高、
      在建规模最大的国家。
10    </p>
11    <h3>em 是语句强调文本，斜体形式显示</h3>
```

```
12    <p>火车上非常的<em>干净</em>，而且座位<em>很大</em>。有很多插座可以给
      你充电，而且你根本感觉不到火车的速度有多快。如果不是有窗户，我都不知道
      什么时候停住了什么时候速度上了 300km/h，火车非常平稳。
13    </p>
```

说明：<strong>标签和<em>标签一样，用于强调文本。<strong>标签中的内容使用加粗的字体。<em>标签用于局部强调，<strong>标签则用于全局强调。<em>标签强调内容的重点，<strong>标签强调内容的重要性。<strong>标签不会改变句子的含义，只是强调重要性，但是<em>标签会改变句子的含义。

<span style="color:#c0392b">**子任务 3：**</span>根据效果图及基础知识，可以得到如下代码。

```
1     <h1>&lt;div&gt;、&lt;span&gt;标签的使用</h1>
2     <h3>span 的内容是斜体字</h3>
3     <div>China's high-speed railway is often referred to as <span style="font-style:
      italic;">"China's high-speed rail"</span>.China is the country with the fastest
      development speed, the most complete system technology, the strongest integration
      capability, the longest operating mileage, the highest speed of operation and the largest
      scale of construction in the world.
4     </div>
5     <h3>span 的内容是粗体字</h3>
6     <div>The trains are <span style="font-weight: bold;">clean and the seats are
      huge</span>. There are ample power outlets and you can't even feel how fast the train is
      moving. If there were no windows, I wouldn't be able to tell when we were stopped or
      when we were traveling at 300 km/h—it is thatsmooth.
7     </div>
8     <h3>span 的内容加粗显示</h3>
9     <div>中国高速铁路，常被简称为<span style="font-weight:bolder ;">"中国高铁"
      </span>。中国是世界上高速铁路发展最快、系统技术最全、集成能力最强、运营
      里程最长、运营速度最高、在建规模最大的国家。
10    </div>
11    <h3>span 的内容斜体显示</h3>
12    <div>火车上非常的<span style="font-style: italic;">干净，而且座位很大</span>。有
      很多插座可以给你充电，而且你根本感觉不到火车的速度有多快。如果不是有窗
      户，我都不知道什么时候停住了什么时候速度上了 300km/h，火车非常平稳。
13    </div>
```

微课 2-6
<div>、<span>
标签的使用

说明：代码中使用了 4 对<div>标签替代了子任务 1 中的<p>标签，每对<div>标签之间也空出一行，但这不是<div>标签的作用，而是中间穿插的<h3>标签的作用，这符合"换行是<div>标签的唯一格式表现"的特性。<span>标签用于行内区域，样式变化必须使用属性设置。

<span style="color:#c0392b">**子任务 4：**</span>根据效果图及基础知识，可以得到如下代码。

```
1     <!DOCTYPE html>
2     <html>
3     <head>
4         <meta charset="utf-8">
```

微课 2-7
<div>标签与
<p>标签的
区别

```
5        <title>&lt;div&gt;标签与&lt;p&gt;标签的区别</title>
6        <style type="text/css">
7             body {
8                  font-size: 30px;
9                  color: white;
10            }
11            h1 {
12                 color: black;
13            }
14            div {
15                 background-color: #356AA0;
16            }
17            p {
18                 background-color: #CC0000;
19            }
20        </style>
21   </head>
22   <body>
23        <h1>&lt;div&gt;标签与&lt;p&gt;标签的区别</h1>
24        <div>这是&lt;div&gt;标签第一行</div>
25        <div>这是&lt;div&gt;标签第二行</div>
26        <div>这是&lt;div&gt;标签第三行</div>
27        <p>这是&lt;p&gt;标签第一行</p>
28        <p>这是&lt;p&gt;标签第二行</p>
29        <p>这是&lt;p&gt;标签第三行</p>
30   </body>
31   </html>
```

说明：<div>标签的 margin-top 和 margin-bottom 的属性值为 0，<p>标签不是。

子任务 5：根据效果图及基础知识，可以得到如下代码。

微课 2-8
<ul>、<ol>标签
的使用

```
1    <h1>&lt;ul&gt;标签与&lt;ol&gt;标签</h1>
2    <ul>
3        <li>无序列表 unordered list</li>
4        <li><a href="###">列表中的超链接</a></li>
5        <li><h3>嵌套标题</h3><div>嵌套 div</div></li>
6    </ul>
7    <ol>
8        <li>有序列表 ordered list</li>
9        <li>
10           <ul>
11               <li>嵌套了无序列表</li>
12               <li>嵌套了无序列表</li>
13               <li>嵌套了无序列表</li>
14           </ul>
15       </li>
16   </ol>
```

说明：分别在子任务 3 和子任务 4 的页面中按 F12 键，出现图 2-4-8 和图 2-4-9 所

示界面。选择界面左侧所示内容，可在界面右侧看到 CSS 代码，margin-block-start 和
margin-block-end 即为空行效果。

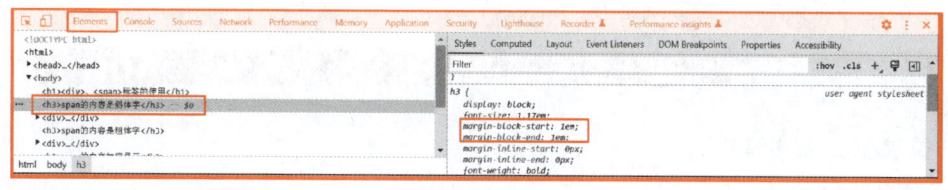

图 2-4-8
在子任务 3 的页面中
按 F12 键效果

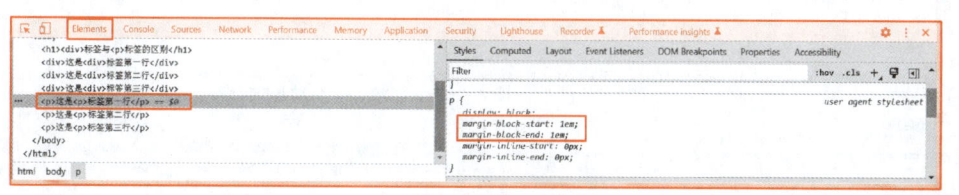

图 2-4-9
在子任务 4 的页面中
按 F12 键效果

任务 2-5　使用文本格式类属性实现文本的特殊显示效果

PPT：任务 2-5
使用文本格式类属性实
现文本的特殊显示效果

任务描述

页面中的文本有时需要特殊显示效果来凸显其重要性或满足其他要求，这需要使用
常用的文本格式类属性。

子任务 1：单词间隔、字符间隔属性的运用。

将一段包含中英文的文本分别按照无修饰、设置单词间隔、设置字符间隔的效果显示。
为更好地突出显示效果，将设置单词间隔和字符间隔的内容加粗，效果如图 2-5-1 所示。

图 2-5-1
使用单词间隔、字符
间隔属性的页面效果

子任务 2：文字修饰、文本缩进属性的运用。

将一段包含中英文的文本分别按照无修饰、设置文字修饰（下画线、删除线、上画线等）、设置文本缩进的效果显示，如图 2-5-2 所示。

图 2-5-2
使用文字修饰、文本缩进属性的页面效果

基础知识

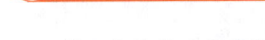
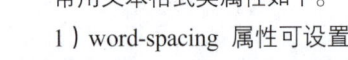

拓展阅读 2-1
text-decoration
属性

常用文本格式类属性如下。

1）word-spacing 属性可设置单词间隔，其值表示单词之间空白间隔的长度，但对中文无效；letter-spacing 属性可设置字符间隔，其值表示字符之间空白间隔的长度，对于英文文本就是字母之间，对于中文文本就是汉字之间。这两个属性必须放在样式属性 style 中或样式表文件中进行设置。

2）text-indent 属性可设置文本块中首行文本的缩进，允许为负值。如果该属性值为负，那么首行会被突出到左边。2em 代表两个字符的大小。

源代码：使用文本格式类属性实现页面文本特殊显示效果

微课 2-9
单词间隔、字符间隔属性的运用

任务实现

子任务 1：根据任务描述和效果图，可以得到如下代码。

```
1    <h1>单词间隔、字符间隔</h1>
2    <h3>没有修饰的文字</h3>
3    <p>The most advanced transmission technology in the world is ultra-high voltage
     technology. China is the only country in the world to master ultra-high voltage
     technology. In the global ultra-high voltage field, China's standards are the only
     standards in the world's ultra-high voltage field.
4    </p>
5    <h3>英文单词间距 word-spacing</h3>
6    <p><span style="word-spacing:50px; font-weight: bold;">The most advanced transmission
```

technology</span> in the world is ultra-high voltage technology. China is the only country in the world to master ultra-high voltage technology. In the global ultra-high voltage field, China's standards are the only standards in the world's ultra-high voltage field.

7   </p>
8   <h3>英文字符间距 letter-spacing</h3>
9   <p><span style="letter-spacing: 10px; font-weight: bold;">Ultra high voltage transmission technology</span> is the most advanced transmission technology in the world. Ultra high voltage refers to the direct current transmission technology of 1000 kV and above, which can convert a large amount of clean energy into electrical energy and achieve long-distance transportation to thousands of households.
10   </p>
11   <h3>中文字词间距 word-spacing</h3>
12   <p>全球最先进的输电技术就是<span style="word-spacing:50px; font-weight: bold;">特高压技术</span>，我国是全球唯一掌握特高压技术的国家，在全球特高压领域，中国的标准就是世界特高压领域的唯一标准。
13   </p>
14   <h3>中文字符间距 letter-spacing</h3>
15   <p><span style="letter-spacing: 10px; font-weight: bold;">特高压输电技术</span>，是世界上最先进的输电技术。特高压是指 1000 千伏及以上直流输电技术，这能将大量清洁能源转化为电能，并实现远距离运输至千家万户。
16   </p>

子任务 2：根据任务描述和效果图，可以得到如下代码。

1   <h1>文字修饰、文本缩进</h1>
2   <h3>没有修饰的文字</h3>
3   <p>The most advanced transmission technology in the world is ultra-high voltage technology. China is the only country in the world to master ultra-high voltage technology. In the global ultra-high voltage field, China's standards are the only standards in the world's ultra-high voltage field.
4   </p>
5   <h3>下画线</h3>
6   <p><span style="text-decoration: underline;">The most advanced transmission technology</span> in the world is ultra-high voltage technology. China is the only country in the world to master ultra-high voltage technology. In the global ultra-high voltage field, China's standards are the only standards in the world's ultra-high voltage field.
7   </p>
8   <h3>删除线</h3>
9   <p><span style="text-decoration:line-through;">Ultra high voltage transmission technology</span> is the most advanced transmission technology in the world. Ultra high voltage refers to the direct current transmission technology of 1000 kV and above,

微课 2-10
文字修饰、文本缩进属性的运用

which can convert a large amount of clean energy into electrical energy and achieve long-distance transportation to thousands of households.

10   </p>

11   <h3>上画线</h3>

12   <p>全球最先进的输电技术就是<span style="text-decoration: overline;">特高压技术</span>，我国是全球唯一掌握特高压技术的国家，在全球特高压领域，中国的标准就是世界特高压领域的唯一标准。

13   </p>

14   <h3>首行缩进</h3>

15   <p style="text-indent: 2em;">特高压输电技术，是世界上最先进的输电技术。特高压是指 1000 千伏及以上直流输电技术，这能将大量清洁能源转化为电能，并实现远距离运输至千家万户。

16   </p>

说明：同子任务 1 一样，子任务 2 中所使用的文字修饰和文本缩进这两个属性也必须放在样式属性 style 中或样式表文件中进行设置。同类的样式还有很多，用法都类似，在后面介绍 CSS（层叠样式表）时会有详细的描述，此处不再赘述。

任务 2-6 使用转义字符显示特殊符号

PPT：任务 2-6
使用转义字符显示
特殊符号

🎓 任务描述

在页面中显示常用的转义字符，并且通过超链接跳转到指定网址以便查看所有转义字符，效果如图 2-6-1 所示。

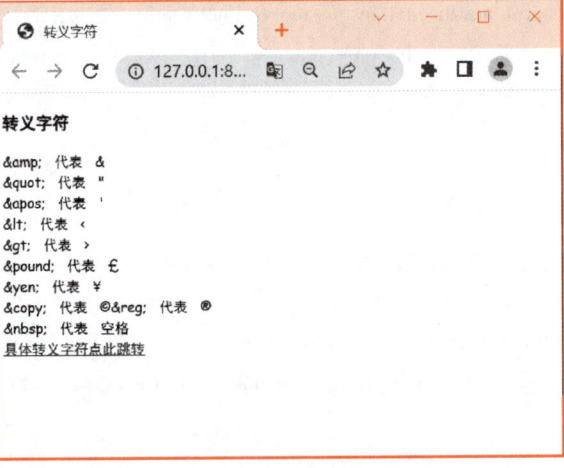

图 2-6-1
显示转义字符的页面效果

🏫 基础知识

HTML 代码中，有些字符具有特别的含义，例如"<"和">"这两个符号，根据前面所学知识可知这两个符号是标签的起始字符和结尾字符，是不显示在页面里的。除此之外，还有一种字符具有特殊含义但却无法用键盘直接输入。HTML 提供了转义字符功能专门用来显示这些字符。

　　转义字符由 3 部分组成：以符号"&"开头，紧跟字符专用名称或字符代号，以";"结束。表 2-6-1 列出了常用的转义字符。

表 2-6-1　常用的转义字符

显示结果	描述	实体名称	实体编号
	空格		
<	小于号	&lt;	&#60;
>	大于号	&gt;	&#62;
&	和号	&amp;	&#38;
"	双引号	&quot;	&#34;
¢	分	&cent;	&#162;
£	镑	&pound;	&#163;
¥	人民币	&yen;	&#165;
§	节	&sect;	&#167;
©	版权	&copy;	&#169;
®	注册商标	&reg;	&#174;
×	乘号	&times;	&#215;
÷	除号	&divide;	&#247;

任务实现

结合基础知识，根据任务描述和效果图可以得到如下代码：

```
1    <h1>转义字符</h1>
2    &amp;amp;   代表   &amp;<br/>
3    &amp;quot;   代表   &quot;<br/>
4    &amp;apos;   代表   &apos;<br/>
5    &amp;lt;   代表   &lt;<br/>
6    &amp;gt;   代表   &gt;<br/>
7    &amp;pound;   代表   &pound;<br/>
8    &amp;yen;   代表   &yen;<br/>
9    &amp;copy;   代表   &copy;<br/>
10   &amp;reg;   代表   &reg;<br/>
11       代表   空格<br/>
12   <br />
13   <a href="http://www.w3school.com.cn/tags/html_ref_entities.html">
     具体转义字符点此跳转</a>
```

微课 2-11
使用转义字符
显示特殊符号

任务 2-7 使用图像类标签显示图像及图像映射

PPT：任务 2-7
使用图像类标签显示
图像及图像映射

🎯 任务描述

子任务 1：<img>标签的使用。

使用<img>标签将人物图片显示在页面上，其中图片 a.jpg 和 b.jpg 按照图片本身的大小显示，图片 c.jpg 在原图片的基础上缩小一半，即图片的宽度为 200 px、高度为 300 px，效果如图 2-7-1 所示。

图 2-7-1
使用<img>标签的页面效果

子任务 2：<map>、<area>标签的使用。

在页面上显示我国古代四大发明的图片，如图 2-7-2 所示。要求在该图片上设置相应的图像映射区域，如图 2-7-3 所示，链接到每项发明相应的百度百科页面。

图 2-7-2 使用
<map>、<area>
标签的页面显示效果

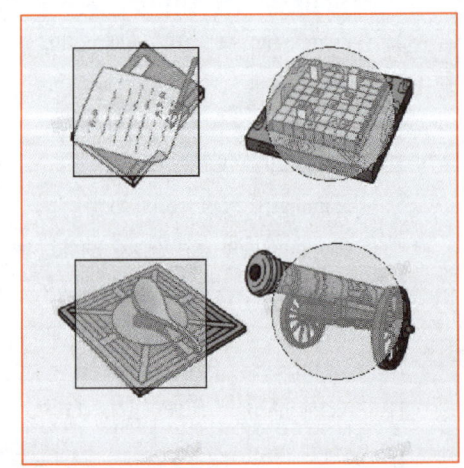

图 2-7-3
定义图像映射区域

子任务 3：base64 显示小图片。

在页面上利用<img>标签的"src="data:image/jpg;base64""属性将小图片以数据流形式显示，效果如图 2-7-4 所示。

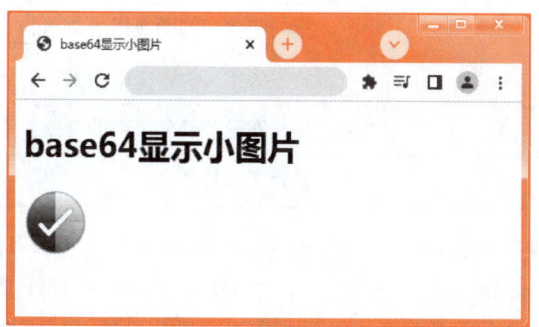

图 2-7-4
base64 显示小图片效果

基础知识

1）在 HTML 中，可以使用<img>标签在网页中嵌入图像。语法格式如下：

```
<img src="url" alt="text">
```

目前所有的浏览器都支持<img>标签。该标签是单标签标记，有两个必需的属性 src 和 alt。其中，src 属性规定图像的 URL，即图片文件的路径和名称；alt 属性规定图像的替代文本，如果显示页面时没有找到图像，就会在图像的位置用 alt 属性的值替代图像。代码中使用的 title 属性的值也是文本，代表鼠标经过图像时的文字提示，可用来对图像加以说明。<img>标签还有很多属性，比如子任务 1 的第 3 幅图片由于要在原图片的基础上缩小一半显示，所以使用高度（height）和宽度（width）两个属性重新设置图片的大小，诸如此类。

2）<img>标签的 width 和 height 属性：如果手动修改了<img>标签所显示图片的宽度和高度，则可能导致图片变形。如果既想指定宽度和高度，又不想让图片发生变形，则只指定宽度或者高度中的一个值即可。如果指定了宽度，系统会自动根据宽度计算出高度；如果指定了高度，系统会自动根据高度计算出宽度，并且都是等比例缩放的，也就是说不会变形。宽度和高度也可以采用百分比表示。

3）表 2-7-1 列出了<img>标签的常用属性。

表 2-7-1　<img>标签的常用属性

属性	值	描述
alt	text	指定图像的替代文本
src	URL	指定图像的 URL
align	top、bottom、middle、left、right	指定如何根据周围的文本来排列图像，不推荐使用
border	pixels	定义图像周围的边框，不推荐使用
height	pixels、%	定义图像的高度
hspace	pixels	定义图像左侧和右侧的空白，不推荐使用
ismap	URL	将图像定义为服务器端图像映射

续表

属性	值	描述
longdesc	URL	指向包含长的图像描述文档的 URL
usemap	URL	将图像定义为客户端图像映射
vspace	pixels	定义图像顶部和底部的空白，不推荐使用
width	pixels、%	设置图像的宽度

4）定义图像映射，需要在<img>标签内设置 usemap 属性，其属性值是以 "#" 开头的<map>标签的 name 属性值或 id 属性值，本任务中给出的是 name 属性值。<map>标签是双标签标记，<area>标签总是在<map>标签内部使用，且是一个单标签标记。<area>标签的 shape 属性设置映射区域的形状，子任务 2 中左侧两图设置为矩形，右侧两图设置为圆形。coords 属性设置映射区域的位置坐标，如果是圆形则给出圆心的 X、Y 坐标及半径长度 3 个值，如果是矩形则给出左上顶点和右下顶点的 X、Y 坐标值。href 属性设置映射区域的链接路径，子任务 2 中给出的是确切的网址。<area>标签的常用属性如表 2-7-2 所示。

表 2-7-2　<area>标签的常用属性

属性	值	描述
alt	text	定义此区域的替换文本
coords	坐标值	定义可单击区域（对鼠标敏感的区域）的坐标
href	URL	定义此区域的目标 URL
nohref	nohref	从图像映射排除某个区域
shape	default、rect、circ、poly	定义区域的形状
target	_blank、_parent、_self、_top	规定在何处打开 href 属性指定的目标 URL

5）data:image/jpg;base64 是在 RFC2397 中定义的数据 URI 方案（data URI scheme），该方案允许通过内联（inline-code）的方式在网页中包含数据，目的是将一些较小的图片直接嵌入网页中，从而不需要再从外部文件载入，常用于将图片嵌入网页。

data URI 的优点如下。

➢ 减少 HTTP 请求数，没有了 TCP 连接消耗和同一域名下浏览器的并发数限制。

➢ 对于小文件会降低带宽。虽然编码后数据量会增加，但是却减少了 HTTP 头，当 HTTP 头的数据量大于文件编码的增量，那么就会降低带宽。

➢ 对于 HTTPS 站点，HTTPS 和 HTTP 混用时会有安全提示，而 HTTPS 比 HTTP 的开销大得多，所以 data URI 在这方面的优势更明显。

➢ 可以把整个多媒体页面保存为一个文件。

data URI 的缺点如下。

➢ 无法被重复利用。同一个文档多次应用同一个内容时需要重复多次操作，数据量大幅增加，延长了下载时间。

➢ 无法被独自缓存，所以其包含的文档重新加载时，它也要重新加载。

➢ 客户端需要重新解码和显示，增加了点消耗。

➢ 不支持数据压缩，base64 编码会增加 1/3 的数据量，而 urlencode 后数据量会增加更多。

➢ 不利于安全软件的过滤，同时也存在一定的安全隐患。

data URI 的使用场景如下。

➢ 这类图片不能与其他图片以 CSS Sprite 的形式存在，只能独立存在。

➢ 这类图片基本上很少被更新。

➢ 这类图片的实际尺寸很小。

➢ 这类图片在网站中大规模使用。

data URI 的格式规范如下。

> data:[<mime type>][;charset=<charset>][;<encoding>],<encoded data>

➢ data：协议头，标识该内容为一个 data URI 资源。

➢ <mime type>：可选项，表示该内容的展现方式，比如 text/plain（默认）表示以文本形式展示，image/jpeg 表示以 JPEG 格式图片的形式展示，同样，客户端也会以该 MIME 类型来解析数据。

➢ charset=<charset>：可选项，源文本的字符集编码方式。

➢ <encoding>：数据编码方式（默认 US-ASCII、base64 两种）。base64 编码中仅包含 0～9、a～z、A～Z、+、/、=，其中 "=" 是用来编码补白的。

➢ <encoded data>：表示 data URI 承载的内容，可以是纯文本编写的内容，也可以是经过 base64 编码的内容。

目前，data URI scheme 支持的类型如下。

➢ data:——文本数据

➢ data:text/plain——文本数据

➢ data:text/html——HTML 代码

➢ data:text/html;base64——base64 编码的 HTML 代码

➢ data:text/css——CSS 代码

➢ data:text/css;base64——base64 编码的 CSS 代码

➢ data:text/javascript——JavaScript 代码

➢ data:text/javascript;base64——base64 编码的 JavaScript 代码

➢ data:image/gif;base64——base64 编码的 GIF 图片数据

➢ data:image/png;base64——base64 编码的 PNG 图片数据

➢ data:image/jpeg;base64——base64 编码的 JPEG 图片数据

➢ data:image/x-icon;base64——base64 编码的 ICON 图片数据

常用格式如下：

> <img src="data:image/png;base64,编码" />

可以在在线 JSON 校验格式化工具网站（BEJSON）中将图片转换为 base64 编码。

源代码：使用图像类标签显示图像及图像映射

微课 2-12
<img>标签的
使用

任务实现

子任务 1：结合基础知识 1）～3）的内容，再根据任务描述及页面效果图，可以得到如下代码。

```
1    <h1>&lt;img&gt;标签的使用</h1>
2    <img src="img/a.jpg" alt="袁隆平" title="袁隆平" />
3    <img src="img/b.jpg" alt="杨绛" title="杨绛" />
4    <img src="img/c.jpg" alt="钱学森" title="钱学森" height="300" width="200" />
```

子任务 2：结合基础知识 4）的内容，再根据页面效果图及任务描述，可以得到如下代码。

```
1    <h1>&lt;map&gt;、&lt;area&gt;标签的使用</h1>
2    <p>点击图标可查看发明简介</p>
3    <img src="img/0.jpg" border="0" alt="四大发明" usemap="#map" title="四大发明" width="400" />
4    <map name="map">
5    <!--网址无须自行输入，只需要将对应百度百科的网址复制并粘贴即可-->
6    <!--坐标点根据实际情况自行调整-->
7        <area shape="rect" coords="47,29,162,144"
8            href="https://baike.baidu.com/item/ 造 纸 术 /106744?lemmaFrom=lemma_starMap&fromModule=lemma_starMap"
9            onmouseover="this.focus()" />
10       <area shape="rect" coords="48,218,168,333"
11           href="https://baike.baidu.com/item/ 指 南 针 /77896?lemmaFrom=lemma_starMap&fromModule=lemma_starMap"
12           onmouseover="this.focus()" />
13       <area shape="circle" coords="282,89,60"
         href="https://baike.baidu.com/item/印刷术/152326?lemmaFrom=lemma_starMap&fromModule=lemma_starMap"
14           onmouseover="this.focus()" />
15       <area shape="circle" coords="288,265,61"
16           href="https://baike.baidu.com/item/ 火 药 /2110683?lemmaFrom=lemma_starMap&fromModule=lemma_starMap"
17           onmouseover="this.focus()" />
18   </map>
```

微课 2-13
<map>、<area>
标签的使用

子任务 3：结合基础知识 5）的内容，再根据页面效果图及任务描述，可以得到如下代码。

```
<img width="64px" src="data:image/png;base64,编码过长省略" title=" " alt=" ">
```

微课 2-14
base64 显示小
图片

任务 2-8 ＜iframe＞标签的使用

PPT：任务 2-8 ＜iframe＞标签的使用

 **任务描述**

使用＜iframe＞标签制作当地天气预报并将其分别嵌入淘宝、新浪和网易主页的顶部，显示效果如图 2-8-1 所示。

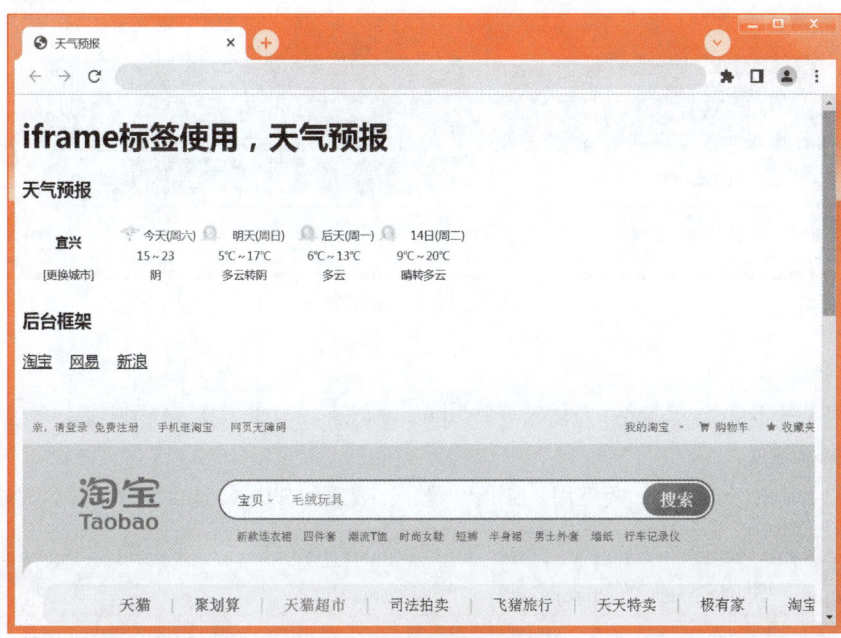

(a) 嵌入淘宝主页

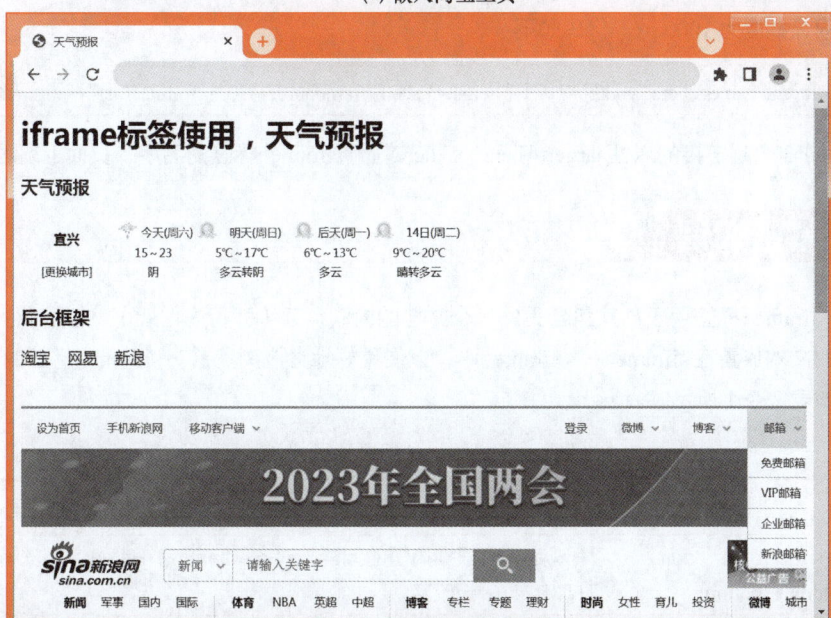

(b) 嵌入新浪主页

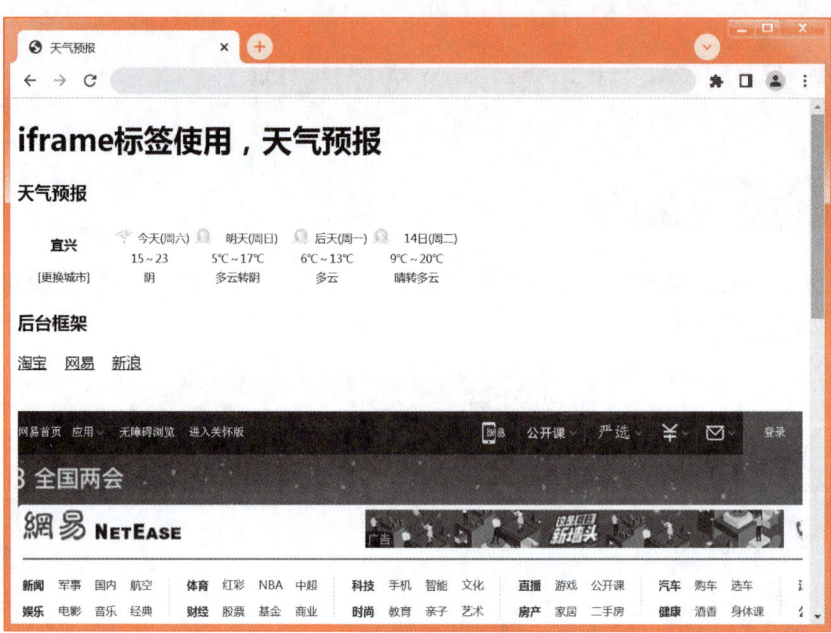

图 2-8-1
使用<iframe>标签的页面效果

（c）嵌入网易主页

要求：

1）在<body>…</body>内插入两个<iframe>标签和 3 个超链接，分别链接到淘宝、新浪和网易主页。

2）其中一个<iframe>标签用来显示天气预报，宽度为 550 px、高度为 70 px，代码如下：

<iframe name="weather_inc" src="http://i.tianqi.com/index.php?c=code&id=2&num=4" width= "550" height="70" frameborder="0"></iframe>

3）另一个<iframe>标签用来显示淘宝、新浪和网易主页，宽度与上一个<iframe>标签相同，高度为 1000 px，代码如下：

<iframe name="here" width="100%" height="1000" frameborder="0" scrolling="no"></iframe>

4）3 个超链接的属性 target="here"，"here" 为<iframe>标签的名字，页面上须唯一。

基础知识

<iframe>标签用于创建包含另外一个文档的内联框架（即行内框架）。使用时可以把需要的文本放置在<iframe>…</iframe>中，以便更好地适应浏览器。<iframe>标签的常用属性如表 2-8-1 所示。

表 2-8-1　<iframe>标签的常用属性

属性	值	描述
align	left、right、top、middle、bottom	规定如何根据周围的元素来对齐<iframe>，HTML5 不支持，HTML 4.01 已废弃
frameborder	1、0	规定是否显示<iframe>周围的边框，HTML5 不支持

续表

属性	值	描述
height	pixels	规定<iframe>的高度
width	pixels	规定<iframe>的宽度
id	id=#	指定该标记的唯一 id 选择符
name	name	规定<iframe>的名称
scrolling	yes、no、auto	规定是否在<iframe>中显示滚动条，HTML5 不支持
src	url	规定在<iframe>中显示的文档的 URL
allowtransparency	yes、no	背景是否透明

任务实现

根据任务描述及基础知识的相关内容，可以得到如下代码：

```
1    <h1>iframe 标签使用，天气预报</h1>
2    <h3>天气预报</h3>
3    <iframe  name="weather_inc"  src="http://i.tianqi.com/index.php?c=code&id=2&num=
     4" width="550" height="70" frameborder="0"></iframe>
4    <h3>后台框架</h3>
5    <a href="https://www.taobao.com/" target="here">淘宝</a>   
6    <a href="https://www.sina.com.cn" target="here">新浪</a>   
7    <a href="https://www.163.com/" target="here">网易</a><br/><br/><br/>
8    <iframe  name="here"  width="100%"  height="1000"  frameborder="0"  scrolling=
     "no"></iframe>
```

源代码：<iframe>标签的使用

微课 2-15
<iframe>标签的使用

需要注意的是，百度、京东、腾讯等很多网站都做了限制，不允许被其他网站放在<iframe>标签中。

任务 2-9　多媒体标签的使用

PPT：任务 2-9 多媒体标签的使用

任务描述

在网站根目录下新建 media 文件夹，将所需素材（MP3 格式的音频和 MP4 格式的视频）文件复制到这个目录下，并按照图 2-9-1 所示的页面效果设置<embed>标签、<object>标签、<audio>标签和<video>标签的相关属性。

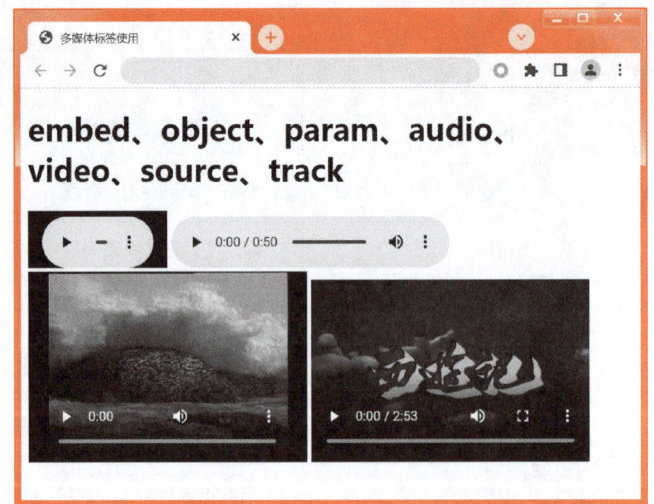

图 2-9-1
使用多媒体标签的页面效果

基础知识

拓展阅读 2-2
video 元素与
audio 元素详解

1. 内嵌对象标签<embed>

<embed>标签可以用来插入各种多媒体，格式可以是 MIDI、WAV、AIFF、AU、MP3 和 MP4 等，常用属性如下。

1）height：设置嵌入内容的高度。

2）width：设置嵌入内容的宽度。

3）src：设置被嵌入内容的 URL。

4）type：设置嵌入内容的 MIME 类型。

2. 内嵌对象标签<object>

<object>标签用于包含对象，如图像、音频、视频、Java Applets、ActiveX、PDF 及 Flash，常用属性如下。

1）data：设置对象使用的资源的 URL。

2）height：设置对象的高度。

3）width：设置对象的宽度。

3. 对象参数标签<param>

<param>标签是单标签标记，常用属性如下。

1）autoplay：设置视频初始播放的状态，默认值为真（true）。

2）allowfullscreen：设置用户是否可以切换到全屏模式，默认值为真（true）。

3）mute：静音控制，设置音频音量最初是否静音，默认值为假（false）。

4）loop：设置视频是否循环播放，默认值为假（false）。

5）toolbar：设置是否显示工具条，默认值为真（true）。

6）bgcolor：设置背景颜色，默认值为白色（#FFFFFF）。

4．音频标签<audio>

<audio>标签成对使用，其常用属性如下。

1）autoplay：如果出现该属性，则音频在就绪后马上播放。

2）controls：如果出现该属性，则向用户显示播放控件，比如播放按钮。

3）loop：如果出现该属性，则音频结束后重新开始播放。

4）preload：如果出现该属性，则音频在页面加载时进行加载并预备播放。如果使用 autoplay，则忽略该属性。

5）src：设置要播放的音频的 URL。

<audio>标签支持的音频格式有 WAV、MP3 和 OGG。

5．视频标签<video>

<video>标签也是成对使用，其常用属性如下。

1）autoplay：如果出现该属性，则视频在就绪后马上播放。

2）controls：如果出现该属性，则向用户显示播放控件，比如播放按钮。

3）poster：设置视频下载时显示的图像，或者用户单击播放按钮前显示的图像。

4）loop：如果出现该属性，则媒介文件完成播放后再次开始播放。

5）preload：如果出现该属性，则视频在页面加载时进行加载并预备播放。如果使用 autoplay，则忽略该属性。

6）src：设置要播放的视频的 URL。

7）height：设置视频播放器的高度。

8）width：设置视频播放器的宽度。

video 标签支持的视频格式有 OGG、MPEG4 和 WebM。

6．<source>标签

<source>标签为媒体元素（如<video>和<audio>）定义媒体资源。该标签允许设置两个视频/音频文件供浏览器根据对媒体类型或者编解码器的支持进行选择。

7．<track>标签

<track>标签可以为使用<video>标签播放的视频或使用<audio>标签播放的音频添加字幕、标题或章节等文字信息。该标签为视频添加字幕的过程和为音频添加字幕的过程是相同的。<track>标签是<video>标签的子标签，必须被书写在 <video>标签的开始标记与结束标记之间。如果使用<source>标签描述媒体文件，则<track>标签必须被书写在<source>标签之后。该标签的开始标记与结束标记之间不包含任何内容。

任务实现

根据任务描述及基础知识的相关内容，可以得到如下代码：

```
1       <h1>embed、object、param、audio、video、source、track</h1>
2       <embed type="video/webm" height="60" width="150" src="media/reason.mp3">
3       <audio controls>
4           <source src="media/reason.mp3" />
```

微课 2-16
多媒体标签的
使用

```
5    </audio><br />
6    <object width="300" height="200" data="media/xyj.mp4">
7        <param name="autoplay" value="true">
8    </object>
9    <video width="300" height="200" controls autobuffer poster="img/xyj.jpg">
10       <source src="media/xyj.mp4" type="video/mp4" />
11   </video>
```

说明：图 2-9-2 展示了 img 文件夹、media 文件夹及相关文件目录结构。

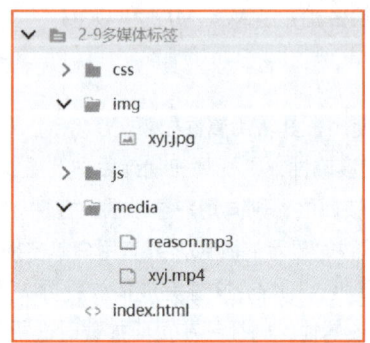

图 2-9-2
img 文件夹、media 文件夹及相关文件目录结构

图片、音频、视频文件可以根据喜好自行下载。

任务 2-10 表单的简单应用

PPT：任务 2-10
表单的简单应用

任务描述

　　子任务 1：<label>标签和<input>标签有 4 种不同的组合应用：没有<label>标签，只有<input>标签；<label>标签包含<input>标签；<label>标签在<input>标签前面且未设置 for 属性；<label>标签在<input>标签前面，并设置 for 属性。具体效果如图 2-10-1 所示。

图 2-10-1
<label>标签和<input>标签的组合应用页面效果

子任务 2：在页面中插入一个表单标签<form>，设置标签属性 method="post"、action=""、enctype=""、target=""，并且在<form>标签内插入需要的表单内容，具体效果如图 2-10-2 所示。

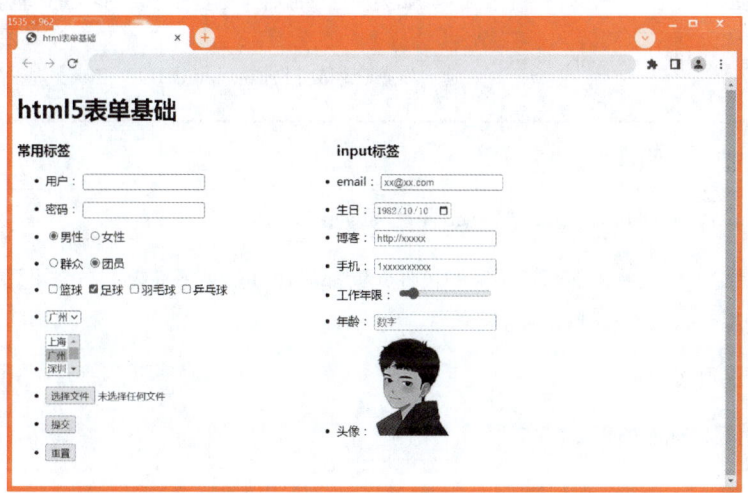

图 2-10-2
<form>标签页面效果

基础知识

1. 表单标签<form>

<form>标签是一个块级元素，所以整个页面的内容都放在一对<form>标签内。表单能够包含<input>元素，比如文本字段、复选框、单选按钮、提交按钮等，还可以包含<menu>、<textarea>、<fieldset>、<legend>和< label >元素。为让内容显示工整，此处可使用两个无序列表分两列分别显示"常用标签"及其包含的内容、"input 标签"及其包含的内容。表单中主要用到了<label>标签和<input>标签。<form>标签常用属性如表 2-10-1 所示。

表 2-10-1　<form>标签常用属性

属性	值	描述
accept	MIME_type	HTML 5 不支持
accept-charset	charset_list	设置服务器可处理的表单数据字符集
action	URL	设置提交表单时向何处发送表单数据
autocomplete	on、off	设置是否启用表单的自动完成功能
enctype	application/x-www-form-urlencoded、multipart/form-data、text/plain	设置在发送表单数据之前如何对其进行编码
method	get、post	设置用于发送 form-data 的 HTTP 方法
name	form_name	设置表单的名称

续表

属性	值	描述
novalidate	novalidate	如果使用该属性，则提交表单时不进行验证
target	_blank 、 _self 、 _parent 、 _top 、 framename	设置在何处打开 action URL

<form>标签的语法格式如下：

<form method="post" action="" enctype="" target=""></form>

要提交一个表单，必须把相关的控件元素都放在<form>标签内。一个网页只需要一个<form>标签，出现在<body>标签之后。

2. 常用表单标签

常用表单标签如表 2-10-2 所示。

表 2-10-2 常用表单标签

标签	格式	描述
<label>	<label for="male">Male</label> <input type="radio" name="sex" id="male" value="1" /> <label for="female">Female</label> <input type="radio" name="sex" id="female" value="0" />	<label>标签只有一个 for 属性，该属性必须与相关元素的 id 属性相同
<select>	<select name="cars"> 　<option value="volvo">Volvo</option> 　<option value="saab">Saab</option> 　<option value="fiat" selected >Fiat</option> 　<option value="audi">Audi</option> </select>	<option> 元素定义待选择的选项；列表中的首个选项通常为默认选项；可以通过添加 selected 属性来定义预定义选项
<textarea>	<textarea name="message" rows="10" cols="30">这里是 textarea 元素内容。 </textarea>	定义多行输入字段（文本域）。其中，cols 规定文本区域内可见的宽度；rows 规定文本区域内可见的行数，即高度
<button>	<button type="button" onclick="alert('Hello World!')"> 点击我!</button>	定义可单击的按钮
<datalist>	<input list="browsers"> <datalist id="browsers"> 　<option value="Internet Explorer"> 　<option value="Firefox"> 　<option value="Chrome"> 　<option value="Opera"> 　<option value="Safari"> </datalist>	为<input>元素设置预定义选项列表，用户输入数据时可看到预定义选项的下拉列表

3. <input>标签

表单中常用的控件都是使用<input>标签定义的，如单选按钮和复选框等。<input>标签在使用时，主要通过 type 属性设置控件的类别，具体如表 2-10-3 所示。

表 2-10-3　表单中常用的控件

控件	作用
type="button"	定义可单击的按钮（大多与 JavaScript 配合使用来启动脚本）
type="checkbox"	定义复选框
type="color"	定义拾色器
type="date"	定义日期字段（带有 calendar 控件）
type="datetime"	定义日期时间字段（带有 calendar 和 time 控件）
type="datetime-local"	定义本地日期时间字段（带有 calendar 和 time 控件）
type="month"	定义日期字段的月（带有 calendar 控件）
type="week"	定义日期字段的周（带有 calendar 控件）
type="time"	定义日期字段的时、分、秒（带有 time 控件）
type="email"	定义用于输入 E-mail 地址的文本字段
type="file"	定义输入字段和 "浏览…" 按钮，供上传文件
type="hidden"	定义隐藏输入字段
type="image"	定义图像作为提交按钮
type="number"	定义带有 spinner 控件的数字字段
type="password"	定义密码字段，字段中的字符会被遮蔽
type="radio"	定义单选按钮
type="range"	定义带有 slider 控件的数字字段
type="reset"	定义重置按钮，单击重置按钮会将所有表单字段重置为初始值
type="search"	定义用于搜索的文本字段
type="submit"	定义提交按钮，单击提交按钮会向服务器发送数据
type="tel"	定义用于输入电话号码的文本字段
type="text"	定义单行输入字段，用户可在其中输入文本，默认最多输入 20 个字符
type="url"	定义用于输入 URL 地址的文本字段

　　<input>标签除了需要设置 type 属性外，还有一些常用的属性需要设置，具体如表 2-10-4 所示。

表 2-10-4　<input>标签常用属性

属性	描述
value	设置<input>元素的初始值
name	设置<input>元素的名称，只有设置了 name 属性的表单元素才能在提交表单时传递它们的值
maxlength	设置输入字段的最大长度，即最大字符数（默认为 255）。maxlength 属性与 type="text"和 type="password"配合使用
src	设置提交按钮显示的图像的 URL，必须与 type="image"配合使用
size	设置输入框的宽度。对于 type="text"和 type="password"，size 属性定义能显示在输入框内的西文字符数；对于其他类型，size 属性定义以像素为单位的输入框宽度

续表

属性	描述
readonly	设置字段为只读，即不能修改。用法：<input type="text" readonly="readonly">
disabled	设置禁用 input 元素，被禁用的 input 元素既不可用，也不可点击。该属性无法与 type="hidden"一起使用。用法：<input type="text" diasbled="disabled">
checked	设置在页面加载时应该被预先选定的 input 元素。用法：<input type="checkbox" checked="checked">
alt	定义图像的替代文本，如果图像无法显示，会显示替代文本。只能与 type="image" 配合使用
autocomplete	设置表单或输入字段是否应该自动完成。在某些浏览器中，需要手动启用自动完成功能
autofocus	设置页面加载时，<input>元素是否自动获得焦点
form	设置<input>元素所属的一个或多个表单。提示：如果需要引用一个以上的表单，请使用空格分隔的表单 id 列表
formaction	当提交表单时，处理该输入控件的文件的 URL
formenctype	设置表单数据（form-data）提交至服务器时如何对其进行编码（仅针对 method="post" 的表单）
min 和 max	设置<input>元素的最小值和最大值。该属性适用于以下输入类型：number、range、date、datetime、datetime-local、month、time、 week
pattern (regexp)	设置用于检查<input>元素值的正则表达式。该属性适用于以下输入类型：text、search、url、tel、email、password
placeholder	设置用于描述输入字段预期值的提示（样本值或有关格式的简短描述），该提示会在用户输入值之前显示在输入字段中。该属性适用于以下输入类型：text、search、url、tel、email、password
required	布尔属性，如果设置，则提交表单之前必须填写输入字段。该属性适用于以下输入类型：text、search、url、tel、email、password、date pickers、number、checkbox、radio、file
step	设置<input>元素的合法数字间隔。示例：如果 step="3"，则合法数字应该是-3、0、3、6 等。该属性可与 max 属性、min 属性一同使用，来设定合法值的范围。该属性适用于以下输入类型：number、range、date、datetime、datetime-local、month、time、week

4. <label>标签的 for 属性

for 属性设置<label>标签要绑定的 HTML 元素，用户单击这个标签的时候，所绑定的元素将获取焦点。

标记通常以下面两种方式中的一种与表单控件相联系：将表单控件作为标记标签的内容，即隐式形式；为<label>标签下的 for 属性命名一个目标表单 id，即显式形式。

源代码：表单的简单应用

🎓 **任务实现**

子任务 1：结合基础知识 4 的内容，再根据任务描述及页面效果图，可以得到如下代码。

```
1    <h1>&lt;label&gt;标签的 for 属性</h1>
2    <h3>没有 label</h3> 用户：
3    <input type="text" name="user">
```

4	`<h3>label 将 input 包围（隐式联系）</h3>`
5	`<label>用户：<input type="text" name="user"></label>`
6	`<h3>label 在 input 前面</h3>`
7	`<label>用户：</label><input type="text" name="user">`
8	`<h3>label 在 input 前面，并设置 for 属性（显式联系）</h3>`
9	`<label for="user">用户：</label><input type="text" id="user">`

微课 2-17
`<label>`标签的
for 属性

子任务 2：结合基础知识 1～3 的内容，再根据任务描述及页面效果图，可以得到如下代码。

1	用户：`<input type="text" name="user">`
2	`<!----------------------------->`
3	密码：`<input type="password" name="password" maxlength="15">`
4	`<!----------------------------->`
5	`<label><input type="radio" name="sex" value="male" />男性</label>`
6	`<label><input type="radio" name="sex" value="female" />女性</label>`
7	`<!----------------------------->`
8	`<label><input type="radio" name="organization" value="people" />群众 </label>`
9	`<label><input type="radio" name="organization" value="ty" />团员</label>`
10	`<!----------------------------->`
11	`<label><input name="hobby" type="checkbox" value="1" />篮球</label>`
12	`<label><input name="hobby" type="checkbox" value="2" />足球</label>`
13	`<label><input name="hobby" type="checkbox" value="3" />羽毛球</label>`
14	`<label><input name="hobby" type="checkbox" value="4" />乒乓球</label>`
15	`<!----------------------------->`
16	`<select>`
17	`<option value="1"> 上海</option>`
18	`<option value="2" selected> 广州</option>`
19	`<option value="3"> 深圳</option>`
20	`<option value="4"> 北京</option>`
21	`</select>`
22	`<!----------------------------->`
23	`<select size="3">`
24	`<option value="1"> 上海</option>`
25	`<option value="2" selected> 广州</option>`
26	`<option value="3"> 深圳</option>`
27	`<option value="4"> 北京</option>`
28	`</select>`
29	`<!----------------------------->`
30	`<input type="file" name="yourfile">`
31	`<!----------------------------->`
32	`<input type="submit" value="提交">`

微课 2-18
表单的简单
应用

```
33    <!----------------------------->
34    <input type="reset" value="重置">
35    <!----------------------------->
36    <label for="email">email：</label>
37    <input type="email" required autofocus name="email" id="email" placeholder=
      "xx@xx.com">
38    <!----------------------------->
39    <label for="username-search">生日：</label>
40    <input type="date" min="1980-01-01" max="2011-3-16" name="birthday" id="birthday"
      value="1982-10-10">
41    <!----------------------------->
42    <label for="blog">博客：</label>
43    <input type="url" name="blog" placeholder="http://xxxxx" id="blog">
44    <!----------------------------->
45    <label for="mobile">手机：</label>
46    <input type="tel" name="mobile" pattern="^1[3458]{1}[0-9]{9}$" id="mobile"
      placeholder= "1xxxxxxxxxx">
47    <!----------------------------->
48    <label id="label-working-year" for="working-year">工作年限：</label>
49    <input type="range" min="1" step="1" max="20" name="slider" name="working-year"
      id="working-year" placeholder="您的工作年限" value="3">
50    <!----------------------------->
51    <label for="age">年龄：</label>
52    <input type="number" name="age" id="age" autocomplete="off" placeholder="数字">
53    <!----------------------------->
54    <label for="avatar">头像：</label>
55    <input type="image" src="img/user.png" name="avatar" id="avatar" placeholder="点击
      选择头像">
```

说明：代码中<head>部分使用了<style>标签，即内部样式表，用以设置代码主体部分的无序列表中每一列的格式。

任务 2-11 　表单格式验证

PPT：任务 2-11
表单格式验证

📋 任务描述

制作如图 2-11-1 所示的页面，要求页面中的黑体加粗文字都是标题标签，字号大的为<h1>…</h1>标签，字号小的为<h3>…</h3>标签；"简单格式验证"标题下面的内容使用无序列表进行排列，文字部分使用<label>标签，后面跟单行文本框；"复杂格式验证"标题下面的内容也使用无序列表进行排列，最下面两行内容，直接写在无序列表的<li>…

</li>标签中，包括"提交"按钮。

图 2-11-1
表单格式验证页面效果

基础知识

1. 关闭表单数据验证的两种方式

1）在<form>标签中默认禁用整个表单的验证功能，或者手工添加 novalidate 属性：

<form action="#" novalidate>

2）给"提交"按钮添加 formnovalidate 属性：

<input type="submit" formnovalidate="formnovalidate" value="Submit" />

2. 正则表达式<input pattern="regexp">

pattern 属性用于设置验证输入字段的模式。该属性适用于以下输入类型：text、search、url、telephone、email、password。regexp 常用表达式如下。

1）^\d+$：正整数+ 0。

2）^[0-9]*[1-9][0-9]*$：正整数。

3）^((-\d+)|(0+))$：负整数+ 0。

4）^-[0-9]*[1-9][0-9]*$：负整数。

5）^-?\d+$：整数。

6）^\d+(\.\d+)?$：正浮点数+ 0。

7）^(([0-9]+\.[0-9]*[1-9][0-9]*)|([0-9]*[1-9][0-9]*\.[0-9]+)|([0-9]*[1-9][0-9]*))$：正浮点数。

8）^((-\d+(\.\d+)?)|(0+(\.0+)?))$：负浮点数+ 0。

9）^(-(([0-9]+\.[0-9]*[1-9][0-9]*)|([0-9]*[1-9][0-9]*\.[0-9]+)|([0-9]*[1-9][0-9]*)))$：负浮点数。

10）^(-?\d+)(\.\d+)?$：浮点数。

11）^[0-9]+(.[0-9]{2})?$：金额校验，精确到两位小数。

12）^[A-Za-z]+$：由 26 个英文字母组成的字符串。

13）^[A-Z]+$：由 26 个大写英文字母组成的字符串。

14）^[a-z]+$：由 26 个小写英文字母组成的字符串。

15）^[A-Za-z0-9]+$：由数字和 26 个英文字母组成的字符串。

16）^\w+$：由数字、26 个英文字母或者下画线组成的字符串。

17）^[\w-]+(\.[\w-]+)*@[\w-]+(\.[\w-]+)+$：E-mail 地址。

18）^[a-zA-z]+://注释：匹配 (\w+(-\w+)*)(\.(\w+(-\w+)*))*(\?\S*)?$：匹配 URL。

19）^(?=.*\d)(?=.*[a-z])(?=.*[A-Z]).{8,10}$：密码必须是包含大小写字母和数字的组合，不能使用特殊字符，长度为 8～10。

20）^[\\u4e00-\\u9fa5]{0,}$：字符串只能是中文。

21）^[1-9]\\d{5}[1-9]\\d{3}((0\\d)|(1[0-2]))(([0|1|2]\\d)|3[0-1])\\d{3}([0-9]|X)$：18 位身份证号码。

22）^\d{4}(\-|\/|\.)\d{1,2}\1\d{1,2}$：检验日期，yyyy-mm-dd 格式。

23）^(13[0-9]|14[01456879]|15[0-35-9]|16[2567]|17[0-8]|18[0-9]|19[0-35-9])\d{8}$：各大运营商手机号码正则表达式。

在具体使用时，无须死记硬背，只需要在网上搜索"正则表达式"，并将其复制、粘贴即可使用；也可以登录相关工具网站，在线生成正则表达式。

源代码：表单格式验证

微课 2-19
表单格式验证

任务实现

根据任务描述及基础知识的内容，可以得到如下 HTML 代码：

```
1   <!DOCTYPE html>
2   <html>
3       <head>
4           <meta charset="utf-8" />
5           <title>表单格式验证</title>
6           <style type="text/css">
7               li {
8                   margin: 10px 0px;
9               }
10          </style>
11      </head>
12      <body>
13          <form action="">
14          <h1>表单格式验证</h1>
15          <h3>简单格式验证</h3>
16          <ul>
17              <li><label for="noname">必填：</label>
18                  <input type="text" required autofocus name="noname" id=
```

```
     "noname"  placeholder="必填">
19              </li>
20              <li><label for="email">邮箱：</label>
21                  <input  type="email"  required  name="email"  id="email"
     placeholder="admin@163.com">
22              </li>
23              <li><label for="url">网址：</label>
24                  <input type="url" required name="url" id="url" placeholder=
     "https://www.qq.com">
25              </li>
26              <li><label for="birthday">日期：</label>
27                  <input  type="date"  required  name="birthday"  id="birthday"
     placeholder="2000-01-01">
28              </li>
29              <li><label for="number">数字：</label>
30                  <input type="number" required name="number" id="number"
     placeholder="数字">
31              </li>
32              <li><input type="submit" /></li>
33          </ul>
34          </form>
35          <form action="">
36          <h3>复杂格式验证</h3>
37          <ul>
38              <li><label for="money">金额：</label>
39                  <input type="text" required name="money" id="money" pattern=
     "^[0-9]+(.[0-9]{2})?$" placeholder="**.**">
40              </li>
41              <li><label for="mobile">手机：</label>
42                  <input  type="text"  required  name="mobile"  id="mobile"
     pattern="^(13[0-9]|14[01456879]|15[0-35-9]|16[2567]|17[0-8]|18[0-9]|19[0-35-9])\d{8}
     $" placeholder="1**********">
43              </li>
44              <li><label for="dates">日期：</label>
45                  <input type="text" required name="dates" id="dates" pattern=
     "^(\d{1,4})(-|\/)(\d{1,2})\2(\d{1,2})$" placeholder="yyyy-mm-dd">
46              </li>
47          <li>格式：pattern="正则表达式"</li>
48          <li><input type="submit" /></li>
49          </ul>
50          </form>
```

51	</body>
52	</html>

说明：日期的正则表达式仅进行 yyyy-mm-dd（四位年-两位月-两位日）格式验证，不进行合理性验证。

单 元 小 结

本单元主要介绍了 HTML5 的常用标签，需要掌握标签属性的设置，以及常用的文本类和图像类标签的使用方法。另外，还需要了解 HTML5 标准下常用标签的使用与之前标准的区别。受篇幅所限，此处不再赘述，HTML5 常用标签清单如表 2-12-1 所示。

表 2-12-1　HTML5 常用标签清单

标签	说明	标签	说明
基础类		<del>	被删除文本
<!DOCTYPE>	文档类型	<dfn>	定义项目
<html>	HTML 文档	<em>	强调文本
<title>	文档的标题	<font>	定义文本的字体、字号和颜色，不推荐使用
<body>	文档的主体	<i>	斜体文本
<h1>～<h6>	HTML 标题	<ins>	被插入文本
<p>	段落	<kbd>	键盘文本
 	简单的折行	<mark>	有记号的文本
<hr>	水平线	<meter>	预定义范围内的度量
<!--……-->	注释	<pre>	预格式文本
格式类		<progress>	任何类型的任务的进度
<acronym>	只取首字母的缩写	<q>	短的引用
<abbr>	缩写	<rp>	若浏览器不支持<ruby>元素显示的内容
<address>	文档作者或拥有者的联系信息	<rt>	ruby 注释的解释
<b>	粗体文本	<ruby>	ruby 注释
<bdi>	文本方向，使其脱离周围文本的方向设置	<s>	定义加删除线的文本，不推荐使用
<bdo>	文字方向	<samp>	计算机代码样本
<big>	大号文本	<small>	小号文本
<blockquote>	长的引用	<strike>	定义加删除线文本，不推荐使用
<center>	定义居中文本，不推荐使用	<strong>	语气更为强烈的强调文本
<cite>	引用(citation)	<sup>	上标文本
<code>	计算机代码文本	<sub>	下标文本

续表

标签	说明	标签	说明
<time>	日期/时间	<frame>	框架集的窗口或框架
<tt>	打字机文本	<frameset>	框架集
<u>	定义下画线文本，不推荐使用	<noframes>	针对不支持框架的用户的替代内容
<var>	文本的变量部分	<iframe>	内联框架
<wbr>	视频		图像类
	样式/节类	<img>	图像
<style>	文档的样式信息	<map>	图像映射
<div>	文档中的节	<area>	图像地图内部的区域
<span>	文档中的节	<canvas>	图形
<header>	section 或 page 的页眉	<figcaption>	<figure>元素的标题
<footer>	section 或 page 的页脚		音频/视频类
<section>	section	<audio>	声音内容
<article>	文章	<source>	媒介源
<aside>	页面内容之外的内容	<track>	媒体播放器中的文本轨道
<details>	元素的细节	<video>	视频
<dialog>	对话框或窗口		链接类
<summary>	为<details>元素定义可见的标题	<a>	超链接
	表单类	<link>	文档与外部资源的关系
<form>	供用户输入的 HTML 表单	<nav>	导航链接
<input>	输入控件		列表类
<textarea>	多行的文本输入控件	<ul>	无序列表
<button>	按钮	<ol>	有序列表
<select>	选择列表（下拉列表）	<li>	列表的项目
<optgroup>	选择列表中相关选项的组合	<dir>	定义目录列表，不推荐使用
<option>	选择列表中的选项	<dl>	定义列表
<label>	<input>元素的标注	<dt>	定义列表中的项目
<fieldset>	围绕表单中元素的边框	<dd>	定义列表中项目的描述
<legend>	<fieldset>元素的标题	<menu>	命令的菜单/列表
<isindex>	定义与文档相关的可搜索索引，不推荐使用	<menuitem>	用户可以从弹出菜单中调用的命令/菜单项目
<datalist>	下拉列表	<command>	命令按钮
<keygen>	生成密钥		表格类
<output>	输出的一些类型	<table>	表格
	框架类	<caption>	表格标题

续表

标签	说明	标签	说明
\<th\>	表格中的表头单元格	\<meta\>	关于 HTML 文档的元信息
\<tr\>	表格中的行	\<base\>	页面中所有链接的默认地址或默认目标
\<td\>	表格中的单元	\<basefont\>	定义页面中文本的默认字体、颜色或字号，不推荐使用
\<thead\>	表格中的表头内容	编程类	
\<tbody\>	表格中的主体内容	\<script\>	客户端脚本
\<tfoot\>	表格中的表注内容（脚注）	\<noscript\>	针对不支持客户端脚本的用户的替代内容
\<col\>	表格中一个或多个列的属性值	\<applet\>	定义嵌入的 applet，不推荐使用
\<colgroup\>	表格中供格式化的列组	\<embed\>	为外部应用程序（非 HTML）定义容器
元信息类		\<object\>	嵌入的对象
\<head\>	关于文档的信息	\<param\>	对象的参数

单元 **3**

CSS 基本应用

 **学习目标**

【知识与技能目标】

1. 理解 CSS 的基本概念及相关使用技巧。

2. 掌握 CSS 的语法，熟悉常用 CSS 属性的含义。

3. 理解盒子模型，掌握浮动属性的基本概念。

4. 掌握常用的文本样式和图片样式的设置方法，以及图片背景的使用方法。

5. 理解定位的概念，掌握常用的定位方法。

【能力与素养目标】

总体目标：初具发现问题、面对问题、解决问题的能力。

1. 具备快速定位问题和灵活解决问题的能力。

2. 提高自我驱动能力，培养独立思考意识。

3. 增强项目管理能力，具备团队合作精神。

任务 3-1　使用 CSS 设置 body 样式

PPT：任务 3-1
使用 CSS 设置 body
样式

任务描述

使用 CSS 完成图 3-1-1 所示页面。要求使用外部样式，样式文件名为 style.css。

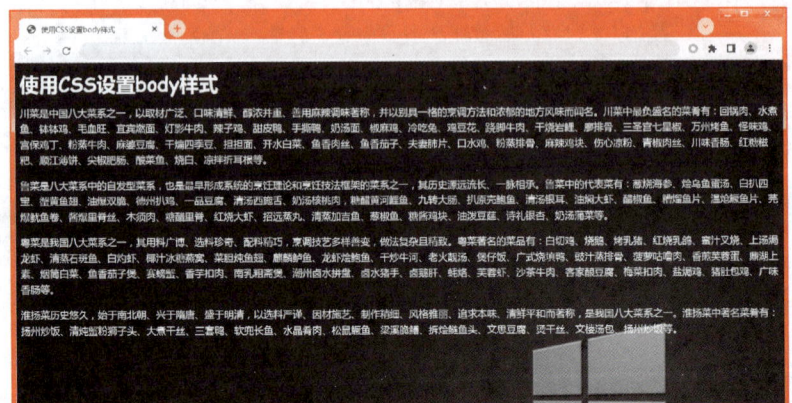

图 3-1-1
使用 CSS 设置 body
样式页面效果

基础知识

1. CSS 概述

在标准网页设计中，CSS（cascading style sheets，层叠样式表）用于定义网页内容在浏览器内的显示样式，如文字大小、字体颜色、元素位置等。使用 CSS 的一个好处是通过定义某个样式，可以让位于不同网页位置的文字有统一的字体、字号或者颜色等，即将网页的内容和网页的样式相对分离。

CSS 由选择符和声明两部分组成。其中，选择符又称作选择器，是网页中要应用样式的元素；声明由属性和属性值两部分组成，属性与值之间用冒号隔开，每一个属性设置完属性值后，以分号结束。声明部分可以有多组属性和属性值，由一对{}括起来。例如：

```
p{
    font-size:12px;
    color:red;
}
```

以上代码表示网页中<p>标签内的文字字体大小为 12 px，颜色为红色。

2. CSS 的使用

1）CSS 基本语法：

```
selector{declaration1;declaration2;…declarationN}/*这里是注释*/
```

selector 可以为 HTML 元素（标签）或自定义，一律小写，尽量用英文，不加中线和下画线、尽量不缩写，除非是一看就明白的单词。

declaration1～declarationN 用分号分开。

注释采用/*…*/的样式。

2）body 的作用：设置整个网页的背景、字体、页边距等。

① background-color：背景颜色；background-image:背景图像；background-repeat:背景重复；background-position：背景图像位置；background-attachment: 如何设置固定的背景图像。例如：

```
background:#ff0000 url(./img/bg.jpg) no-repeat fixed center/cover;
```

以上代码的参数从左到右依次是 background-color、background-image、background-repeat、background-attachment、background-position/background-size。

需要注意的是，background-size 是 CSS3 的属性，要与 background-position 配合使用，中间有一个斜杠分隔符。

② margin：外边距，此处指页边距。margin:20 px（上、下、左、右边距均为 20 px）；margin:20 px 40 px（上、下边距为 20 px，左、右边距为 40 px）；margin:20 px 40 px 60 px（上边距为 20 px，左、右边距为 40 px，下边距为 60 px），margin:20 px 40 px 60 px 80 px（上边距为 20 px，右边距为 40 px，下边距为 60 px，左边距为 80 px）。在 CSS 中，使用 margin 可以将 margin-top、margin-right、margin-bottom、margin-left 缩写为一个标记，顺序为上右下左（顺时针）。

③ font-size：字体大小。

④ color：字体颜色，如果采用 6 位十六进制数，前面需要加上"#"，注意字体颜色不是 font-color。常用的颜色参见本章小结。

⑤ font-family：字体类型。注意先写英文字体，再写中文字体，会优先匹配英文字体，但是在英文字体中找不到中文字符，这样中文文本就会自动使用后写的中文字体。例如：

```
font-family: Comic Sans MS, "微软雅黑";
```

⑥ line-height：文本行高，一般以 em 为单位，1em 代表一倍行距。

任务实现

源代码：使用 CSS 设置 body 样式

根据基础知识的内容及页面效果图，可以得到如下 HTML 代码：

```
1    <!DOCTYPE html>
2    <html>
3      <head>
4        <meta charset="utf-8" />
5        <title>使用 CSS 设置 body 样式</title>
6        <link rel="stylesheet" type="text/css" href="css/style.css" />
7      </head>
8      <body>
```

微课 3-1
使用 CSS 设置
body 样式

```
9        <h1>使用 CSS 设置 body 样式</h1>
10          <p>川菜是中国八大菜系之一，以取材广泛、口味清鲜、醇浓并重、善用麻辣
调味著称，并以别具一格的烹调方法和浓郁的地方风味而闻名。川菜中最负盛名的菜肴有：
回锅肉、水煮鱼、钵钵鸡、毛血旺、宜宾燃面、灯影牛肉、辣子鸡、甜皮鸭、手撕鸭、奶汤
面、椒麻鸡、冷吃兔、鸡豆花、跷脚牛肉、干烧岩鲤、廖排骨、三圣宫七星椒、万州烤鱼、
怪味鸡、宫保鸡丁、粉蒸牛肉、麻婆豆腐、干煸四季豆、担担面、开水白菜、鱼香肉丝、鱼
香茄子、夫妻肺片、口水鸡、粉蒸排骨、麻辣鸡块、伤心凉粉、青椒肉丝、川味香肠、红糖
糍粑、顺江薄饼、尖椒肥肠、酸菜鱼、烧白、凉拌折耳根等。</p>
            <p>鲁菜是八大菜系中的自发型菜系，也是最早形成系统的烹饪理论和烹饪技
法框架的菜系之一，其历史源远流长、一脉相承。鲁菜中的代表菜有：葱烧海参、烩乌鱼蛋
汤、白扒四宝、蟹黄鱼翅、油爆双脆、德州扒鸡、一品豆腐、清汤西施舌、奶汤核桃肉，糖
醋黄河鲤鱼、九转大肠、扒原壳鲍鱼、清汤银耳、油焖大虾、醋椒鱼、糟熘鱼片、温炝鳜鱼
片、芫爆鱿鱼卷、酱爆里脊丝、木须肉、糖醋里脊、红烧大虾、招远蒸丸、清蒸加吉鱼、葱
椒鱼、糖酱鸡块、油泼豆莛、诗礼银杏、奶汤蒲菜等。</p>
            <p>粤菜是我国八大菜系之一，其用料广博、选料珍奇、配料精巧，烹调技艺
多样善变，做法复杂且精致。粤菜著名的菜品有：白切鸡、烧鹅、烤乳猪、红烧乳鸽、蜜汁叉
烧、上汤焗龙虾、清蒸石斑鱼、白灼虾、椰汁冰糖燕窝、菜胆炖鱼翅、麒麟鲈鱼、龙虾烩鲍鱼、
干炒牛河、老火靓汤、煲仔饭、广式烧填鸭、豉汁蒸排骨、菠萝咕噜肉、香煎芙蓉蛋、鼎湖上素、
烟筒白菜、鱼香茄子煲、赛螃蟹、香芋扣肉、南乳粗斋煲、潮州卤水拼盘、卤水猪手、卤鹅肝、
蚝烙、芙蓉虾、沙茶牛肉、客家酿豆腐、梅菜扣肉、盐焗鸡、猪肚包鸡、广味香肠等。</p>
            <p>淮扬菜历史悠久，始于南北朝、兴于隋唐、盛于明清，以选料严谨、因材
施艺、制作精细、风格雅丽、追求本味、清鲜平和而著称，是我国八大菜系之一。淮扬菜中
著名菜肴有：扬州炒饭、清炖蟹粉狮子头、大煮干丝、三套鸭、软兜长鱼、水晶肴肉、松鼠
鳜鱼、梁溪脆鳝、拆烩鲢鱼头、文思豆腐、烫干丝、文楼汤包、扬州炒饭等。</p>
11      </body>
12    </html>
```

CSS 代码如下：

```
1     body {
2         margin-top: 35 px;
3         margin-left: 25 px;
4         font-size: 25 px;
5         color: white;
6         font-family: Comic Sans MS,"微软雅黑";
7         line-height: 25px;
8         background-image: url(./img/bg.jpg);
9         background-repeat: no-repeat;
10    }
```

说明：HTML 代码第 6 行<link rel="stylesheet" type="text/css" href="css/style.css" />的
意思是网页需要使用 css 文件夹中的 style.css 文件，具体相关知识在任务 3-3 中进行详细
讲解。图 3-1-2 展示了 index.html、style.css、bg.jpg 文件的目录结构。

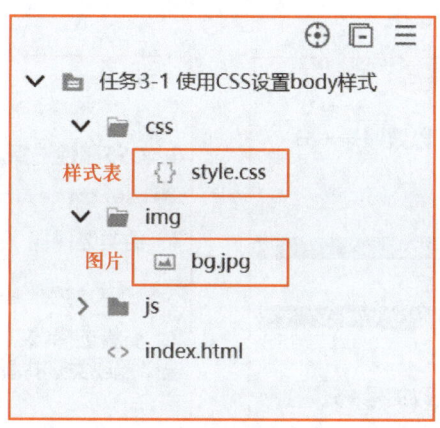

图 3-1-2
index.html、style.css、bg.jpg
文件的目录结构

任务 3-2　CSS 元素选择器的使用

PPT：任务 3-2
CSS 元素选择器的
使用

任务描述

子任务 1：基础选择器。

分别采用 ID 选择器、类选择器以及标签选择器给 3 段文字加上背景颜色和字体颜色，效果如图 3-2-1 所示。

图 3-2-1
基础选择器页面效果

子任务 2：复合选择器。

使用 CSS 复合选择器精准设置元素样式，页面效果如图 3-2-2～图 3-2-5 所示。样式表文件名为 style.css。

图 3-2-2
组合选择器页面效果

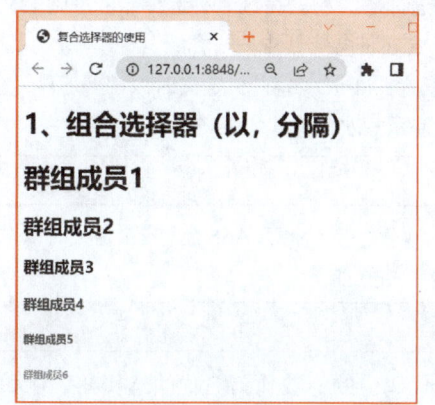

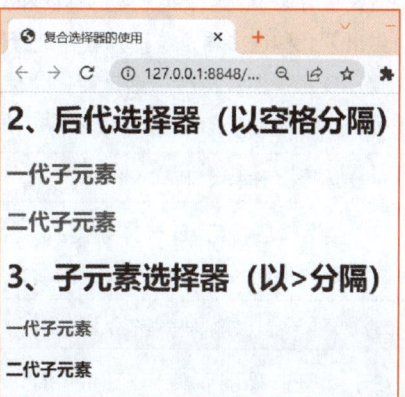

图 3-2-3
后代选择器、子元素
选择器页面效果

图 3-2-4
兄弟选择器页面效果

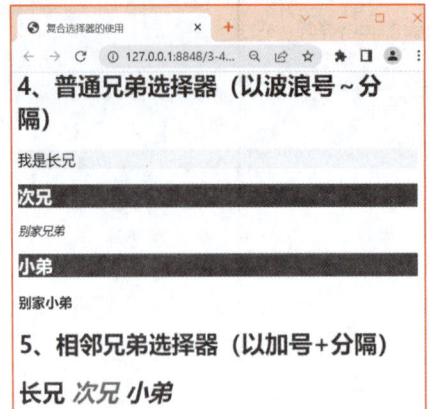

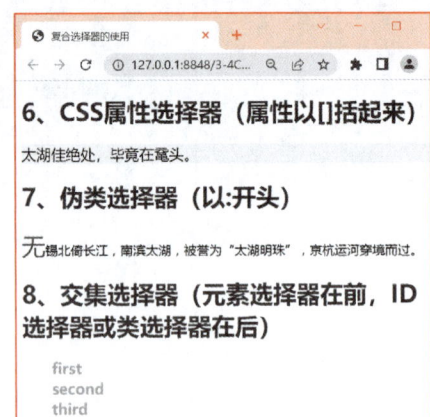

图 3-2-5
其他选择器页面效果

子任务 3：伪类选择器。

使用 CSS 样式设置超链接的显示效果，如图 3-2-6 和图 3-2-7 所示。

图 3-2-6
鼠标移到超链接上方
时的显示效果

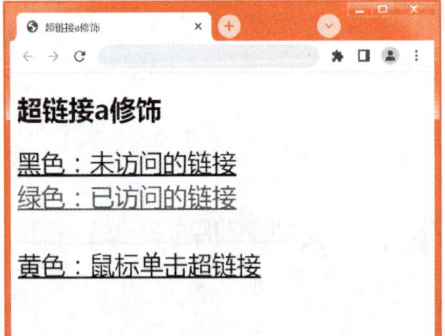

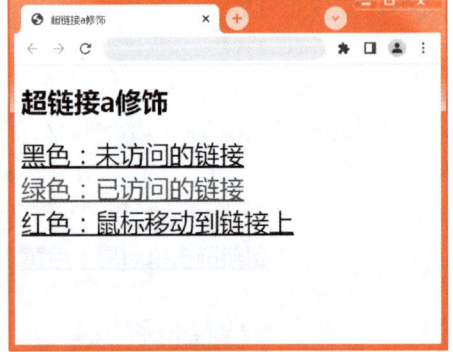

图 3-2-7
鼠标单击超链接的
显示效果

基础知识

1. 基础选择器

CSS 选择器分为基础选择器（也可称基本选择器）和复合选择器两大类，其中基础选择器又可分为 ID 选择器、类选择器和标签选择器 3 种。在这 3 种选择器的基础上又组合衍生出了几种选择器，统称为复合选择器，会在任务实践中一一介绍。

1）ID 选择器：即标识选择器，为标签设置"id=ID 名称"，定义时以"#"开头。按照规范，ID 选择器在一个 HTML 文件中只能使用一次，格式如下：

#ID 选择器名称{CSS 样式代码}

2）类选择器：与 ID 选择器类似，为标签设置"class=CLASS 名称"，定义时以"."开头。类选择器可以重复使用，应用最为广泛，格式如下：

.类选器名称{CSS 样式代码}

3）标签选择器：使用已有的 HTML 代码中的标签作为名称的选择器。例如，

p{font-size:12px;color:white;}就是将<p>标签内的文字大小设置为 12 px，颜色为白色。

2. 复合选择器

复合选择器是由两个或多个基础选择器，通过不同的方式组合而成的，用于选择更准确、更精细的目标元素标签。常用的复合选择器有以下几种。

1）组合选择器：也称为分组选择器或并集选择器，用","将需要设置相同样式的多个选择器组合起来就构成了组合选择器。组合选择器中的各个选择器是并列关系，样式相同。例如，h1,#main,.content{background-color:#0099FF;…}表示 h1、#main 和.content 3 个元素的背景色都是#0099FF。

2）交集选择器：由两个选择器构成，其中第一个为标签选择器，第二个为类选择器或 ID 选择器，两个选择器之间没有空格。例如，div.adv{font-size:12px;color:white;}表示 class="adv"的<div>标签内的文字大小为 12 px，颜色为白色。

3）后代选择器：也称为包含选择器，即在选择器之间加入空格，用于选择指定选择器的后代元素，后面元素是前面元素的后代元素，两者是从属关系。当标签发生嵌套时，内层标签就成为外层标签的后代。例如，#head a{ text-decoraton:none;}表示#head 标签内的<a>超链接文本修饰为 none。

4）子元素选择器：用来选择元素的子元素，父级标签在前，子级标签在后，中间用">"进行连接，连接符号左右两侧各保留一个空格。注意区分子元素选择器和后代选择器，后代选择器可以选择所有后代（子孙后代），而子元素选择器只能选择子元素（亲儿子），即子选择器仅选择它的直接后代。例如，.nav>a {color:red;}表示子元素选择器只会查找最近一级子元素，不会查找其他被嵌套的标签，将距离.nav 最近一级的<a>超链接字体设置为红色。

5）兄弟选择器：CSS 3.0 新增的一个选择器，分别使用"～"或者"+"连接两个元素，其中"～"表示某元素后所有同级的指定元素，强调"所有"。"+"表示某元素后相邻的兄弟元素，也就是紧挨着的，是单个的。例如，p～span{color: black;}和 p + span{color: black;}分别表示<p>标签的全部兄弟<span>标签字体为黑色和<p>标签兄弟且严格相邻的<span>标签字体为黑色。

6）属性选择器：选取标签带有某些特殊属性的选择器，使用[]括起来，一般用于<form>标签中的<input>标签。例如，input[type="text"]表示 type 属性值为 text 的<input>标签。

7）伪类选择器：用于向某些选择器添加特殊的效果，以":"开头，又分为超链接伪类选择器、结构伪类选择器等。任务 3-2 中使用的就是链接伪类选择器，具体如下：

```
:link        /* 未访问的超链接 */
:visited     /* 已访问的超链接 */
:hover       /* 鼠标移动到超链接上 */
:active      /* 选定的超链接 */
```

注意

使用超链接伪类选择器时，尽量按照 **link**、**visited**、**hover**、**active** 的顺序。

除了链接伪类选择器外，常用的还有其他元素使用的伪类选择器。例如，:focus 伪类选择器用于选取获得焦点的表单元素，焦点就是光标，一般情况下只有<input>类表单元素才能获取，因此这个选择器也主要针对表单元素使用。

CSS 允许给标签的某种状态设置样式，格式如下：

> 标签:状态{属性:属性值;…}

一般把这种情况称作伪类选择器的使用。伪类选择器最常出现在超链接的具体应用上，如本任务中的子任务 3 就是使用上述 4 个伪类选择器设置超链接的显示效果。从效果图中可以看到，每个超链接都是成块显示的。要做到这一点，就需要了解标签元素的分类情况。

3. CSS 样式使用说明

1）样式属性书写顺序：一般按照位置属性（display、visibility、float、clear、position、top、right、bottom、left、z-index）、盒子模型属性（width、min-width、max-width、height、min-height、max-height、overflow、margin、margin-top、margin-right、margin-bottom、margin-left、padding、padding-top、padding-right、padding-bottom、padding-left、border、border-top、border-right、border-bottom、border-left、border-width、border-top-width、border-right-width、border-bottom-width、border-left-width、border-style、border-top-style、border-right-style、border-bottom-style、border-left-style、border-color、border-top-color、border-right-color、border-bottom-color、border-left-color、outline、list-style、table-layout、caption-sid、border-collapse、border-spacing、empty-cells）、文字属性（font、font-family、font-size、line-height、font-weight、text-align、text-indent、text-transform、text-decoration、letter-spacing、word-spacing、white-space、vertical-align、color）、背景属性（background、background-color、background-image、background-repeat、background-position）、其他属性（opacity、cursor、content、quotes）的顺序进行设置。

2）缩写属性：CSS 的某些属性是可以缩写的，比如 padding、margin 和 font 等，这样不仅能精简代码，而且能提高用户的阅读体验，如表 3-2-1 所示。

表 3-2-1 缩写属性对照表

属性缩写前	属性缩写后
.list-box{ 　　border-top-style:none; 　　font-famliy:serif; 　　font-size:100%; 　　line-height:1.6; 　　padding-bottom:2em; 　　padding-left:1em; 　　padding-right:1em; 　　padding-top:0; }/*不规范*/	.list-box{ 　　border-top:0; 　　font-size:100%/1.6 serif; 　　padding:0 1em 2em; }/*规范*/

3）去掉小数点前的"0"：设置带有小数点的属性值时，如果属性值是"0.XX"，则需要去掉小数点前的"0"。例如：

> font-size:0.8em;　　/*不规范*/
>
> font-size:.8em;　　/*规范*/

4）不要随意使用 ID 选择器：ID 选择器在一个 HTML 文档中只能使用一次，不能多次使用，而类选择器却可以重复使用。另外，ID 选择器优先于类选择器，所以 ID 选择器应该按需使用，不能滥用。

5）简写命名：简写命名必须一目了然，能让其他人看懂的简写是规范的，否则是不规范的。例如，表 3-2-2 就很好地诠释了简写的命名。

表 3-2-2　简　写　命　名

简写前	简写后

#navigation{
　　margin:0 0 1em 2em;
}
.author {
　　color:#93c;
}
	#nav{
	　　margin:0 0 1em 2em;
	}/*规范*/
	.atr{
	　　color:#93c;
	}/*不规范*/

6）CSS 文件命名：通常情况下，CSS 文件也需要按照规则命名，如主样式表 style.css 或 css.css、重置样式表 reset.css、基本共用样式表 global.css 或 base.css、主页面样式表 index.css、子页面样式表 sub.css、模块样式表 module.css、主题样式表 themes.css、专栏样式表 columns.css、文字样式表 font.css、表单样式表 forms.css、打印样式表 print.css。

7）页面结构命名：页面的结构不同，样式也会有所不同，页面结构命名也有一定的规则可循，如容器（container）、页头（header）、内容（content）、页面主体（main）、页尾（footer）、导航（nav/menu）、侧栏（sidebar）、栏目（column）、页面外围控制整体布局宽度（wrapper）、左右中（left right center）。

8）导航命名：页面结构中的导航命名也需要遵循一定的规则，如导航（nav）、主导航（mainnav）、子导航（subnav）、顶导航（topnav）、边导航（sidebar）、左导航（leftsidebar）、右导航（rightsidebar）、菜单（menu）、子菜单（submenu）、标题（title）、摘要（summary）。

9）功能命名：结合页面结构，可以在设置样式时遵循一定的规则按照功能命名，如标志（logo）、广告（banner）、登录（login）、登录条（loginbar）、注册（register）、搜索（search）、功能区（shop）、标题（title）、加入（joinus）、状态（status）、按钮（btn）、滚动（scroll）、标签页（tab）、文章列表（list）、提示信息（msg）、当前的（current）、小技巧（tips）、图标（icon）、注释（note）、指南（guild）、服务（service）、热点（hot）、新闻（news）、下载（download）、投票（vote）、合作伙伴（partner）、友情链接（link）、版权（copyright）。

10）十六进制颜色代码缩写：颜色代码可以缩写的应尽量缩写，以便简化代码，增加可读性。例如：

```
color: #eebbcc;      /*不规范*/
color: #ebc;         /*规范*/
```

4. CSS 选择器清单

CSS 选择器清单如表 3-2-3 所示。

表 3-2-3　CSS 选择器清单

选择器	示例	示例描述	CSS 版本
.class	.intro	选择 class="intro" 的所有元素	1
#id	#firstname	选择 id="firstname" 的所有元素	1

续表

选择器	示例	示例描述	CSS 版本
*	*	选择所有元素	2
element	p	选择所有<p>元素	1
element,element	div,p	选择所有<div>元素和所有<p>元素	1
element element	div p	选择<div>元素内部的所有<p>元素	1
element>element	div>p	选择父元素为<div>元素的所有<p>元素	2
element+element	div+p	选择紧跟在<div>元素之后的所有<p>元素	2
[attribute]	[target]	选择带有 target 属性所有元素	2
[attribute=value]	[target=_blank]	选择 target="_blank" 的所有元素	2
[attribute~=value]	[title~=flower]	选择 title 属性包含单词 flower 的所有元素	2
[attribute|=value]	[lang|=en]	选择 lang 属性值以 en 开头的所有元素	2
:link	a:link	选择所有未被访问的超链接	1
:visited	a:visited	选择所有已被访问的超链接	1
:active	a:active	选择活动超链接	1
:hover	a:hover	选择鼠标指针位于其上的超链接	1
:focus	input:focus	选择获得焦点的<input>元素	2
:first-letter	p:first-letter	选择每个<p>元素的首字母	1
:first-line	p:first-line	选择每个<p>元素的首行	1
:first-child	p:first-child	选择属于父元素的第 1 个子元素的每个<p>元素	2
:before	p:before	在每个<p>元素的内容之前插入内容	2
:after	p:after	在每个<p>元素的内容之后插入内容	2
:lang(language)	p:lang(it)	选择带有以"it"开头的 lang 属性值的每个<p>元素	2
element1~element2	p~ul	选择前面有<p>元素的每个<ul>元素	3
[attribute^=value]	a[src^="https"]	选择其 src 属性值以"https"开头的每个<a>元素	3
[attribute$=value]	a[src$=".pdf"]	选择其 src 属性以".pdf"结尾的所有<a>元素	3
[attribute*=value]	a[src*="abc"]	选择其 src 属性中包含"abc"子串的每个<a>元素	3
:first-of-type	p:first-of-type	选择属于其父元素的第 1 个<p>元素的每个<p>元素	3
:last-of-type	p:last-of-type	选择属于其父元素的最后<p>元素的每个<p>元素	3
:only-of-type	p:only-of-type	选择属于其父元素唯一的<p>元素的每个<p>元素	3
:only-child	p:only-child	选择属于其父元素的唯一子元素的每个<p>元素	3
:nth-child(n)	p:nth-child(2)	选择属于其父元素的第 2 个子元素的每个<p>元素	3
:nth-last-child(n)	p:nth-last-child(2)	同上，从最后一个子元素开始计数	3

续表

选择器	示例	示例描述	CSS 版本
:nth-of-type(n)	p:nth-of-type(2)	选择属于其父元素第 2 个<p>元素的每个<p>元素	3
:nth-last-of-type(n)	p:nth-last-of-type(2)	同上，但是从最后一个子元素开始计数	3
:last-child	p:last-child	选择属于其父元素最后一个子元素的每个<p>元素	3
:root	:root	选择文档的根元素	3
:empty	p:empty	选择没有子元素的每个<p>元素（包括文本节点）	3
:target	#news:target	选择当前活动的 #news 元素	3
:enabled	input:enabled	选择每个启用的<input>元素	3
:disabled	input:disabled	选择每个禁用的<input>元素	3
:checked	input:checked	选择每个被选中的<input>元素	3
:not(selector)	:not(p)	选择非<p>元素的每个元素	3
::selection	::selection	选择被用户选取的元素部分	3
:out-of-range	:out-of-range	匹配值在指定区间之外的<input>元素	3
:in-range	:in-range	匹配值在指定区间之内的<input>元素	3
:read-write	:read-write	用于匹配可读及可写的元素	3
:read-only	:read-only	用于匹配设置 readonly（只读）属性的元素	3
:optional	:optional	用于匹配可选的输入元素	3
:required	:required	用于匹配设置了 required 属性的元素	3
:valid	:valid	用于匹配输入值为合法的元素	3
:invalid	:invalid	用于匹配输入值为非法的元素	3

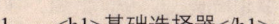

任务实现

源代码：CSS 元素选
择器的使用

子任务 1： 根据基础选择器的知识以及任务描述，可以得到如下 HTML 代码。

```
1    <h1>基础选择器</h1>
2    <span id="main">ID 选择器<b>标签选择器</b></span>
3    <span class="sidebar">类选择器<b>标签选择器</b></span>
4    <b>标签选择器</b>
```

微课 3-2
基础选择器

CSS 代码如下，写在样式表文件 style.css 中：

```
1    #main {
2         background-color: #CDEB8B;
3    }
4    .sidebar {
5         background-color: #FF7400;
```

```
6        }
7    b {
8        color: #CC0000;
9        }
```

说明：选择器中有一个特殊的选择器可用来表示 HTML 中所有标签元素，即通用选择器（又名全局选择器），是功能最强大的选择器，它使用一个 "*" 号指定，作用是匹配 HTML 中所有标签元素。例如，* {color:red;} 表示将 HTML 文档所有标签元素内的字体颜色全部设置为红色。

子任务 2：根据复合选择器的知识以及页面效果图，可以得到如下 HTML 代码。

微课 3-3
复合选择器

```
1    <h1>1、组合选择器( 以,分隔 )</h1>
2    <h1>群组成员 1</h1>
3    <h2>群组成员 2</h2>
4    <h3>群组成员 3</h3>
5    <h4>群组成员 4</h4>
6    <h5>群组成员 5</h5>
7    <h6>群组成员 6</h6>
8    <h1>2、后代选择器（以空格分隔）
     </h1>
9    <h2>
10       <strong>一代子元素</strong>
11   </h2>
12   <h2>
13       <span>
14           <strong>二代子元素</strong>
15       </span>
16   </h2>
17   <h1>3、子元素选择器（以>分隔）
     </h1>
18   <h3>
19       <strong>一代子元素</strong>
20   </h3>
21   <h3>
22       <span>
23       <strong>二代子元素</strong>
24       </span>
25   </h3>
26   <h1>4、普通兄弟选择器（以波浪
     号~分隔）</h1>
27   <div class="box">我是长兄</div>
28   <h2>次兄</h2>
29   <em>别家兄弟</em>
30   <h2>小弟</h2>
31   <h3>别家小弟</h3>
32   <h1>5、相邻兄弟选择器（以加号+
     分隔）</h1>
33   <h1>
34       <span>长兄</span>
35       <em>次兄</em>
36       <em>小弟</em>
37   </h1>
38   <h1>6、CSS 属性选择器（属性以[]
     括起来）</h1>
39   <div class="box">太湖佳绝处，毕竟
     在鼋头。</div>
40   <h1>7、伪类选择器（以:开头）</h1>
41   <p>
42   无锡北倚长江，南滨太湖，被誉为
     "太湖明珠"，京杭运河穿境而过。
43   </p>
44   <h1>8、交集选择器（元素选择器在
     前，ID 选择器或类选择器在后）</h1>
45   <ul class="box">
46       <li>first</li>
47       <li>second</li>
48       <li>third</li>
49   </ul>
```

CSS 代码如下：

```
1    h1,                                    21    span+em {
2    h2,                                    22        color: red;
3    h3 {                                   23    }
4        color: blue;                       24    div[class$="box"] {
5    }                                      25        background: #ffff00;
6    h4,                                    26        font-size: 20px;
7    h5,                                    27    }
8    h6 {                                   28    p:first-letter {
9        color: red;                        29        font-size: 200%;
10   }                                      30        color: #8A2BE2;
11   h2 strong {                            31    }
12       color: red;                        32    ul {
13   }                                      33        list-style: none;
14   h3>strong {                            34    }
15       color: red;                        35    ul.box {
16   }                                      36        font-size: 20px;
17   .box~h2 {                              37        font-weight: bold;
18       background: #356AA0;               38        color: orange;
19       color: #fff;                       39    }
20   }
```

子任务 3：结合基础知识的内容以及任务描述和效果图，可以得到如下 HTML
代码。

```
1    <h1>超链接 a 修饰</h1>
2    <a href="link.html">黑色：未访问的链接</a><br/>
3    <a href="https://www.sina.com.cn/">绿色：已访问的链接</a><br />
4    <a href="#">红色：鼠标移动到链接上</a><br />
5    <a href="active.html">黄色：鼠标单击超链接</a><br />
```

微课 3-4
伪类选择器

CSS 代码如下：

```
1    a:link {                               9    a:hover {
2        color: black;                      10       color: red;
3        font-size: 30px;                   11       font-size: 30px;
4    }                                      12   }
5    a:visited {                            13   a:active {
6        color: green;                      14       color: yellow;
7        font-size: 30px;                   15       font-size: 30px;
8    }                                      16   }
```

任务 3-3 内联式、嵌入式、外部式样式的使用

任务描述

使用不同插入形式的样式，完成图 3-3-1 所示的页面效果。

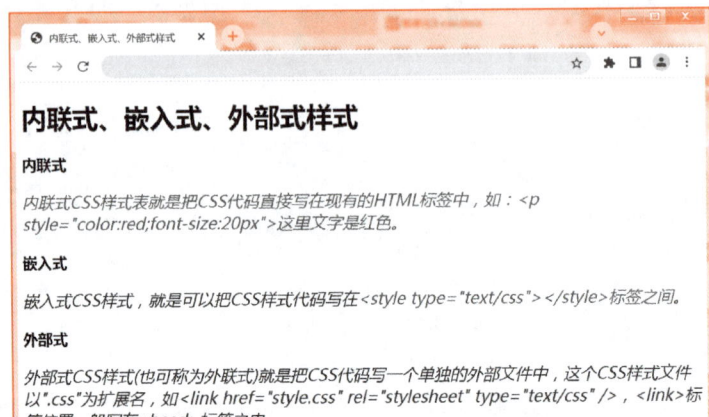

图 3-3-1
内联式、嵌入式、外部式样式
页面效果

基础知识

根据 CSS 样式代码插入的形式，可以将 CSS 样式分为内联式、嵌入式和外部式 3 种。

1）内联式：把 CSS 代码直接作为标签的 style 属性的内容写在现有的 HTML 标签（如 <p><span> 等）中。例如，<p style="color:red;font-size:12px;"> 表示这个段落中的文字大小是 12 px，字体颜色是红色。

2）嵌入式：也称作内部样式表，把 CSS 样式写在标签 <style type="text/css">…</style> 之间，并且一般情况下嵌入式 CSS 样式写在 <head>…</head> 之间。任务 2-10 就使用了此种方式。

3）外部式：把 CSS 代码写在一个单独的外部文件中，存放在根目录的 css 文件夹中，这个 CSS 样式文件以 css 为扩展名，在 <head> 标签内使用 <link> 标签将 CSS 样式文件链接到 HTML 文件内。例如，<link href="css/style.css" rel="stylesheet" type="text/css" /> 表示将 css 文件夹中名为 style.css 的样式文件链接到 HTML 文件内。CSS 样式文件要求以有意义的英文字母命名，如 main.css。代码中，rel="stylesheet" type="text/css" 是固定写法不可修改。一般外部式样式的文件名字为 style.css。

以上 3 种样式是有优先级的，原则上应基于就近原则，但如果 CSS 样式有相同权值，则优先级是内联式样式>嵌入式样式>外部式样式。

任务实现

根据基础知识及页面效果图，可以得到如下 HTML 代码：

```
1    <h1>内联式、嵌入式、外部式样式</h1>
2    <h3>内联式</h3>
3    <p style="color: red; font-size: 20px;">内联式 CSS 样式表就是把 CSS 代码直接写在
     现有的 HTML 标签中，如：&lt;p style="color:red;font-size:20px"&gt;这里文字是红
     色。</p>
4    <h3>嵌入式</h3>
5    <p>嵌入式 CSS 样式，就是可以把 CSS 样式代码写在 <span>&lt;style
     type="text/css"&gt;&lt;/style&gt;标签之间</span>。
6    </p>
7    <h3>外部式</h3>
8    <p>外部式 CSS 样式（也可称为外联式）就是把 CSS 代码写一个单独的外部文件
     中，这个 CSS 样式文件以".css"为扩展名，如&lt;link href="style.css" rel="stylesheet"
     type="text/css" /&gt;，，&lt;link&gt;标签位置一般写在&lt;head&gt;标签之内。
9    </p>
```

微课 3-5
内联式、嵌入
式、外部式
样式

上述 HTML 代码中，第一个<p>标签使用了内联式样式，设置整个段落的字体颜色为红色，CSS 代码如下：

```
style="color: red; font-size: 20px;"
```

第二个<p>标签内有 3 个<span>标签，使用了嵌入式样式将 3 个<span>标签内的文字颜色设置为红色，CSS 代码如下：

```
1    span {
2        color: red;
3    }
```

整个页面中的字体全部是斜体，而且文字大小都是 20 px，字体颜色是蓝色。这些样式全部都是通过外部式样式设置的，样式文件在 css 文件夹中，文件名为 style.css。CSS代码如下：

```
1    p {
2        font-size: 20px;
3        font-style: italic;
4        color: blue;
5    }
```

任务 3-4　测试样式优先级

PPT：任务 3-4
测试样式优先级

 **任务描述**

下面有一段文字：

相同权值下三种样式优先级不同

我是绿色，内联样式优先于嵌入式样式表

我是红色，嵌入式样式表优先于外部样式表

外部样式表定义的是黑色，没有机会显示，你们看到的还是红色

在相同的外部样式表中

我是黄色，ID 选择器优先于类选择器，权值 100

我是蓝色，类选择器优先于标签（元素）选择器，权值 10

我是灰色，是标签选择器的本色，权值 1

!important 优先级最高

我是紫色，我优先级最高！权值 1000

其中，加粗的三行文字是 3 号标题，第一、三部分的内容使用<div>标签，第二部分内容使用<p>标签。请按照文字内容的要求将这一段文字显示在页面上，具体的页面效果如图 3-4-1 所示。外部样式表文件为 style.css。

图 3-4-1
测试样式优先级页面效果

基础知识

由任务 3-3 中的基础知识可知 CSS 样式的优先级关系如下：内联样式>嵌入式样式表>外部式样式表。

实际上，样式的优先级还与权值相关，权值越大则优先级越高，在权值相同的情况下，后定义的样式优先级高。具体权值规定如下：通用选择符"*"的权值为(0,0,0,0)，标签选择器的权值为(0,0,0,1)，类选择器的权值为(0,0,1,0)，属性选择器的权值为(0,0,1,0)，伪类选择器的权值为(0,0,1,0)，伪对象选择器的权值为(0,0,0,1)，ID 选择器的权值为(0,1,0,0)，!important 的权值为最高(1,0,0,0)。使用时，权值相减，权值大者优先级高。

CSS 选择器优先级最高到最低顺序为：!important>内联选择器（作为 style 属性写在元素内的样式）>ID 选择器>类选择器>属性选择器>伪类>标签选择器>通配符选择器>继

承选择器>浏览器默认属性。

任务实现

根据基础知识的内容可知，第一个 3 号标题下的三行文字分别使用内联样式、嵌入式样式表和外部式样式表设置样式；第二个 3 号标题下的三行文字分别使用 ID 选择器、类选择器和标签选择器设置样式；第三个 3 号标题下的一行文字同时使用类选择器和 ID 选择器设置样式，但是因为类选择器中的样式添加了强调"!important"，所以还是使用了"!important"的类选择器的优先级最高。

基于以上分析，结合任务描述及页面效果图，可以确定任务 3-4 的 HTML 代码如下：

源代码：测试样式优
先级

微课 3-6
测试样式优
先级

```
1   <!DOCTYPE html>
2   <html>
3     <head>
4     <meta charset="UTF-8">
5     <title>css 样式优先级</title>
6     <link type="text/css" rel="stylesheet" href="css/css.css" />
7     <style type="text/css">
8       div{
9           color: red;
10      }
11    </style>
12    </head>
13    <body>
14    <h1>css 样式优先级</h1>
15    <h3>相同权值下三种样式优先级不同</h3>
16    <div style="color: green;">我是绿色，内联样式优先于内部样式表</div>
17    <div>我是红色，内部样式表优先于外部样式表</div>
18    <div>外部样式表定义的是黑色，没有机会显示，你们看到的还是红色</div>
19    <h3>在相同的外部样式表中</h3>
20    <p id="d1">我是黄色，ID 选择器优先于类选择器，权值 100</p>
21    <p class="d2">我是蓝色，类选择器优先于标签（元素）选择器，权值 10</p>
22    <p>我是灰色，是标签选择器的本色，权值 1</p>
23    <h3>!important 优先级最高</h3>
24    <p id="d1" class="d3">我是紫色，我优先级最高！权值 1000</p>
25    </body>
26  </html>
```

HTML 代码的<head>部分设置了<style>嵌入式样式表，并且在第一个<div>标签中设置了 style 属性（内联样式）。文字的第二部分使用了外部样式表，其代码如下：

1	div{	9	color: yellow;
2	color: black;	10	}
3	}	11	.d2{
4	p{	12	color: blue;
5	color: grey;	13	}
6	}	14	.d3{
7		15	color: purple !important;
8	#d1{	16	}

说明：HTML 代码中的最后一个<p>标签中同时设置了 ID 和 CLASS，按照权重来说，ID 选择器的权重大，但由于在.d3 类的属性中添加了强调"!important"，所以此处显示了.d3 类中定义的样式（字体颜色是紫色）。

PPT：任务 3-5 创建盒子模型

任务 3-5 创建盒子模型

任务描述

根据图 3-5-1 所示的属性名称设置<div>标签的属性值，创建一个盒子模型，具体页面效果如图 3-5-2 所示。要求使用外部样式表 style.css。

图 3-5-1
盒子模型属性

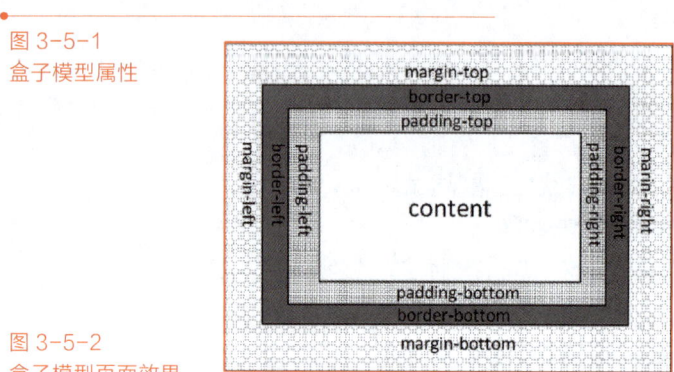

图 3-5-2
盒子模型页面效果

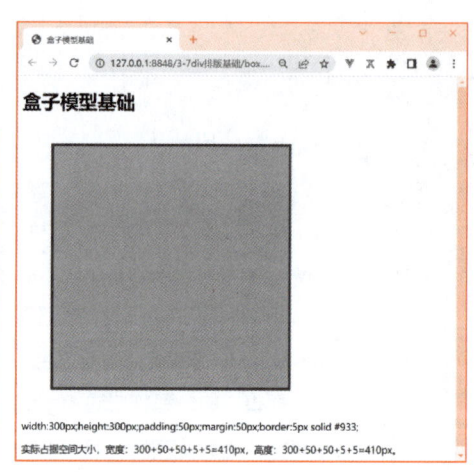

基础知识

1. 盒子模型

图 3-5-1 所示的盒子模型是网页布局基础，由<div>标签实现，图中所标识的属性含义如下。

1）内容（content）：包括文本、块状盒子、图片、内容盒子的盒子模型等。

2）内边距（padding）：设置内容与边框之间的填充距离。

3）边框（border）：默认为 0，可以设置边框样式。

4）外边距（margin）：设置盒子与盒子之间的距离，因此它不会被计算到盒子的总体宽度和高度之中，盒子内的盒子的外边距则会影响父级元素的宽度和高度。

5）元素框的总宽度=content 的 width+padding 的左边距和右边距的值+margin 的左边距和右边距的值+border 的左右宽度。

6）元素框的总高度=content 的 height+padding 的上边距和下边距的值+margin 的上边距和下边距的值 + border 的上下高度。

读者可根据图 3-5-2 所示的文字进行样式设置并计算盒子的宽度和高度。

2. 标签元素分类

在 CSS 中，HTML 标签元素大体被分为 3 种不同的类型：块状（级）元素、内联元素和内联块状元素。

（1）块状元素

块状元素一般是其他元素的容器元素，能容纳其他块状元素或内联元素，最常见的块状元素是<p>和<div>。块状元素特点如下：

1）每个块级元素都从新的一行开始，并且其后的元素也另起一行。

2）元素的高度、宽度、行高，以及顶部和底部边距都可设置。

3）在默认情况下，元素宽度是它本身父容器的 100%（即和父元素的宽度一致），除非设定一个宽度。

4）可以容纳内联元素和其他块状元素。

（2）内联元素

内联元素也叫作内嵌元素或行内元素，内联元素只能容纳文本或者其他内联元素，常见内联元素有<a>和<span>。内联元素特点如下：

1）和其他元素都在一行上。

2）元素的高度、宽度，以及顶部和底部边距不可设置。

3）元素的宽度就是它包含的文字或图片的宽度，不可改变。

4）只能容纳文本或者其他内联元素。

（3）内联块状元素

内联块状元素同时具备内联元素和块状元素的特点，使用代码 display:inline-block 可将元素设置为内联块状元素。<img>和<input>元素就是内联块状元素。内联块状元素特点如下：

1）和其他元素都在一行上。

2）元素的高度、宽度、行高，以及顶部和底部边距都可设置。

（4）块状元素与行内元素的相互转换

块状元素对应 display:block，行内元素对应 display:inline，可以通过修改元素的 display 属性来切换行内元素和块状元素。

本任务中的<a>元素就需要设置 display:block 以便达到图中的成块显示效果。

3. 常见标签元素分类情况

1）块状元素标签：<address>、<blockquote>、<center>、<dir>、<div>、<dl>、<fieldset>、<form>、<h1>、<h2>、<h3>、<h4>、<h5>、<h6>、<hr>、<isindex>、<menu>、<noframes>、<noscript>、<ol>、<p>、<pre>、<table>、<ul>。

2）内联元素标签：<a>、<abbr>、<acronym>、<b>、<bdo>、<big>、
、<cite>、<code>、<dfn>、<em>、<font>、<i>、<kbd>、<label>、<q>、<s>、<samp>、<select>、<small>、<span>、<strike>、<strong>、<sub>、<sup>、<textarea>、<tt>、<u>、<var>。

3）内联块状元素标签：<img>、<input>。

4）可变元素标签：根据上下文语境决定该元素为块元素或内联元素的标签，包括<applet>、<button>、<del>、<iframe>、<ins>、<map>、<object>、<script>。

源代码：创建盒子模型

微课 3-7
创建盒子模型

任务实现

结合效果图和基础知识的内容，可以得到如下 HTML 代码：

```
1    <!DOCTYPE html>
2    <html>
3    <head>
4      <meta charset="utf-8" />
5      <title>盒子模型基础</title>
6      <link type="text/css" rel="stylesheet" href="css/style.css" />
7    </head>
8    <body>
9      <h1>盒子模型基础</h1>
10     <div id="box"></div>
11     <p>width:300px;height:300px;padding:50px;margin:50px;border:5px solid #933;</p>
12     <p>实际占据空间大小，宽度：300+50+50+5+5=410px，高度：300+50+50+5+
       5=410px。</p>
13   </body>
14   </html>
```

CSS 代码如下：

```
1    #box{                          5        padding:50px;
2        width:300px;               6        margin:50px;
3        height:300px;              7        border:5px solid #933;
4        background-color:#0CF;     8    }
```

说明：

1）margin 是指自身边框与另一个容器边框之间的距离，就是容器外距离。

2）padding 是指自身边框与自身内部另一个容器边框之间的距离，就是容器内距离。

3）margin 是用来隔开元素与元素的间距；padding 是用来隔开元素与内容的间隔。margin 用于布局分开元素，使元素与元素互不相干；padding 用于元素与内容之间的间隔，让内容（文字）与元素（盒子）之间有一段"呼吸距离"。

任务 3-6　CSS 中 float 属性的使用

PPT：任务 3-6 CSS 中 float 属性的使用

任务描述

使用 CSS 样式实现图 3-6-1 所示的页面效果，页面中有 5 个盒子模型，每个盒子模型都包含一个红色的大盒子（main），里面包含一个蓝色的小盒子（sidebar）和一个绿色的中等大小的盒子（content）。请根据页面中的提示内容完成相应的 HTML 代码和 CSS 代码。注意，需要使用外包样式表文件 style.css。

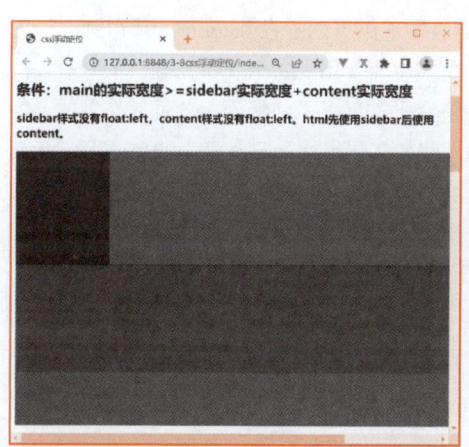

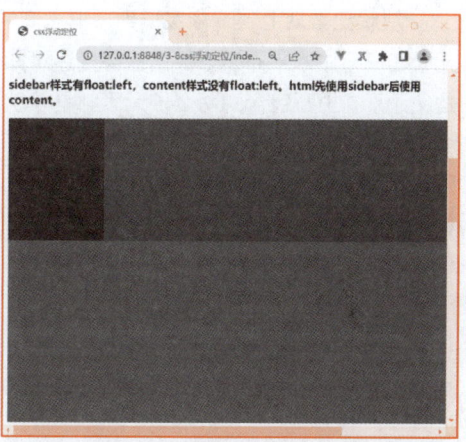

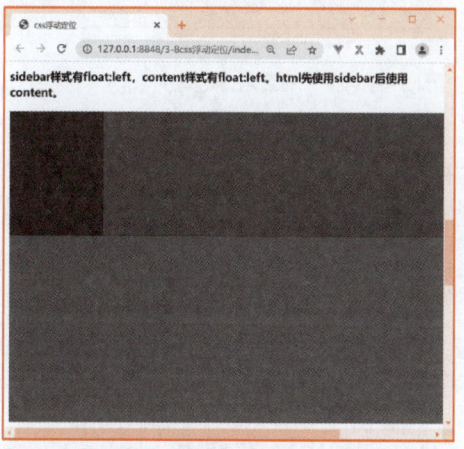

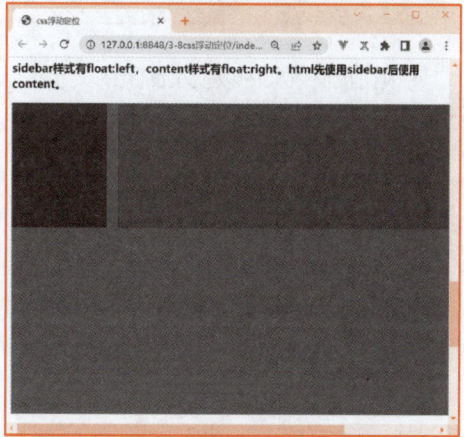

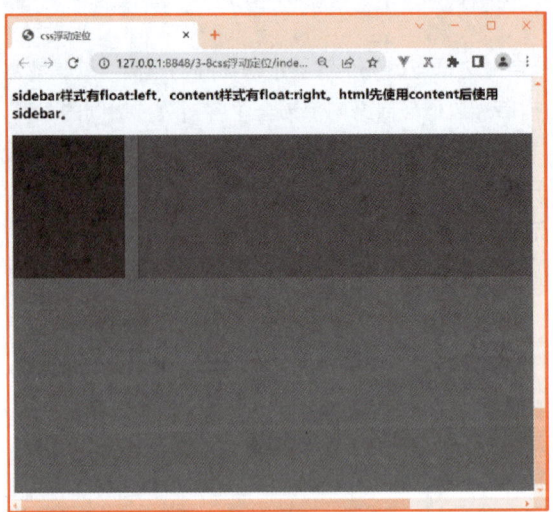

图 3-6-1
CSS 中 float 属性页面效果

基础知识

　　块状元素从上到下依次排列，框之间的垂直距离由框的垂直 margin 计算得到。行内元素在一行中水平布置。根据任务描述可知，页面中需要用到 3 个块状元素，其中最大的是父元素，里面包含的两个子元素都是块状元素。正常情况下块状元素是垂直布置的，但可以使用 float 属性定义元素在哪个方向浮动。假如在一行之上只有极少的空间可供元素浮动，那么这个元素会跳至下一行，这个过程会持续到某一行拥有足够的空间为止。具体使用时格式如下：

float:left | right | none | inherit;

　　其中，left 表示元素向左浮动；right 表示元素向右移动；none 是默认值，表示元素不浮动，并会显示在其在文本中出现的位置；inherit 表示应该从父元素继承 float 属性的值。

源代码：CSS 中 float
属性的使用

任务实现

　　根据页面效果图以及页面上的文字提示，可以得到如下 HTML 代码：

微课 3-8
CSS 中 float 属
性的使用

```
1    <!DOCTYPE html>
2    <html>
3    <head>
4        <meta charset="utf-8" />
5        <title>css 浮动定位</title>
6        <link rel="stylesheet" href="css/style.css" />
7    </head>
8
9    <body>
10       <h1>css 浮动定位</h1>
```

11	`<h2>`条件：main 的实际宽度>=sidebar 实际宽度+content 实际宽度`</h2>`
12	`<h3>`sidebar 样式没有 float:left, content 样式没有 float:left。html 先使用 sidebar 后使用 content。`</h3>`
13	`<div class="main">`
14	`<div class="sidebar">`sidebar`</div>`
15	`<div class="content">`content`</div>`
16	`</div>`
17	`<h3>`sidebar 样式有 float:left, content 样式没有 float:left。html 先使用 sidebar 后使用 content。`</h3>`
18	`<div class="main">`
19	`<div class="sidebar left">`sidebar`</div>`
20	`<div class="content">`content`</div>`
21	`</div>`
22	`<h3>`sidebar 样式有 float:left, content 样式有 float:left。html 先使用 sidebar 后使用 content。`</h3>`
23	`<div class="main">`
24	`<div class="sidebar left">`sidebar`</div>`
25	`<div class="content left">`content`</div>`
26	`</div>`
27	`<h3>`sidebar 样式有 float:left, content 样式有 float:right。html 先使用 sidebar 后使用 content。`</h3>`
28	`<div class="main">`
29	`<div class="sidebar left">`sidebar`</div>`
30	`<div class="content right">`content`</div>`
31	`</div>`
32	`<h3>`sidebar 样式有 float:left, content 样式有 float:right。html 先使用 content 后使用 sidebar。`</h3>`
33	`<div class="main">`
34	`<div class="sidebar left">`sidebar`</div>`
35	`<div class="content right">`content`</div>`
36	`</div>`
37	`</body>`
38	`</html>`

CSS 代码如下：

1	`.main{`	7	`}`
2	`font-size: 16px;`	8	`.sidebar{`
3	`font-weight: bold;`	9	`width: 160px;`
4	`width:960px;`	10	`height:200px;`
5	`height: 500px;`	11	`background-color: blue;`
6	`background: red;`	12	`}`

13	.content{	19	float:left;
14	width:780px;	20	}
15	height: 200px;	21	.right{
16	background-color: green;	22	float:right;
17	}	23	}
18	.left{		

任务 3-7　常用文本样式属性的使用

任务描述

子任务 1： 在网页上插入一个<div>标签，背景颜色为浅黄色，大小为 480 px×100 px，浏览器无论是放大还是缩小，浅黄色区域始终左右居中显示，如图 3-7-1 所示。

图 3-7-1
浅黄色区域左右居中
页面效果

子任务 2： 在网页上插入一个<div>标签，背景颜色为红色，大小为 480 px×100 px，文字在红色区域内左右居中显示，如图 3-7-2 所示。

图 3-7-2
文字左右居中页面效果

子任务 3： 在网页上插入一个<div>标签，背景颜色为蓝色，大小为 480 px×100 px，文字在蓝色区域内上下居中显示（仅限一行文字），如图 3-7-3 所示。

图 3-7-3
文字上下居中页面效果

子任务 4：为文本设置红色阴影，如图 3-7-4 所示。

图 3-7-4
红色阴影文本页面效果

子任务 5：在网页上显示第三方字体，如图 3-7-5 所示。

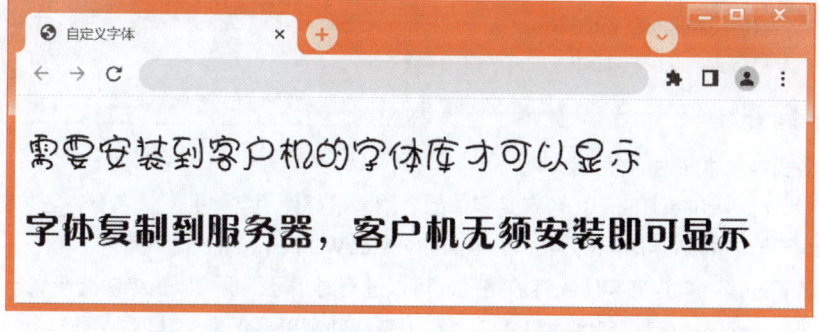

图 3-7-5
显示第三方字体页面效果

子任务 6：远程调用第三方字体，如图 3-7-6 所示。

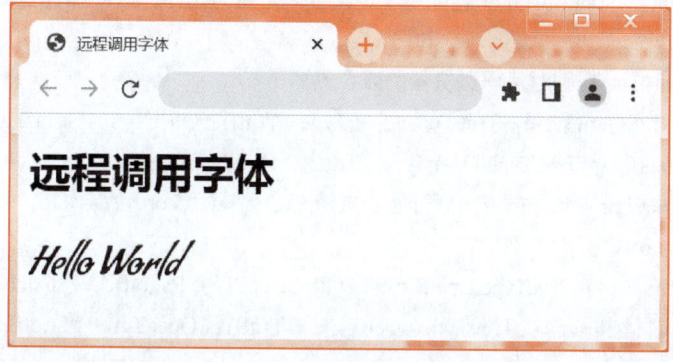

图 3-7-6
远程调用第三方字体页面效果

基础知识

1）设置\<div>标签居中显示首先需要设置\<div>标签的宽度，然后通过将 margin-left 和 margin-right 两个属性值设置为 auto 来实现。

2）文本在块状元素内的左右居中显示是通过将 text-align 属性值设置为 center 实现的。文字在块状元素上下居中，如果只有一行文字，可通过设置块状元素的高度属性 height 与文本的行高属性 line-height 的属性值相等实现。

3）为文本设置阴影需要使用 text-shadow 属性，其使用格式如下：

```
text-shadow: h-shadow v-shadow blur color;
```

其中，h-shadow 是必选值，表示水平阴影的位置，允许为负；v-shadow 也是必选值，表示垂直阴影的位置，允许为负；blur 是可选值，表示阴影模糊的距离；color 也是可选值，表示阴影的颜色。

4）在 CSS3 之前，Web 设计师必须使用用户计算机上已安装的字体；在 CSS3 中，Web 设计师可以使用他们喜欢的任意字体。设计师可将需要使用的字体文件存放到 Web 服务器上，在需要时其会被自动下载到用户的计算机上。这种字体被称为自定义字体，是在 CSS3 @font-face 规则中定义的。使用自定义字体的语法格式如下：

```
@font-face {
        font-family: <YourWebFontName>;
        src: <source> [<format>][,<source> [<format>]]*;
        [font-weight: <weight>];
        [font-style: <style>];
}
```

格式中具体属性的含义如下。

① YourWebFontName：自定义字体的名称，最好使用字体的默认名称，它将被引用到 Web 元素中的 font-family，如 "font-family:'YourWebFontName';"。

② source：自定义字体的存放路径，可以是相对路径，也可以是绝对路径。

③ format：自定义字体的格式，主要用来帮助浏览器识别，其值主要有 truetype、opentype、truetype-aat、embedded-opentype、avg 等类型。

④ weight 和 style：weight 属性用于定义字体是否为粗体，style 属性主要定义字体样式，如斜体。

5）@font-face 规则对目前浏览器的兼容性如下。

① Webkit/Safari(3.2+)：TrueType/OpenType TT(.ttf)、OpenType PS(.otf)。

② Opera(10+)：TrueType/OpenType TT(.ttf)、OpenType PS(.otf)、SVG(.svg)。

③ Internet Explorer：自 IE 4.0 开始，支持 EOT 格式（.eot）的字体文件；IE 9.0 支持 WOFF 格式(.woff)的字体文件。

④ Firefox(3.5+)：TrueType/OpenType TT(.ttf)、OpenType PS(.otf)、.woff(since Firefox 3.6)。

⑤ Google Chrome：TrueType/OpenType TT(.ttf)、OpenType PS(.otf)、.woff(since version6)。

由以上内容可以得出，.eot、.ttf/.otf、.svg、.woff 的结合使用可完美支持所有浏览器。

6）为了使@font-face 得到更多的浏览器支持，其语法可以写成：

```
@font-face {
    font-family: 'YourWebFontName';
    src: url('YourWebFontName.eot');
    src:url('YourWebFontName.eot?#iefix') format('embedded-opentype'),
        url('YourWebFontName.woff') format('woff'),
        url('YourWebFontName.ttf')    format('truetype'),
        url('YourWebFontName.svg#YourWebFontName') format('svg');
}
```

任务实现

源代码：常用文本样式的使用

子任务 1： 根据任务描述及基础知识的相关内容，可以得到如下 HTML 代码。

```
<div id="container">div 居中</div>
```

CSS 代码如下：

```
1    #container {
2        background-color: #FFC;
3        width: 480px;
4        height: 100px;
5        margin-left: auto;
6        margin-right: auto;
7    }
```

微课 3-9
div 居中

子任务 2： 根据任务描述及基础知识的相关内容，可以得到如下 HTML 代码。

```
<div id="nav">文字左右居中</div>
```

CSS 代码如下：

```
1    #nav {
2        background-color: red;
3        width: 480px;
4        height: 100px;
5        text-align: center;
6    }
```

微课 3-10
文字左右居中

子任务 3： 根据任务描述及基础知识的相关内容，可以得到如下 HTML 代码。

```
<div id="menu">文字上下居中</div>
```

CSS 代码如下：

微课 3-11
文字上下居中

```
1    #menu {
2        background-color: blue;
3        width: 480px;
4        height: 100px;
5        line-height: 100px;
6        /*和 height 高度保持一致*/
7    }
```

子任务 4：根据任务描述及基础知识的相关内容，可以得到如下 HTML 代码。

```
1    <h1>CSS3 文本阴影</h1>
2    <span class="demo">文本特效</span>
```

CSS 代码如下：

微课 3-12
CSS3 文本阴影

```
1    .demo {
2        font-size: 32px;
3        text-shadow: 5px 5px 5px #FF0000;
4        /*水平偏移、垂直偏移、模糊度、颜色*/
5    }
```

微课 3-13
自定义字体

子任务 5：根据任务描述及基础知识的相关内容，可以得到如下 HTML 代码。

```
<p class="one">需要安装到客户机的字体库才可以显示</p>
<p class="two">字体复制到服务器，客户机无须安装即可显示</p>
```

CSS 代码如下：

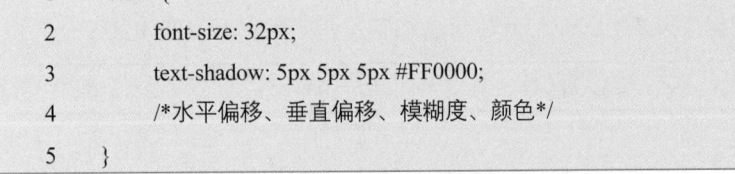

```
1    body {                              夹内*/
2        font-size: 32px;          9    }
3    }                             10   .one {
4    @font-face {                  11       font-family: "汉仪娃娃篆简";
5        font-family: 'hope';      12   }
6        /*定义字体名称 hope*/      13   .two {
7        src: url('./font/粗活意简.ttf');  14       font-family: "hope";
8        /*需要在根目录下新建 font 文    15       /*使用 hope 字体*/
     件夹，同时将字体复制到 font 文件   16   }
```

说明：图 3-7-7 展示了 font 文件夹的位置。

子任务 6：根据任务描述及基础知识的相关内容，可以得到如下 HTML 代码。

```
<h1>远程调用字体</h1>
<p class="gfont">Hello World</p>
```

图 3-7-7
font 文件夹的位置

CSS 代码如下：

```
1     .gfont {
2         font-family: Condiment;
3         /*http://fonts.googleapis.com/css?family=Condiment 最后的 Condiment 代表字体*/
4         font-size: 30px;
5     }
```

微课 3-14
远程调用字体

说明：自定义字体的使用要注意 one 类中定义的 font-family 属性值必须是所使用的计算机已经安装的字体，否则显示不出效果；two 类中定义的 font-family:"hope"是在 @font-face 规则中定义的，且相关字体文件要复制到指定的文件夹中；gfont 类中使用的 font-family:Condiment, Condiment 引用了外部在线字体，HTML 代码的<head>…</head>部分的语句如下：

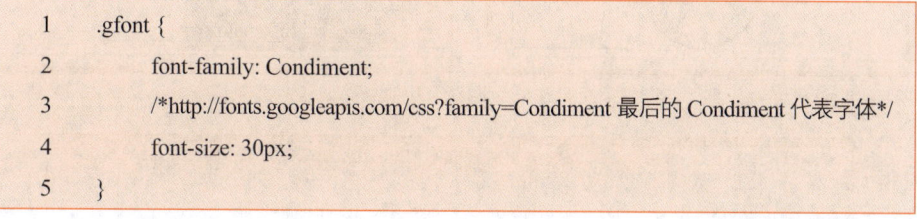

其中，Condiment 可以替换成以下字体名称：Roboto、Open Sans、Lato、Oswald、Roboto Condensed、Slabo 27px、Montserrat、Source Sans Pro、Raleway、PT Sans、Open Sans Condensed、Roboto Slab、Merriweather、Lora、Ubuntu、Noto Sans、Playfair Display、Poppins、PT Sans Narrow、PT Serif、Arimo、Titillium Web、Muli、Nunito、Tangerine。

任务 3-8　常用图片样式属性的使用

PPT：任务 3-8
常用图片样式属性的
使用

🎓 任务描述

子任务 1：实现图 3-8-1 所展示的 5 种不同样式的圆角及四彩边框效果。

子任务 2：页面中设置了两个盒子模型，第一个盒子的大小为 300 px×300 px，背景采用径向渐变效果，从圆心向外，由红色变为黄色再变为绿色；第二个盒子的大小为 500 px×40 px，背景采用线性渐变效果，颜色从左到右由黄变蓝，效果如图 3-8-2 所示。样式表文件为 style.css。

子任务 3：在网页中使用图片样式属性设置一个图片的 10 种图片特效，每种图片特效都使用 3 号标题注明特效的名称。每种图片特效后添加一个小盒子，盒子使用背景图片，设置了 10 种不同的 CSS 滤镜特效，效果如图 3-8-3 所示。样式表文件为 style.css。

图 3-8-1
圆角属性及四彩边框
页面效果

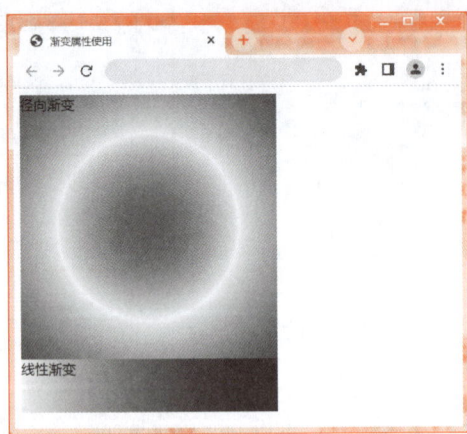

图 3-8-2
渐变属性页面效果

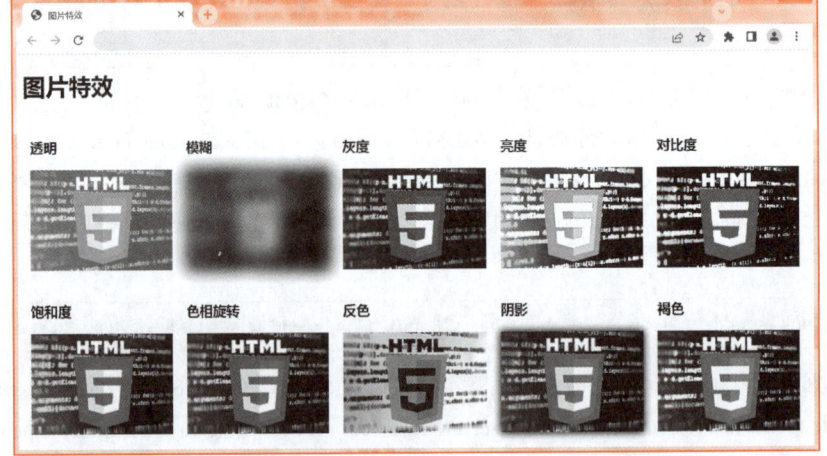

图 3-8-3
多种图片特效页面效果

子任务 4: 分别采用相对路径和绝对路径来显示图片,效果如图 3-8-4 和图 3-8-5 所示。

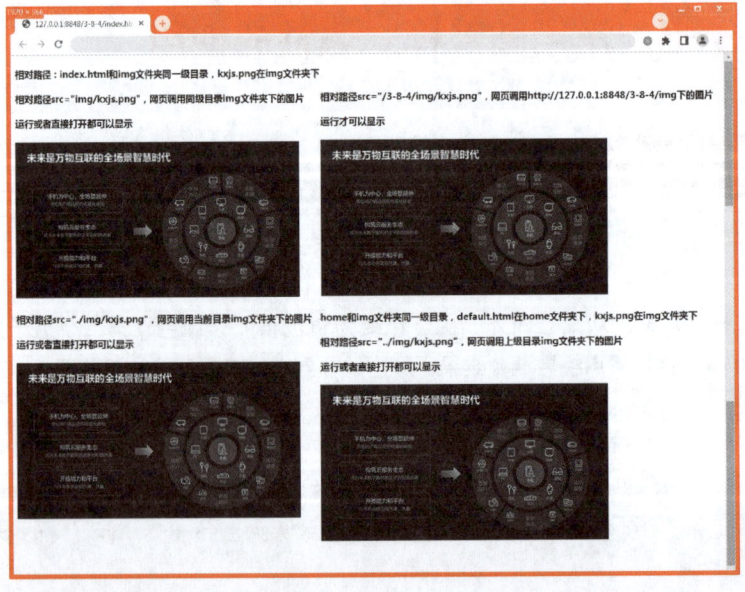

图 3-8-4
相对路径页面效果

图 3-8-5
绝对路径页面效果

基础知识

1. 常用图片样式属性

1）CSS3 简化了向元素添加圆角边框的方式，使用 border-radius 属性即可实现向元素添加圆角边框，但因为浏览器兼容性的问题，在开发过程中一般要加私有前缀：-webkit-border-radius 主要兼容 Chrome 浏览器和 Safari 浏览器；-ms-border-radius 主要兼容 IE 浏览器和 Edge 浏览器；-moz-border-radius 主要兼容 Firefox 浏览器；-o-border-radius 主要兼容 Opera 浏览器。

子任务 1 中固定使用 Chrome 浏览器，所以在具体写圆角属性 CSS 代码时没有加私有前缀。

border-radius 属性是一个简写属性，用于设置以下 4 个 border-*-radius 属性：

- border-radius-top-left　　/*左上角*/
- border-radius-top-right　　/*右上角*/
- border-radius-bottom-right　　/*右下角*/
- border-radius-bottom-left　　/*左下角*/

也就是说，4 个圆角属性按顺时针方向从左上角开始设置，具体语法格式如下：

border-radius: 1-4 length | % / 1-4 length | %;

按此顺序设置每个 radii（半径）的 4 个值。如果"/"存在，其前面的值用于设置元素圆角水平方向的半径，后面的值用于设置元素圆角垂直方向的半径；如果没有"/"，则元素圆角的水平和垂直方向的半径值相等。水平半径和垂直半径可参看图 3-8-6 所示测量方法。如果省略 bottom-left，则与 top-right 相同；如果省略 bottom-right，则与 top-left 相同；如果省略 top-right，则与 top-left 相同。

定义圆角的形状可以使用确切的长度表示，也可以使用边框的百分比表示。本任务中的圆角属性设置有以下 6 种情况。

- 第 1 种：

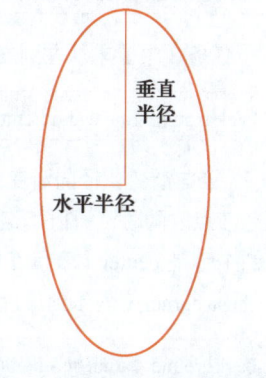

垂直
半径

水平半径

图 3-8-6
水平半径和垂直半径

border-radius: 20px;   /*4 个圆角的大小和水平、垂直半径相同*/

- 第 2 种：

border-radius: 10px 20px 30px 40px;   /*左上角、右上角、右下角和左下角半径长度分别为 10 px 20 px 30 px 40 px*/

- 第 3 种：

border-radius: 10px/30px;   /*表示 4 个角的水平半径长度是 10 px，垂直半径长度是 30 px*/

具体应用中经常用到的是 border-radius 单属性值，设置 4 个不同圆角的情况很少。border-radius 属性的优势不仅仅在于制作圆角的边框，还常用于画圆和半圆。

- 第 4 种，制作半圆。元素的高度是宽度的一半，左上角和右上角的半径元素的高度一致（大于高度也是可以的，至少为 height 值）。例如一个元素的宽度为 150 px，高度就是 75 px，则圆角属性如下：

border-radius:75px 75px 0 0;   /*左上和右上至少为 height 值*/

- 第 5 种，制作圆。设置元素的高度和宽度一致，且圆角属性 4 个角设置为高度或者宽度的 1/2，即 50%，代码如下：

border-radius: 50%;

- 第 6 种，制作四彩边框。设置上下左右边框的 4 种颜色即可，代码如下：

border-color: red green blue yellow;

2）CSS3 渐变（gradients）可以在两个或多个指定的颜色之间平稳地过渡。CSS3 定义了两种类型的渐变：线性渐变和径向渐变。

① 线性渐变：为了创建一个线性渐变，必须至少定义两种颜色节点，即想要呈现平稳过渡的颜色。同时，也可以设置一个起点和一个方向（或一个角度）。具体语法格式如下：

background: linear-gradient(direction, color-stop1, color-stop2, …);

子任务 2 中要求从左到右，由黄变蓝，代码如下：

background: linear-gradient(to right, yellow, blue);

② 径向渐变：径向渐变由它的中心定义。为了创建一个径向渐变，必须至少定义两种颜色节点。同时，可以指定渐变的中心、形状（圆形或椭圆形）和大小。默认情况下，渐变的中心是 center（表示在中心点），渐变的形状是 ellipse（表示椭圆形），渐变的大小是 farthest-corner（表示到最远的角落）。具体语法格式如下：

background: radial-gradient(center, shape size, start-color, …, last-color);

子任务 2 中要求的从圆心向外，由红色变为黄色再变为绿色，代码如下：

```
background: radial-gradient(circle, red, yellow, green);
```

其中，center 是默认的，所以可以不写。

3）CSS3 的 filter（滤镜）属性提供了模糊和改变元素颜色的功能，即图片特效功能。该属性常用于调整图像的渲染、背景或边框显示效果，语法格式如下：

```
filter: none | <filter-function> [ <filter-function> ]*
```

filter 属性的默认值是 none，不具备继承性，其中 filter-function 有如下值可选。

① grayscale：灰度，值为 0～1 范围内的小数。

② sepia：褐色，值为 0～1 范围内的小数。

③ saturate：饱和度，值为 num。

④ hue-rotate：色相旋转，值为 angle（角度）。

⑤ invert：反色，值为 0～1 范围内的小数。

⑥ opacity：透明度，值为 0～1 范围内的小数。

⑦ brightness：亮度，值为 0～1 范围内的小数。

⑧ contrast：对比度，值为 num。

⑨ blur：模糊，值为 length（长度）。

⑩ drop-shadow：阴影。

子任务 3 中分别呈现了这 10 种滤镜效果，效果名称显示在特效图片的上方。

2. 相对路径和绝对路径

子任务 4 中使用图片之前需要先获取该图片，这就要用到 src 属性。该属性是图片必需属性之一，其值为 URL，可分为相对路径和绝对路径两种。

1）相对路径就是相对于当前文件的路径。网页中一般使用相对路径，其表示方法为："./" 代表目前所在的目录，可以不写；"../" 代表上一层目录；以 "/" 开头代表根目录（不是网站根目录）。图 3-8-7 所示的项目文件目录结构中，index.html 在网站根目录下，default.html 在子目录 home 文件夹下，两个页面均要显示 img 文件夹下的 kxjs.png 图片，index.html 的相对路径应该写为：

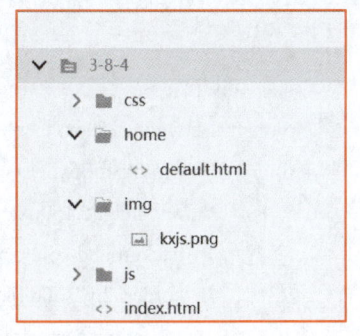

图 3-8-7
项目文件目录结构

```
<img src="img/kxjs.png"/>
```

或者

```
<img src="./img/kxjs.png"/>
```

default.html 的相对路径应该写为：

```
<img src="../img/kxjs.png"/>
```

2）绝对路径就是图片在磁盘或者网络上的真实路径。以图 3-8-5 为例，假如 img 文件夹是存放在 F 盘的根目录下的，那么绝对路径的写法为：

<img src="F:/img/kxjs.png" />

或者可以直接调用图片的网络地址，写法为：

<img src="图片网络地址" />

需要注意的是，HX 中不允许使用磁盘文件的绝对路径。有兴趣的读者可以尝试在 Dreamweaver 等软件中进行绝对路径的测试。

微课 3-15
圆角属性使用

任务实现

子任务 1：根据任务描述及基础知识的相关内容，可以得到如下 HTML 代码。

```
1    <h1>圆角属性使用</h1>
2    <div class="radius-one">四个相同的圆角</div>
3    <div class="radius-two">四个不同的圆角</div>
4    <div class="radius-three">四个椭圆圆角</div>
5    <div class="semi-circle">半圆</div>
6    <div class="radius-circle">圆形</div>
7    <div class="div-color">四彩边框</div>
```

CSS 代码如下：

```
1    body {                                    20   .radius-three {
2        font-size: 16px;                      21       border-radius: 10px/30px;
3    }                                         22   }
4    div {                                     23   .semi-circle {
5        width: 150px;                         24       height: 75px;
6        height: 150px;                        25       line-height: 75px;
7        line-height: 150px;                   26       /*高度是宽度的一半*/
8        background-color: pink;               27       border-radius: 75px 75px 0 0;
9        border: 2px solid black;              28       /*左上和右上至少为 height
10       text-align: center;                   值*/
11       float: left;                          29   }
12       margin: 10px;                         30   .radius-circle {
13   }                                         31       border-radius: 50%;
14   .radius-one {                             32   }
15       border-radius: 20px;                  33   .div-color {
16   }                                         34       background-color: transparent;
17   .radius-two {                             35       /*背景透明*/
18       border-radius: 10px 20px 30px         36       border-color: red green blue
     40px;                                     yellow;
19   }                                         37   }
```

子任务 2： 结合渐变属性的基础知识及任务描述，可以得到如下 HTML 代码。

```
1    <div class="radial">径向渐变</div>
2    <div class="linear">线性渐变</div>
```

CSS 代码如下：

```
1    .radial {                              7    .linear {
2        width: 300px;                      8        width: 300px;
3        height: 300px;                     9        height: 60px;
4        background: radial-gradient(circle, 10       background:    linear-gradient(to
     red, yellow, green);                       right, yellow, blue);
5        /*径向渐变*/                        11       /*线性渐变*/
6    }                                      12   }
```

微课 3-16
渐变属性使用

子任务 3： 根据任务描述及基础知识的相关内容，可以得到如下 HTML 代码。

```
1    <h1>图片特效</h1>
2    <div>
3        <h3>透明</h3>
4        <img src="img/h5.jpg" alt="" class="one" /></div>
5    <div>
6        <h3>模糊</h3>
7        <img src="img/h5.jpg" alt="" class="two" /></div>
8    <div>
9        <h3>灰度</h3>
10       <img src="img/h5.jpg" alt="" class="three" /></div>
11   <div>
12       <h3>亮度</h3>
13       <img src="img/h5.jpg" alt="" class="four" /></div>
14   <div>
15       <h3>对比度</h3>
16       <img src="img/h5.jpg" alt="" class="five" /></div>
17   <div>
18       <h3>饱和度</h3>
19       <img src="img/h5.jpg" alt="" class="six" /></div>
20   <div>
21       <h3>色相旋转</h3>
22       <img src="img/h5.jpg" alt="" class="seven" /></div>
23   <div>
24       <h3>反色</h3>
25       <img src="img/h5.jpg" alt="" class="eight" /></div>
26   <div>
```

微课 3-17
多种图片特效

27	`<h3>阴影</h3>`
28	`<img src="img/h5.jpg" alt="" class="nine" /></div>`
29	`<div>`
30	`<h3>褐色</h3>`
31	`<img src="img/h5.jpg" alt="" class="ten" /></div>`

CSS 代码如下：

1	`div {`	32	`-webkit-filter: contrast(4.4);`
2	`float: left;`	33	`filter: contrast(4.4);`
3	`margin: 10px;`	34	`}`
4	`}`	35	`img.six {`
5	`img.one {`	36	`/*饱和度*/`
6	`/*透明*/`	37	`-webkit-filter: saturate(3.6);`
7	`opacity: 0.5;`	38	`filter: saturate(3.6);`
8	`filter: alpha(opacity=50);`	39	`}`
9	`}`	40	`img.seven {`
10	`img.one:hover {`	41	`/*色相旋转*/`
11	`opacity: 1.0;`	42	`-webkit-filter:`
12	`filter: alpha(opacity=100);`		`hue-rotate(185deg);`
13	`cursor: pointer;`	43	`filter: hue-rotate(185deg);`
14	`}`	44	`}`
15	`img.two {`	45	`img.eight {`
16	`/*模糊*/`	46	`/*反色*/`
17	`-webkit-filter: blur(9px);`	47	`-webkit-filter: invert(1);`
18	`filter: blur(9px);`	48	`filter: invert(1);`
19	`}`	49	`}`
20	`img.three {`	50	`img.nine {`
21	`/*灰度*/`	51	`/*阴影*/`
22	`-webkit-filter: grayscale(1);`	52	`-webkit-filter: drop-shadow(0px`
23	`filter: grayscale(1);`		`0px 5px #000);`
24	`}`	53	`filter: drop-shadow(0px 0px 5px`
25	`img.four {`		`#000);`
26	`/*亮度*/`	54	`}`
27	`-webkit-filter: brightness(2.3);`	55	`img.ten {`
28	`filter: brightness(2.3);`	56	`/*褐色*/`
29	`}`	57	`-webkit-filter: sepia(1);`
30	`img.five {`	58	`filter: sepia(1);`
31	`/*对比度*/`	59	`}`

子任务 4：结合相对路径和绝对路径的相关知识，可以得到 index.html 页面的 HTML 代码。

1	`<h4>`相对路径：index.html 和 img 文件夹同一级目录，kxjs.png 在 img 文件夹下`</h4>`
2	`<h4>`相对路径 src="img/kxjs.png"，网页调用同级目录 img 文件夹下的图片`</h4>`
3	`<h4>`运行或者直接打开都可以显示`</h4>`
4	`<img src="img/kxjs.png" alt="未来是万物互联的全场景智慧时代" />`
5	`<h4>`相对路径 src="./img/kxjs.png"，网页调用当前目录 img 文件夹下的图片`</h4>`
6	`<h4>`运行或者直接打开都可以显示`</h4>`
7	`<img src="./img/kxjs.png" alt="未来是万物互联的全场景智慧时代" />`
8	`<h4>`相对路径 src="/3-8-4/img/kxjs.png"，网页调用 http://127.0.0.1:8848/3-8-4/img 下的图片`</h4>`
9	`<h4>`运行才可以显示`</h4>`
10	`<img src="/3-8-4/img/kxjs.png" alt="未来是万物互联的全场景智慧时代" />`
	`<!—右击图片，复制图片地址，粘贴可以看到地址-->`
	`<!--运行后 src="http://127.0.0.1:8848/3-8-4/img/kxjs.png"-->`
	`<!--直接打开 src="file:///F:/3-8-4/img/kxjs.png"，F 盘为 3-8-4 文件夹的磁盘物理地址-->`

微课 3-18
相对路径和绝
对路径

default.html 页面的 HTML 代码如下：

1	`<h4>`home 和 img 文件夹同一级目录，default.html 在 home 文件夹下，kxjs.png 在 img 文件夹下`</h4>`
2	`<h4>`相对路径 src="../img/kxjs.png"，网页调用上级目录 img 文件夹下的图片`</h4>`
3	`<h4>`运行或者直接打开都可以显示`</h4>`
4	`<img src="../img/kxjs.png" alt="未来是万物互联的全场景智慧时代" />`
5	`<h3>`绝对路径 src="图片网络地址"，图片丢失将无法显示`</h3>`
6	`<h3>`运行或者直接打开都可以显示`</h3>`
7	`<img width="500px" src="https://p4.itc.cn/q_70/images03/20220113/0e16479757fb4ff-0959d4276914911f2.jpeg" alt="未来是万物互联的全场景智慧时代" />`
8	`<h3>`绝对路径 src="F:/img/kxjs.png"，路径不对将无法显示`</h3>`
9	`<h3>`直接打开才可以显示`</h3>`
10	`<img src="F:/img/kxjs.png" alt="未来是万物互联的全场景智慧时代" />`

任务 3-9 position 的 4 种定位方式的使用

PPT：任务 3-9
position 的 4 种定位
方式的使用

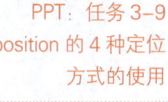

 **任务描述**

子任务 1：relative 属性值。

position：relative 实现两个并列存在的相对定位的`<div>`元素在页面上的显示。具体要求：两个`<div>`元素的大小均为 200 px×200 px，其中一个相对定位的`<div>`元素设置 top 和 left 都是 0，另一个设置 top:20 px 和 left:50 px。页面效果如图 3-9-1 所示。

子任务 2：absolute 属性值。

position：absolute 实现父级元素绝对定位与子级元素绝对定位在页面上的显示。具体要求：父级<div>元素和子级<div>元素的大小均为 200 px×200 px，父、子元素为嵌套关系且都是绝对定位，其中父级元素绝对定位相对于浏览器窗口向下、向右各移动 100 px，子级元素绝对定位相对于父级元素向下 20 px、向右 50 px。页面效果如图 3-9-2 所示。

图 3-9-1
relative 定位页面
效果

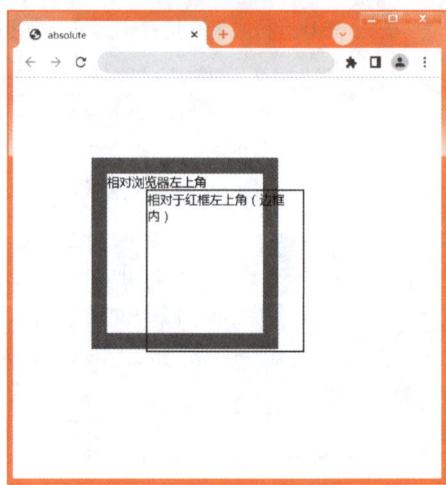

图 3-9-2
absolute 定位页面
效果

子任务 3：z-index 属性（非 position 属性）。

两个并列的绝对定位的<div>元素，大小都是 200 px×200 px，一个背景色是黄色，其 z-index 属性值为 10，top 和 left 值都是 100 px；另一个背景色是绿色，其 z-index 属性值是 20，top 和 left 值都是 150 px。页面效果如图 3-9-3 所示。

子任务 4：fixed 属性值。

4 个并列的固定定位的<div>元素，根据固定定位的方位分为上、下、左、右，上下两个元素的高度均为 50 px，宽度为 100%，且上方的<div>元素的下边框为 2 px 的红色实线，下方的<div>元素的上边框为 2 px 的红色实线；左右两个元素的宽度均为 100 px，高度为 100%，且左方的<div>元素的右边框为 2 px 的红色实线，右方的<div>元素的左边框为 2 px 的红色实线，4 个方向的<div>元素的背景色均为浅灰色。页面效果如图 3-9-4 所示。

图 3-9-3
z-index 定位页面效果

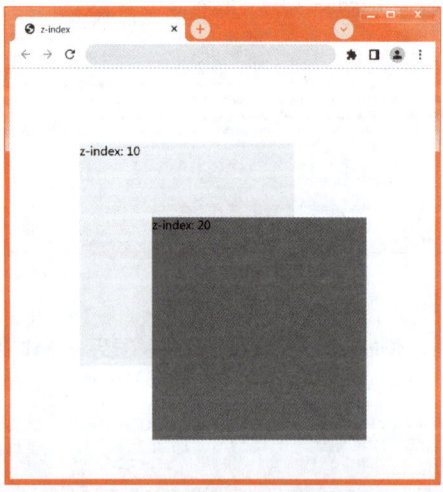

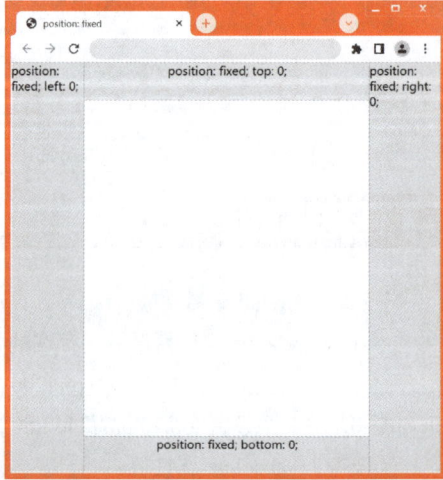

图 3-9-4
fixed 定位页面效果

子任务 5：浮动广告。

a、b、c 为页面的 3 部分内容，现需要在 a 和 b 之间插入广告，页面效果如图 3-9-5 所示。

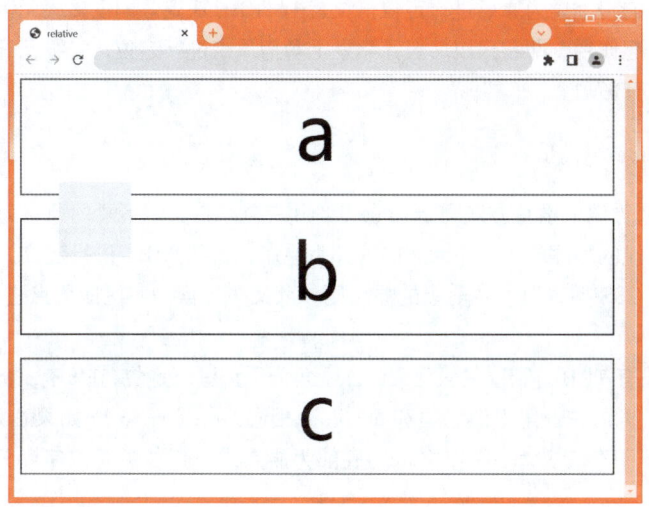

图 3-9-5
浮动广告页面效果

基础知识

1. 位置属性 position

前面介绍了块状元素、内联元素、盒子模型、float 属性等相关内容，并且通过相应的任务介绍了页面的布局。要使用 CSS 对整个网页进行布局，还需要掌握定位的知识。

CSS 样式中有一个属性 position 是用来表示位置的，这个属性除默认的 static 值外，还有 3 个与布局有关的值：absolute、relative 和 fixed，分别表示绝对定位、相对定位和固定定位，这也是非常重要的 3 种网页布局方式。

2. static 属性值

static 是 position 属性的默认值，表示没有定位，元素出现在正常的流中（忽略 top、bottom、left、right 或者 z-index 声明）。

3. absolute 属性值

将元素的 position 属性值设置为 absolute 表示绝对定位，即

position:absolute;

absolute 的作用是将元素从文档流中拖出来，然后使用 left、right、top 和 bottom 属性相对于其最接近的一个具有定位属性的父级元素进行绝对定位。如果不存在父级元素，则相对于<body>元素，即相对于浏览器窗口进行定位。如果在没有父级元素的情况下存在文本，则以它前面的最后一个文字的右上角为原点进行定位但是不断开文字，而是覆盖于上方。

如果设定 TRBL（top、right、bottom 和 left 4 个属性，下同），并且父级元素没有设定 position 属性，那么当前的 absolute 则以浏览器左上角为原点进行定位，位置将由 TRBL 决定。如果设定 TRBL，并且父级元素设定 position 属性（无论是 absolute 还是 relative），则以父级元素的左上角为原点进行定位，位置由 TRBL 决定。即使父级元素有 padding 属性，对其也不起作用，即它只以父级元素左上角为原点进行定位，父级元素的 padding 属性对其根本没有影响。

4. relative 属性值

relative 属性值的设置方法同 absolute，作用是默认以父级元素的原点为原点，无父级元素则以文本流的顺序在上一个元素的底部为原点，配合 TRBL 进行定位，当父级元素内有 padding 等 CSS 属性时，当前级的原点则参照父级元素内容区的原点进行定位，具体如下：

- 如果没有 TRBL，则以父级元素的左上角为原点进行定位，在没有父级元素的时候，参照浏览器左上角（到这里和 absolute 相同条件下一样）。如果在没有父级元素的情况下存在文本，则以文本的底部为原点进行定位并将文字断开（和 absolute 不同）。
- 如果设定 TRBL，并且父级元素没有设定 position 属性，则仍旧以父级元素的左上角为原点进行定位（和 absolute 不同）。
- 如果设定 TRBL，并且父级元素设定 position 属性（无论是 absolute 还是 relative），则以父级元素的左上角为原点进行定位，位置由 TRBL 决定（前半部分和 absolute 一样）。如果父级元素有 padding 属性，那么就以内容区域的左上角为原点进行定位（后半部分和 absolute 不同）。

根据以上 3 点可以总结出，无论父级元素是否存在，无论有没有 TRBL，均以父级元素的左上角进行定位，但是父级元素的 padding 属性会对其产生影响。

top 的值表示对象相对原位置向下偏移的距离，bottom 的值表示对象相对原位置向上偏移的距离，两者同时存在时，只有 top 起作用。

left 的值表示对象相对原位置向右偏移的距离，right 的值表示对象相对原位置向左偏移的距离，两者同时存在时，只有 left 起作用。

5. z-index 属性值

z-index 属性值定义对象的层叠顺序，它用一个整数来定义堆叠的层次，整数值越大，则被层叠的顺序越靠上，当然这是指同级元素间的堆叠。如果两个对象的 z-index 属性具有同样的值，那么将依据它们在 HTML 文档中流的顺序层叠，写在后面的将覆盖前面的。需要注意的是，父子关系是无法用 z-index 来设定上下关系的，一定是子级元素在上、父级元素在下。使用 static 定位或无 position 定位的元素的 z-index 属性值是无效的。

图 3-9-3 中黄色元素的 z-index 属性值小于绿色元素，所以绿色元素在上方，黄色元素的大部分都被遮挡了。因为 z-index 属性值只对同级元素起作用，所以黄色和绿色两个元素是平级的。

6. fixed 属性值

fixed 属性值用于生成固定定位的元素，相对于浏览器窗口进行定位。元素的位置通过 TRBL 属性进行定义，可通过 z-index 属性值进行层次分级。

　　fixed 定位与 absolute 定位类型类似，但它只能相对于浏览器窗口进行定位。根据任务描述可知，4 个并列的固定定位的<div>元素的样式都是根据浏览器窗口进行 TRBL 设置的。由于视图本身是固定的，它不会随浏览器窗口的滚动条滚动而变化，除非在屏幕中移动浏览器窗口的屏幕位置，或改变浏览器窗口的显示大小，因此 fixed 定位的元素会始终位于浏览器窗口内视图的某个位置，不会受文档流动影响，这与 background-attachment:fixed 属性功能相同。

任务实现

　　子任务 1：结合基础知识中 relative 属性值的内容，再根据任务描述及页面效果图，可知两个并列的相对定位的盒子，其中一个设置了 TRBL，另一个未设置，则设置了 TRBL 的盒子在前或在后是有所不同的。

源代码：position 的 4 种定位方式的使用

　　子任务 1 的 HTML 代码如下：

```
1    <div class="main">相对于浏览器左上角</div>
2    <div class="tl">相对于红框左下角（边框外）</div>
```

CSS 代码如下：

```
1    .main {                        9    .tl {
2        position: relative;       10        position: relative;
3        top: 0;                   11        top: 20px;
4        left: 0;                  12        left: 50px;
5        width: 200px;             13        width: 200px;
6        height: 200px;            14        height: 200px;
7        border: 20px red solid;   15        border: 2px green solid;
8    }                             16    }
```

微课 3-19
position:relative

说明：div.tl 相对于 div.main 左下角（边框外）距离为 top:20 px，left:50 px。

　　子任务 2：结合基础知识中 absolute 属性值的内容，再根据任务描述及页面效果图，可以得到如下 HTML 代码。

```
1    <div class="parent">相对浏览器左上角
2    <div class="son">相对于红框左上角（边框内）</div>
3    </div>
```

CSS 代码如下：

```
1    .parent {                      6        height: 200px;
2        position: absolute;        7        border: 20px red solid;
3        top: 100px;                8    }
4        left: 100px;               9    .son {
5        width: 200px;             10        position: absolute;
```

微课 3-20
position:absolute

11	top: 20px;	14	height: 200px;
12	left: 50px;	15	border: 2px blue solid;
13	width: 200px;	16	}

说明：div.son 相对于 div.parent 左上角（边框内）距离为 top:20 px，left:50 px。

子任务 3：结合基础知识中 z-index 属性值的内容，再根据任务描述及页面效果图，可以得到如下 HTML 代码。

1	<div class="main">z-index: 10</div>
2	<div class="content">z-index: 20</div>

CSS 代码如下：

微课 3-21
z-index 属性

1	.main {	10	.content {
2	position: absolute;	11	position: absolute;
3	top: 100px;	12	top: 200px;
4	left: 100px;	13	left: 200px;
5	width: 300px;	14	width: 300px;
6	height: 300px;	15	height: 300px;
7	background-color:	16	background-color:
	lightgoldenrodyellow;		lightseagreen;
8	z-index: 10;	17	z-index: 20;
9	}	18	}

子任务 4：结合基础知识中 fixed 属性值的内容，再根据任务描述及页面效果图，可以得到如下 HTML 代码。

1	<div class="top">position: fixed; top: 0;</div>
2	<div class="bottom">position: fixed; bottom: 0;</div>
3	<div class="left">position: fixed; left: 0;</div>
4	<div class="right">position: fixed; right: 0;</div>

CSS 代码如下：

微课 3-22
position:fixed

1	body {	11	border-bottom: 1px solid #ccc;
2	margin: 0;	12	text-align: center;
3	padding: 0;	13	}
4	}	14	.bottom {
5	.top {	15	position: fixed;
6	position: fixed;	16	bottom: 0;
7	top: 0;	17	width: 100%;
8	width: 100%;	18	height: 50px;
9	height: 50px;	19	background-color: #efefef;
10	background-color: #efefef;	20	border-top: 1px solid #ccc;

```
21          text-align: center;          30      }
22     }                                 31     .right {
23     .left {                           32          position: fixed;
24          position: fixed;             33          right: 0;
25          left: 0;                     34          width: 100px;
26          width: 100px;                35          height: 100%;
27          height: 100%;                36          background-color: #efefef;
28          background-color: #efefef;   37          border-left: 1px solid #ccc;
29          border-right: 1px solid #ccc; 38     }
```

子任务 5： 结合基础知识中 absolute、relative 以及 z-index 属性值的内容，再根据任务描述及页面效果图，可以给 a 模块或者 b 模块设置 relative 属性，并且给插入的广告设置 absolute 属性，再加上定位即可。

HTML 代码如下：

```
1   <div class="a">a</div>
2   <div class="b">b
3        <div class="ad"></div>
4   </div>
5   <div class="c">c</div>
```

微课 3-23
浮动广告

CSS 代码如下：

```
1    .a,.b,.c {                    15    .c {
2         width: 800px;           16         border: 2px green solid;
3         height: 150px;          17    }
4         font-size: 100px;       18    .ad {
5         text-align: center;     19         position: absolute;
6         margin-bottom: 30px;    20         width: 100px;
7    }                            21         height: 100px;
8    .a {                         22         top: −50px;
9         border: 2px red solid;  23         left: 50px;
10   }                            24         background-color: yellow;
11   .b {                         25         z-index: 10;
12        border: 2px blue solid; 26    }
13        position: relative;
14   }
```

任务 3-10 Chrome 浏览器调试基本技巧

PPT：任务 3-10
Chrome 浏览器调试
基本技巧

🎓 **任务描述**

使用 Chrome 浏览器的 F12 键功能，调整 CSS 样式。

子任务 1：样式无效，如图 3-10-1 所示。

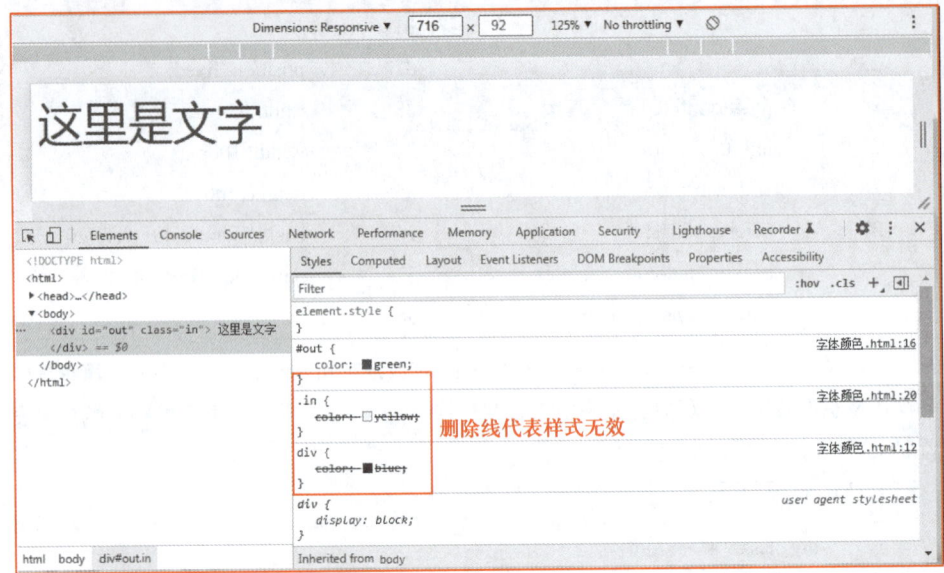

图 3-10-1
样式无效示意图

子任务 2：终端选择，如图 3-10-2 所示。

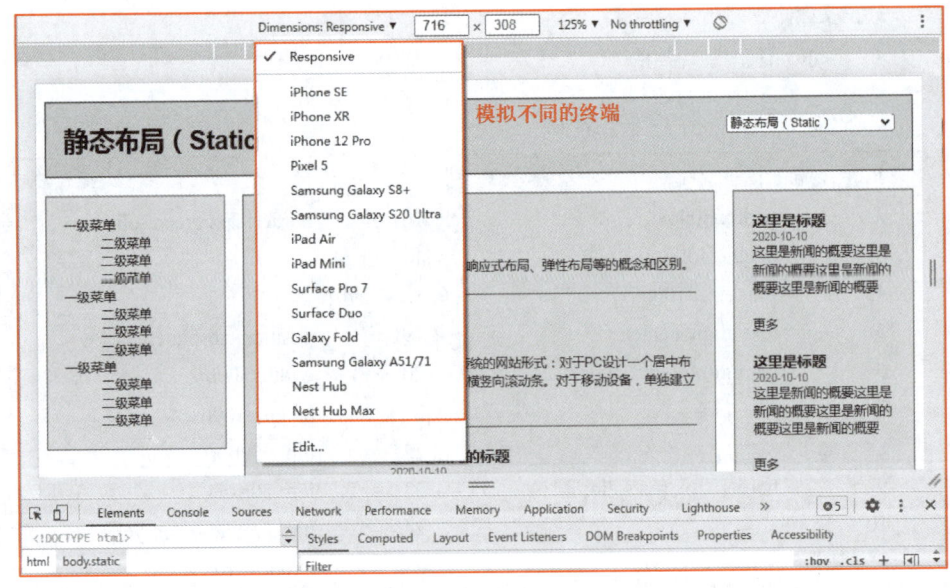

图 3-10-2
终端选择示意图

子任务 3：样式调试，如图 3-10-3 所示。

拓展阅读 3-1
Chrome 浏览器
调试基本技巧

🚀 基础知识

调用 Chrome 浏览器的 F12 键功能可打开开发者工具栏，如图 3-10-4 所示。

1）箭头按钮：选择网页中的一个元素，这时候可以选择相应的 DOM 结构，单击后变成可选择状态，显示相关 DOM 结构的一些信息。

2）设备图标按钮（移动端的开发模式）：弹出不同的移动设备，可选择不同的尺寸比例，适合进行响应式开发和移动端的开发调试。

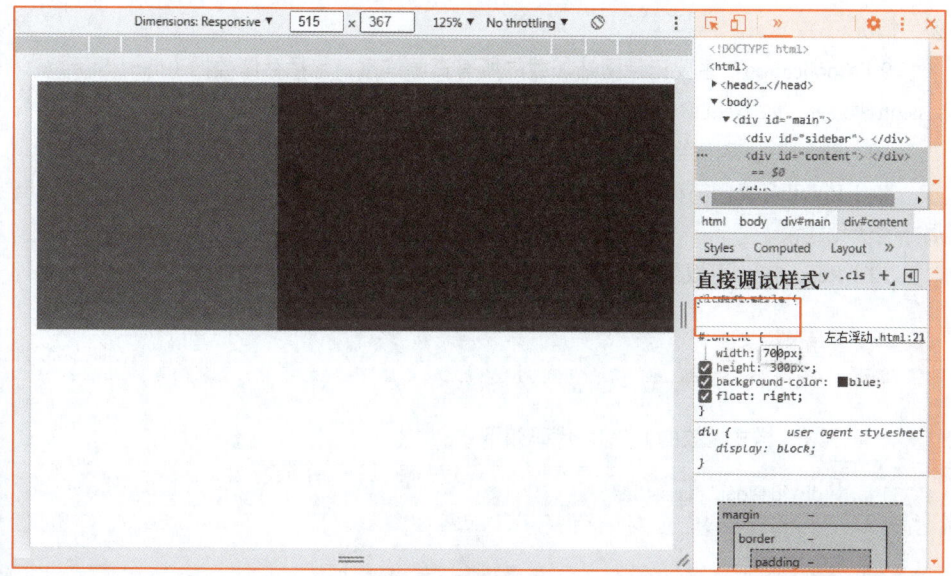

图 3-10-3
样式调试示意图

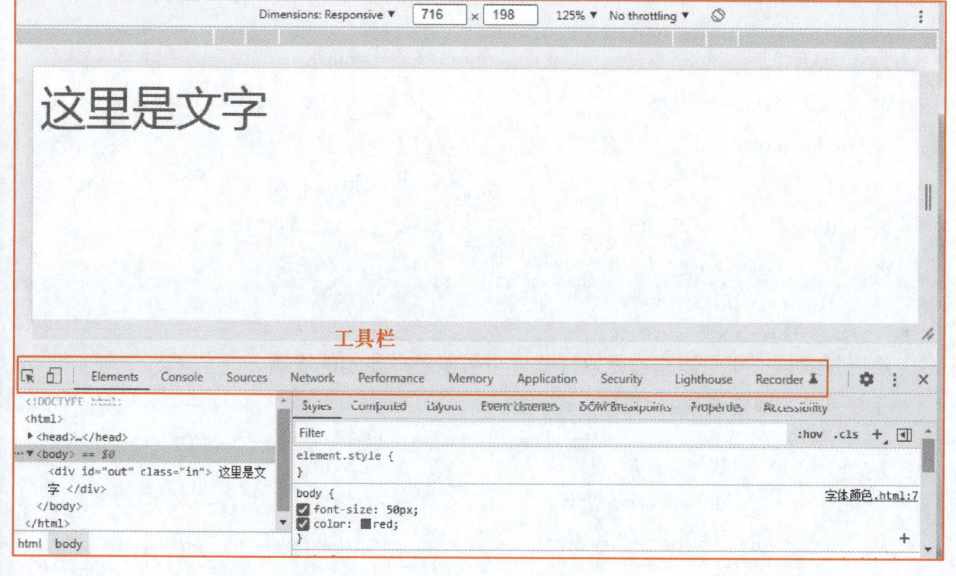

图 3-10-4
开发者工具栏

3）Elements（功能标签页）：显示 HTML 页面的 DOM 结构，可直接在上面修改 DOM 元素、标签、CSS 和页面的盒子模型。单击相关的 DOM 结构，可调用直接修改 DOM（Edit as HTML）、删除 DOM（Delete HTML）、焦点定位（focus）等常用的功能，查看相关的盒子模型了解元素对应的 padding、border 和 margin 值。

4）Console（控制台）：用于输出一些相关的信息，如页面中的报错、警告信息，可以在这里输入相关的代码进行调试。

5）Sources（JavaScript 资源页面）：查看和调试浏览器页面中的 JavaScript 源文件。

6）Network（网络请求标签页）：查看图片资源、HTML、CSS、JavaScript 文件等资源请求。

7）Performance：页面运行时的性能分析，可以模拟移动设备的 CPU。

8）Memory：内存占用分析，可以使用 Performance 面板具体分析每一个页面的内存使用情况。

9）Application：主要记录网站加载的所有资源信息，包括存储数据（local Storage、session Storage、indexedDB、Web SQL、Cookie）、缓存数据、字体、图片、脚本以及样式表等。

10）Security：调试当前网页的安全和认证等问题，检测网站是否添加了 HTTPS。

11）Lighthouse：简称灯塔，可以从很多方面对网站进行安全监测然后评分，并给出局部的优化建议。

12）Recorder：可以录制、回放及测试用户操作。

源代码：Chrome 浏览器调试基本技巧

 **任务实现**

子任务 1：样式无效的 HTML 代码如下。

```
1    <div id="out" class="in">
2        这里是文字
3    </div>
```

CSS 代码如下：

微课 3-24
Chrome 浏览器
调试基本技巧

```
1    body {                          8    #out {
2        font-size: 50px;            9        color: green
3        color: red;                 10   }
4    }                               11   .in {
5    div {                           12       color: yellow;
6        color: blue;                13   }
7    }
```

在开发者模式下可以查看无效样式，也可以选择显示的终端。

子任务 2：样式调试的 HTML 代码如下。

```
1    <div id="main">
2        <div id="sidebar"></div>
3        <div id="content"></div>
4    </div>
```

CSS 代码如下：

```
1    #main {                         10       background-color: red;
2        width: 1000px;              11       float: left;
3        margin-left: auto;          12   }
4        margin-right: auto;         13   #content {
5    }                               14       width: 710px;
6    #sidebar {                      15       height: 300px;
7        width: 200px;               16       background-color: blue;
8        height: 200px;              17       float: right;
9        padding: 50px;              18   }
```

在浏览器调试模式下，可以直接修改样式直至正确。如果需要修改 CSS 代码，则应采用编辑器修改。

单 元 小 结

本单元通过 10 个任务介绍了层叠样式表 CSS 的使用方法以及常用样式的设置。通过本单元的学习，需要掌握以下知识和技能点：

1）CSS 的基本使用方法，包括样式的优先级、选择器等常用的 CSS 样式设置。

2）盒子模型的使用及相关样式的设置，包括浮动定位、浮动清除、内外边距设置等。

3）文本样式与图片样式的设置。

4）定位的概念以及常用的定位方法。

拓展阅读 3-2
CSS 重置样
式表

另外，不同核心的浏览器对 CSS 的解析效果呈现各异，可能会导致用户所期望的效果与浏览器的"理解"效果存在偏差，可以用 CSS reset 重置（复位）元素在不同核心浏览器下的默认值，尽量保证元素在不同浏览器中处于同一"起跑线"（一般使用 reset.css 样式表重置）。常见网站 CSS 样式重置可查看相关资料，此处不再赘述。

主流 Web 2.0 网站的配色参考方案可参看表 3-11-1。

表 3-11-1　主流 Web 2.0 网站的配色参考方案

颜色名称	十六进制数	颜色名称	十六进制数
Neutrals（适中）		Writely Olive	#73880A
Shiny Silver	#EEEEEE	Basecamp Green	#6BBA70
Reddit White	#FFFFFF	Mozilla Blue	#3F4C6B
Magnolia Mag.nolia	#F9F7ED	Digg Blue	#356AA0
Interactive Action Yellow	#FFFF88	Bold（加粗）	
Qoop Mint	#CDEB8B	Mozilla Red	#FF1A00
Gmail Blue	#C3D9FF	Rollyo Red	#CC0000
Shadows Grey	#36393D	RSS Orange	#FF7400
Muted（减淡）		Techcrunch Green	#008C00
Ruby on Rails Red	#B02B2C	Newsvine Green	#006E2E
Etsy Vermillion	#D15600	Flock Blue	#4096EE
43 Things Gold	#C79810	Flickr Pink	#FF0084

単元 *4*

CSS3 高级应用

学习目标

【知识与技能目标】

1. 掌握第三方字体图标库的使用方法。

2. 掌握 CSS3 特色模块的使用方法。

3. 掌握 CSS3 动画的基本属性及使用方法。

4. 掌握 CSS3 文本、图片等元素的高级使用方法。

【能力与素质目标】

总体目标：程序设计也要"实践出真知"。

1. 提高代码阅读能力和重构能力。

2. 具备信息搜集与信息筛选能力。

3. 培养创新精神，具备严谨踏实的工作作风。

任务 4-1 Font Awesome 图标的使用

PPT：任务 4-1
Font Awesome 图标的
使用

任务描述

使用常用的字体图标实现图 4-1-1 所示页面效果。

图 4-1-1
使用字体图标的页面效果

基础知识

拓展阅读 4-1
Font Awesome
图标库

1）Font Awesome 是一套绝佳的图标字体库和 CSS 框架，它为用户提供可缩放的矢量图标，用户可以使用 CSS 提供的所有特性对图标进行大小、颜色、阴影或者其他效果的设置。

2）要使用 Font Awesome 图标，需要在 HTML 页面的 \<head\>…\</head\> 部分添加以下内容。

① 国内推荐 CDN：

```
<link rel="stylesheet" href="https://cdn.staticfile.org/font-awesome/4.7.0/css/font-awesome.css">
```

② 国外推荐 CDN：

```
<link rel="stylesheet" href="https://cdnjs.cloudflare.com/ajax/libs/font-awesome/4.7.0/css/font-awesome.min.css">
```

3）可以使用前缀 fa 和图标的名称来引用 Font Awesome 图标。

源代码：Font Awesome
图标的使用

任务实现

图 4-1-1 所示页面中使用了常用的字体图标，并且个别字体图标需要变色、放大或旋转、翻转等，这些都可以通过相应的属性进行设置。因为任务 4-1 所示的内容并不复杂，所以没有使用 CSS 文件或<style>标签来设置相关属性，而是在具体元素中使用了 style 属性设置具体的样式。

微课 4-1
Font Awesome
图标的使用

根据基础知识和页面效果图，可以得到如下 HTML 代码：

```
1    <h3>一、使用 Font Awesome 图标</h3>
2    <i class="fa fa-cog"></i>
3    <i class="fa fa-cog" style="font-size:30px;"></i>
4    <i class="fa fa-cog" style="font-size:50px;color:gold;"></i>
5    <h3>二、大图标</h3>
6    <i class="fa fa-cog fa-3x"></i>
7    <h3>三、列表图标</h3>
8    <ul class="fa-ul">
9        <li><i class="fa-li fa fa-check-square"></i>列表图标</li>
10       <li><i class="fa-li fa fa-spinner fa-spin"></i>列表图标</li>
11       <li><i class="fa-li fa fa-square"></i>列表图标</li>
12   </ul>
13   <h3>四、边界和被拉的图标</h3>
14   <i class="fa fa-quote-left fa-3x fa-pull-left fa-border"></i>
15   <div style="clear: both;"></div>
16   <h3>五、动态图标</h3>
17   <i class="fa fa-spinner fa-spin"></i>
18   <h3>六、旋转和翻转的图标</h3>
19   <i class="fa fa-car"></i>
20   <i class="fa fa-car fa-rotate-90"></i>
21   <i class="fa fa-car fa-rotate-180"></i>
22   <i class="fa fa-car fa-rotate-270"></i>
23   <i class="fa fa-car fa-flip-horizontal"></i>
24   <i class="fa fa-car fa-flip-vertical"></i>
25   <h3>七、堆叠的图标</h3>
26   <span class="fa-stack fa-lg">
27       <i class="fa fa-circle-thin fa-stack-2x"></i>
28       <i class="fa fa-check-square fa-stack-1x"></i>
29   </span>
```

```
30      <h3>八、固定宽度图标</h3>
31      <div class="list-group">
32          <a href="#" class="list-group-item">
33              <i class="fa fa-home fa-fw"></i>主页</a>
34          <a href="#" class="list-group-item">
35              <i class="fa fa-book fa-fw"></i>图书</a>
36          <a href="#" class="list-group-item">
37              <i class="fa fa-pencil fa-fw"></i>应用</a>
38          <a href="#" class="list-group-item">
39              <i class="fa fa-cog fa-fw"></i>设置</a>
40      </div>
```

任务 4-2　CSS3 图片背景的使用

PPT：任务 4-2
CSS3 图片背景的使用

任务描述

使用 background-attachment、background-size、background-origin 和 background-position 4 个背景属性给整个页面或指定盒子设置背景，页面效果如图 4-2-1～图 4-2-3 所示。

图 4-2-1
使用 background-attachment
和 background-size 背景属性
的页面效果

图 4-2-2
使用 background-origin
背景属性的页面效果

图 4-2-3
使用 background-position
背景属性的页面效果

基础知识

background-attachment、background-position、background-origin 和 background-size 这 4 个背景属性中，前两个是从 CSS1 开始就有的，后两个是 CSS3 中新增的。这 4 个背景属性主要针对图片背景，具体的使用方法如下。

1）background-attachment 属性主要用来设置背景图像是固定还是随着页面的其余部分滚动，其默认值为 scroll，表示背景图片会随滚动条一起滚动；取值 fixed 时，则表示背景图片固定不动。图 4-2-1 中的山水背景图片是固定不动的，所以 background-attachment 属性值是 fixed。

2）background-position 属性用来设置背景图像的起始位置，可以使用具体的百分数或数值进行设置，也可以使用 left、center、top、right、top、bottom 配合设置，其中以下几种表示相同的定位方式。

① "top left" "left top" 和 "0% 0%" "0 0" 代表在元素的左上角。

② "top" "top center" "center top" 和 "50% 0" 表示在元素顶边居中位置。

③ "right top" "top right" 和 "100% 0" 表示在元素的右上角位置。

④ "left" "left center" "center left" 和 "0% 50%" 表示在元素左边中间位置。

⑤ "center" "center center" 和 "50% 50%" 表示在元素中间位置。

⑥ "right" "right center" "center right" 和 "100% 50%" 表示在元素右边中间位置。

⑦ "bottom left" "left bottom" 和 "0% 100%" 表示在元素的左下角位置。

⑧ "bottom" "bottom center" "center bottom" 和 "50% 100%" 表示在元素的底边中间位置。

⑨ "bottom right" "right bottom" 和 "100% 100%" 表示在元素右下角位置。

具体定位可以参考图 4-2-4。

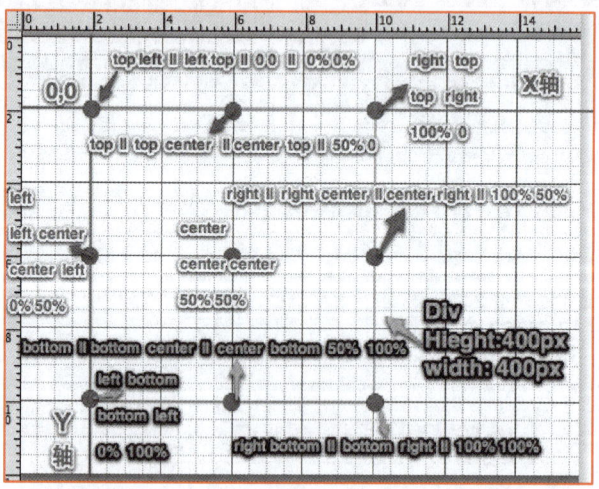

图 4-2-4
背景图像定位参考

3）background-origin 属性用来指定背景图像的定位区域，即规定 background-position 属性相对于什么位置来定位，其语法格式如下：

```
background-origin: padding-box|border-box|content-box;
```

① padding-box（padding）：此值为 background-origin 的默认值，决定 background-position 起始位置从 padding 的外边缘（border 的内边缘）开始显示背景图片。

② border-box（border）：此值决定 background-position 起始位置从 border 的外边缘开始显示背景图片。

③ content-box（content）：此值决定 background-position 起始位置从 content 的外边缘（padding 的内边缘）开始显示背景图片。

4）background-size 属性用来指定背景图像的大小，其语法格式如下：

```
background-size: length|percentage|cover|contain;
```

具体使用时，在 background-repeat 属性值为 no-repeat 的情况下，如果容器宽高比与图片宽高比不同，则各值的含义如下。

① cover：图片宽高比不变、铺满整个容器的宽高，而图片多出的部分则会被裁掉。

② contain：图片自身的宽高比不变，缩放至图片自身能完全显示出来，所以容器会有留白区域。

③ background-size:auto：图片默认高度。

④ background-size:100px 50px：背景图片宽度为 100 px，高度为 50 px。

⑤ background-size:100px：背景图片高度和宽度都为 100 px。

⑥ background-size:100% 50%：背景图片宽度为 100%，高度为 50%。

⑦ background-size:50%：背景图片高度和宽度都为 50%。

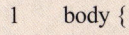 **任务实现**

源代码：CSS3 图片
背景的使用

根据基础知识及任务描述，可以得到相关 HTML 代码及其对应的 CSS 代码。

图 4-2-1 所示页面的 HTML 代码如下：

```
1    <body>
2        <div style="height: 2000px;"></div>
3    </body>
```

图 4-2-1 所示页面中使用的背景图片是固定的，大小是 2880 px×1800 px，而且整个页面的高度和宽度与背景图片本身的高度和宽度相差甚远（背景图片大于页面本身），所以 body 部分的 CSS 样式代码如下：

微课 4-2
background-
attachment

```
1    body {
2        background-image: url("img/background.jpeg");
3        background-attachment: fixed;
4        background-size: cover;/* 图片等比例缩放，直到长边覆盖, contain 为短边覆盖 */
5    }
```

图 4-2-2 所示页面的 HTML 代码如下：

```
1    <h3>background-origin:padding-box：背景图像相对于内边距框来定位。</h3>
2    <div style="background-origin: padding-box;" class="origin">
```

微课 4-3
background-
origin

3	发明专利，是指对产品、方法或者其改进所提出的新的技术方案。发明专利的保护期限为 20 年，从申请日起算。从授权条件上来说，发明专利要求具备专利法所要求的新颖性、实用性和创造性。新颖性，是指该发明不属于现有技术，也没有任何单位或者个人就同样的发明在申请日以前向国务院专利行政部门提出过申请，并记载在申请日以后公布的专利申请文件或公告的专利文件中。创造性，是指与现有技术相比，该发明具有突出的实质性特点和显著的进步。实用性，是指该发明能够制造或者使用，并且能够产生积极效果。
4	</div>
5	\<h3>background-origin:border-box：背景图像相对于边框盒来定位。\</h3>
6	\<div style="background-origin: border-box;" class="origin">
7	实用新型专利是指对产品的形状、构造或者其结合所提出的适于实用的新的技术方案。实用新型专利的授予不需要进行实质性审查，程序相对简单，成本相对较低。因此，日用品、机械、电器等有形产品的小发明更适合申请实用新型专利。实用新型的技术方案更注重实用性，技术水平并没有发明那么高，多用于保护相对简单的发明。
8	</div>
9	\<h3>background-origin:content-box：背景图像相对于内容框来定位。\</h3>
10	\<div style="background-origin: content-box;" class="origin">
11	外观设计专利是指对产品的形状、图案或其结合以及色彩与形状、图案的结合所做出的富有美感并适于工业应用的新设计。外观设计是指工业品的外观设计，也就是工业品的式样。这种专利权相对于发明专利还有实用新型专利不同，这种知识产权并不是用于技术上的方案。在我们国家的法律中对于外观设计专利的定义，就是指的对于产品的形状、图案或是结合了形状、图案以及色彩所作出的一种富有美感并且要求其能适用于工业应用的新设计上面。
12	</div>

HTML 代码段中出现了一个类：origin，设置 background-origin 的相关属性值，具体的 CSS 样式代码如下：

```
1    .origin {
2        width: 500px;
3        padding: 20px;
4        border: 10px solid #ccc;
5        background-color: #efefef;
6        background-image: url("img/smile.png");
7        background-repeat: no-repeat;
8        color: black;
9    }
```

图 4-2-3 所示页面的 HTML 代码如下：

```
<div class="bg"></div>
```

CSS 代码如下：

```
1    .bg {
2            width: 300px;
3            height: 300px;
4            background-image: url("img/smile.png");
5            background-repeat: no-repeat;
6            border: 1px solid #000;
7            background-color: #efefef;
8            margin: 100px;
9            background-position: -30px -30px;/*X 方向向左移动 30 px，Y 方向向上移动 30 px*/
10   }
```

任务 4-3　制作搜索框

PPT：任务 4-3
制作搜索框
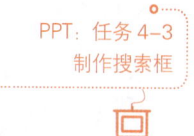

微课 4-4
background-
position

任务描述

子任务 1：设置 CSS3 box-sizing 属性，效果如图 4-3-1 所示。

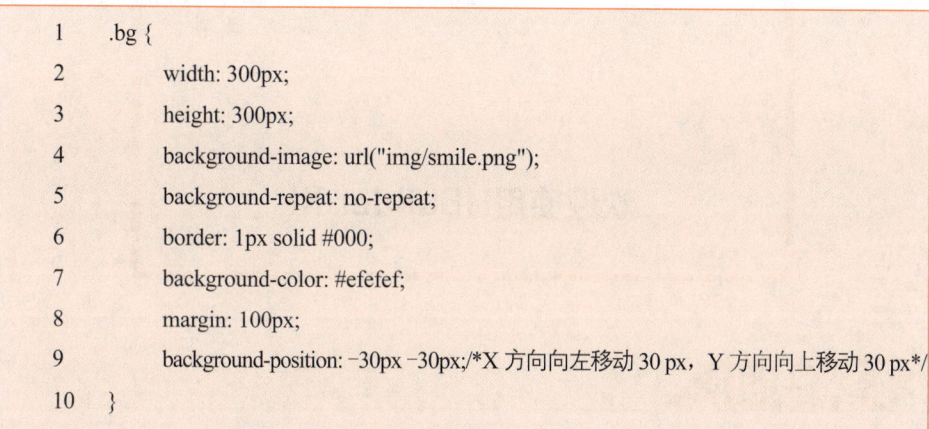

图 4-3-1
设置 CSS3 box-sizing
属性页面效果

子任务 2：使用 HTML 和 CSS 制作搜索框，效果如图 4-3-2 和图 4-3-3 所示。

图 4-3-2
制作搜索框的页面效果

图 4-3-3
单击搜索按钮后的页面效果

基础知识

1.　CSS3 box-sizing 属性

1）content-box 是默认值。标准盒子模型中，width 与 height 只包括内容的宽和高，不包括边框（border）、内边距（padding）和外间距（margin）。注意：内边距、边框和外间距都在这个盒子的外部。例如，.box{width:350px;border:10px solid black;}表示浏览器中渲染的实际宽度是 370 px。

尺寸计算公式如下：

$$width=border+margin+padding+CSS\ 的宽度$$
$$height=border+margin+padding+CSS\ 的高度$$

2）border-box 表示 width 和 height 属性包括内容、内边距和边框，但不包括外间距。这是当文档处于 Quirks 模式时，IE 浏览器使用的盒子模型。注意，填充和边框将在盒子内，例如，.box{width:350px;border:10px solid black;}表示在浏览器中呈现宽度为 350 px 的盒子。内容框不能为负或为 0，因此不可能使用 border-box 使元素消失。

尺寸计算公式如下：

$$width=CSS\ 的宽度$$
$$height=CSS\ 的高度$$

2.　文本图标

图 4-3-2 中搜索框后面的搜索图标使用的是 Font Awesome 4.7 版本的图标，可以直接引入第三方 CDN 库，语句如下：

```
<link rel="stylesheet"
href="https://cdn.staticfile.org/font-awesome/4.7.0/css/font-awesome.css">
```

读者也可以参考任务 4-1 中的基础知识。

源代码：制作搜索框

任务实现

子任务 1： 结合任务描述及基础知识中关于文本图标的内容，可以得到以下 HTML 代码。

| 1 | <div class="content-box">Content box 是默认值。文字区域宽度 400px，高度 200px。 |

```
        </div>
2       <div class="border-box">Border box 告诉浏览器：边框内的区域宽度 400px，高度 200px。
        </div>
```

实现图 4-3-1 所示页面效果的 CSS 代码如下：

```
1   div {                            9           float: left;
2       width: 400px;                10      }
3       height: 200px;               11  .content-box {
4       padding: 20px;               12          box-sizing: content-box;
5       margin: 20px;                13      }
6       color: #EEEEEE;              14  .border-box {
7       border: 8px solid #356AA0;   15          box-sizing: border-box;
8       background: #CC0000;         16      }
```

微课 4-5
CSS3 box-
sizing 属性

子任务 2：结合任务描述及基础知识中关于文本图标的内容，可以得到制作搜索框的
HTML 代码。

```
1   <body>
2       <form class="example" action="/" style="margin:auto;max-width:300px;">
3           <input type="text" placeholder="搜索..." name="search">
4           <button type="submit"><i class="fa fa-search"></i></button>
5       </form>
6   </body>
```

微课 4-6
搜索框的制作

实现图 4-3-2 所示页面效果的 CSS 代码如下：

```
1   * {                                  18          padding: 10px;
2       box-sizing: border-box;          19          background: #2196F3;
3       /* 网页上所有元素均采用此属性 */      20          color: white;
4   }                                    21          font-size: 17px;
5   /* 设置搜索框 */                       22          border: 1px solid grey;
6   form.example input[type=text] {      23          border-left: none;
7       padding: 10px;                   24          cursor: pointer;
8       font-size: 17px;                 25      }
9       border: 1px solid grey;          26  form.example button:hover {
10      float: left;                     27          background: #0b7dda;
11      width: 80%;                      28      }
12      background: #f1f1f1;             29  /* 清除浮动 */
13  }                                    30  form.example::after {
14  /* 设置提交按钮 */                     31          content: "";
15  form.example button {                32          clear: both;
16      float: left;                     33          display: table;
17      width: 20%;                      34      }
```

任务 4-4 制作无间隙滚动文字和图片

任务描述

子任务 1： 使用@keyframes 规则，结合无序列表设置文字，制作无间隙滚动文字，效果如图 4-4-1 所示。

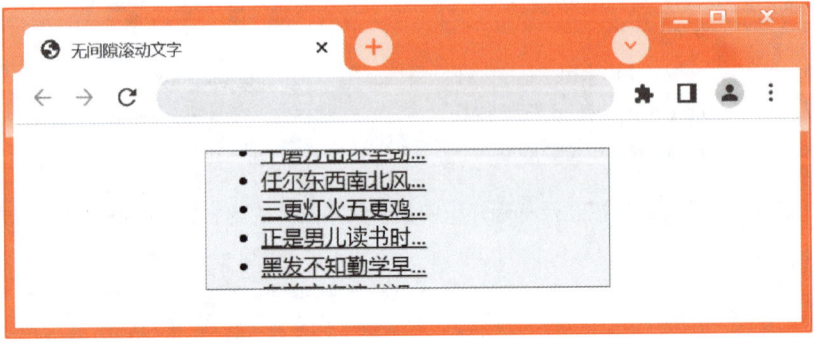

图 4-4-1
无间隙滚动文字效果

子任务 2： 使用@keyframes 规则，结合无序列表设置图片，制作无间隙滚动图片，效果如图 4-4-2 所示。

图 4-4-2
无间隙滚动图片效果

基础知识

1. CSS3 animation 属性

使用 animation 属性控制动画的外观，再使用选择器绑定动画。具体语法格式如下：

animation: name duration timing-function delay iteration-count direction fill-mode play-state;

animation 的子属性如表 4-4-1 所示。

表 4-4-1　animation 的子属性

属性名	说明	属性值	含义
animation-name（必选）	指定要绑定到选择器的关键帧的名称	keyframename	指定要绑定到选择器的关键帧的名称
		none	指定有没有动画（可用于覆盖从级联的动画）
animation-duration（必选）	动画指定需要多少秒或毫秒完成	time	指定动画播放完成花费的时间，默认值为 0，意味着没有动画效果
animation-timing-function	设置动画将如何完成一个周期	linear	动画从头到尾的速度是相同的
		ease	默认值。动画以低速开始，然后加快，在结束前变慢
		ease-in	动画以低速开始
		ease-out	动画以低速结束
		ease-in-out	动画以低速开始和结束
		steps(int,start|end)	指定时间函数中的间隔数量（步长）。有两个参数，第一个参数指定函数的间隔数，该参数是一个正整数（大于 0）；第二个参数是可选的，表示动画是从时间段的开头连续还是末尾连续。第二个参数值中，start 表示直接开始；end 为默认值，表示戛然而止
animation-delay	设置动画在启动前的延迟间隔	time	可选。定义动画开始前等待的时间，以秒或毫秒计，默认值为 0
animation-iteration-count	定义动画的播放次数	n	定义应该播放多少次动画
		infinite	指定动画应该播放无限次（永远）
animation-direction	指定是否应该轮流反向播放动画	normal	默认值。动画正常播放
		reverse	动画反向播放
		alternate	动画在奇数次（1、3、5…）正向播放，在偶数次（2、4、6…）反向播放
		alternate-reverse	动画在奇数次（1、3、5…）反向播放，在偶数次（2、4、6…）正向播放
		initial	设置该属性为它的默认值
		inherit	从父元素继承该属性
animation-fill-mode	规定当动画不播放时（当动画完成时，或当动画有一个延迟未开始播放时），要应用到元素的样式	none	默认值。动画在动画执行之前和之后不会应用任何样式到目标元素
		forwards	在动画结束后（由 animation-iteration-count 决定），动画将应用该属性值
		backwards	动画将应用在 animation-delay 定义期间启动动画的第一次迭代的关键帧中定义的属性值，均为 from 关键帧中的值（当 animation-direction 为 "normal" 或 "alternate" 时）或 to 关键帧中的值（当 animation-direction 为 "reverse" 或 "alternate-reverse" 时）

续表

属性名	说明	属性值	含义
animation-fill-mode	规定当动画不播放时（当动画完成时，或当动画有一个延迟未开始播放时），要应用到元素的样式	both	动画遵循 forwards 和 backwards 的规则。也就是说，动画会在两个方向扩展动画属性
		initial	设置该属性为它的默认值
		inherit	从父元素继承该属性
animation-play-state	指定动画是否正在运行或已暂停	paused	指定暂停动画
		running	指定正在运行的动画
initial	设置属性为其默认值	—	—
inherit	从父元素继承属性	—	—

拓展阅读 4-2
CSS3 @
keyframes 规则

2．CSS3 @keyframes 规则

在 CSS3 中，可以使用@keyframes 规则创建动画，即通过逐步改变从一个 CSS 样式过渡到另一个样式。

在动画播放过程中，可多次更改 CSS 样式的设定。指定的变化发生时使用%，或关键字 from 和 to，这与 0%和 100%相同，其中 0%（注意%不能省略）是动画开始，100%是动画完成。

@keyframes 语法如下：

```
@keyframes animationname {keyframes-selector {css-styles;}}
```

1）animationname（必选）：定义 animation 的名称。

2）keyframes-selector（必选）：动画持续时间的百分比，合法值为 0%～100%。

3．:before 选择器和:after 选择器

:before 选择器向选定的元素前插入内容，:after 选择器向选定元素的最后子元素后面插入内容。

🎓 **任务实现**

源代码：制作无间
隙滚动文字和图片

微课 4-7
无间隙滚动
文字

子任务 1：结合无序列表和超链接的相关知识以及图 4-4-1 所示的无间隙滚动文字效果，可以得到无间隙滚动文字的 HTML 代码如下。

```
1    <div class="list">
2        <ul class="rowup">
3            <li><a href="#">咬定青山不放松...</a></li>
4            <li><a href="#">立根原在破岩中...</a></li>
5            <li><a href="#">千磨万击还坚劲...</a></li>
6            <li><a href="#">任尔东西南北风...</a></li>
7            <li><a href="#">三更灯火五更鸡...</a></li>
8            <li><a href="#">正是男儿读书时...</a></li>
```

```
9          <li><a href="#">黑发不知勤学早...</a></li>
10         <li><a href="#">白首方悔读书迟...</a></li>
11         <li><a href="#">百川东到海，何时复西归...</a></li>
12         <li><a href="#">少壮不努力，老大徒伤悲...</a></li>
13      </ul>
14  </div>
```

此处的 HTML 代码中定义了两个类 list 和 rowup，结合效果图和关于@keyframes 规则的基础知识，可以得到如下 CSS 代码，达到无间隙滚动文字的动画效果：

```
1   @keyframes rowup {                          16          height: 100px;
2          /* translate3d(X,Y,Z)定义 3D         17          overflow: hidden;
    转换，Y 方向向上移动 130 px */            18      }
3          0% {                                 19      .list .rowup {
4                 transform: translate3d (0,    20          animation: rowup 5s linear
    0, 0);                                          infinite normal;
5          }                                    21          /* @keyframes 定义 rowup、5 s
6          100% {                                   完成动画、linear 动画从开始到结束
7                 transform: translate3d (0,        具有相同的速度、infinite 指定动画应
    -130px, 0);                                     该播放无限次、normal 动画按正常播
8          }                                        放 */
9   }                                           22          position: relative;
10  .list {                                     23      }
11         width: 300px;                        24      /* 鼠标移上去暂停 */
12         border: 1px solid #999;              25      .list .rowup:hover {
13         background-color: #F9F7ED;           26          animation-play-state: paused;
14         margin: 20px auto;                   27      }
15         position: relative;
```

子任务 2：在上述样式使用的@keyframes 规则中，动画名称是 rowup，它的两个动画持续时间的百分比 0%和 100%的样式设置为 3D 平移，且只有 Y 轴(垂直)方向变化：从 0～-130 px，表示无序列表项运动的方向是由下向上滚动。在设置无序列表的样式属性 animation 时，引用了上述@keyframes 规则，时间持续 5 秒，过渡方式为正常的无限循环的匀速过渡。

无间隙滚动图片的 HTML 代码如下：

```
1   <div class="out">
2       <input id="ipt" type="checkbox" />
3       <label for="ipt" class="pause"></label>
4       <ul class="con">
5           <li><img src="images/a.jpg"></li>
6           <li><img src="images/b.jpg"></li>
7           <li><img src="images/c.jpg"></li>
8           <li><img src="images/d.jpg"></li>
```

微课 4-8
无间隙滚动
图片

```
9           <li><img src="images/e.jpg"></li>
10          <li><img src="images/f.jpg"></li>
11          <li><img src="images/g.jpg"></li>
12          <li><img src="images/h.jpg"></li>
13          <li><img src="images/i.jpg"></li>
14          <li><img src="images/j.jpg"></li>
15          <li><img src="images/k.jpg"></li>
16      </ul>
17  </div>
```

此处的 HTML 代码表示图 4-4-2 中的图片无序列表和表示暂停的<label>标签都在一个类名为 out 的<div>盒子内，结合基础知识中的伪类内容，可以得到实现效果图的样式代码和用来表示无间隙滚动图片的@keyframes 规则代码如下：

```
1   * {
2       padding: 0;
3       margin: 0;
4   }
5   /* 图片显示区域大小 */
6   .out {
7       width: 900px;
8       height: 300px;
9       margin: 20px auto;
10      overflow: hidden;
11  }
12  .con {
13      width: 3300px;
14      height: 300px;
15      overflow: hidden;
16      animation: move 8s linear
    infinite normal;
17      /* @keyframes 定义 move、8 s
    完成动画、linear 动画从开始到结束
    具有相同的速度、infinite 指定动画
    应该播放无限次、normal 动画按正
    常播放 */
18      animation-fill-mode: forwards;
19      /* forwards 表示前进，即前进
    到动画结束时的样式 */
20  }
21  /* 鼠标移上去，动画暂停 */
22  .con:hover {
23      animation-play-state: paused;
24      -webkit-animation-play-state:
    paused;
25  }
26  .con li {
27      float: left;
28      list-style: none;
29      overflow: hidden;
30  }
31  .con img {
32      float: left;
33      width: 300px;
34      height: 300px;
35  }
36  .pause {
37      position: relative;
38      height: 60px;
39      display: inline-block;
40      margin: 20px auto;
41      text-align: center;
42  }
43  /* 伪类:before 在元素之前添加内
    容，要配合 content 属性一起使用 */
44  .pause:before {
45      position: absolute;
46      content: "暂停";
```

```
47          display: inline-block;              66      /* translateX 在 X 轴方向移动 */
48          width: 100px;                        67          }
49          height: 60px;                        68          100% {
50          left: 0px;                           69              transform:translate×(-2400px);
51          line-height: 60px;                   70      /* 11 张图×300 px-显示宽度 900 px=
52          font-size: 20px;                              2400 px */
53          color: #fff;                         71      /* 负值则向左滚动，因为看不到的
54          margin: 0 20px;                               图片都在右面 */
55          background: red;                     72          }
56          border-radius: 10px;                 73      }
57      }                                        74      /* 不显示 input */
58      /* input 为筛选中状态，则显示"滚          75      .out input {
            动"并且背景色设置为蓝色 */             76          display: none;
59      .out input:checked~.pause:before {       77      }
60          content: "滚动";                      78      .out input:checked~.con {
61          background: blue;                    79          animation-play-state: paused;
62      }                                        80          -webkit-animation-play-state:
63      @keyframes move {                                paused;
64          0% {                                 81      }
65              transform:  translateX(0px);
```

此处的@keyframes 规则中设置的动画名称是 move，持续时间 100%的样式中的负值表示图片沿 X 轴（即水平方向）向左移动。

任务 4-5　制作轮播文字和图片

PPT：任务 4-5
制作轮播文字和图片

🎓 任务描述

子任务 1：基于@keyframes 规则制作动画，使用无序列表设置文字，实现图 4-5-1 所示的文字轮播效果。

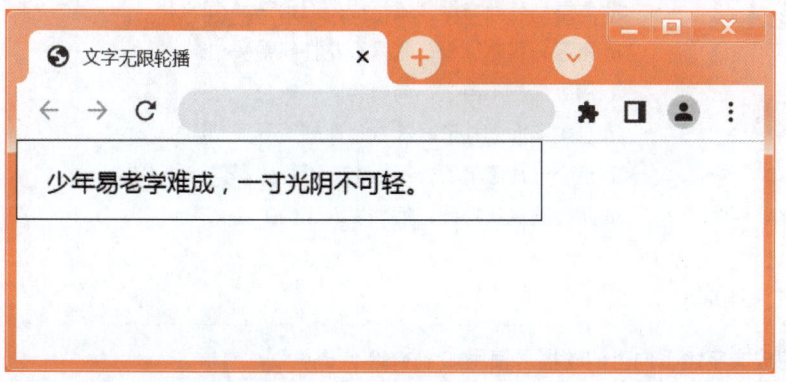

图 4-5-1
文字轮播效果

子任务 2：基于 @keyframes 规则制作动画，使用无序列表设置图片，实现图 4-5-2 所示的图片轮播效果。

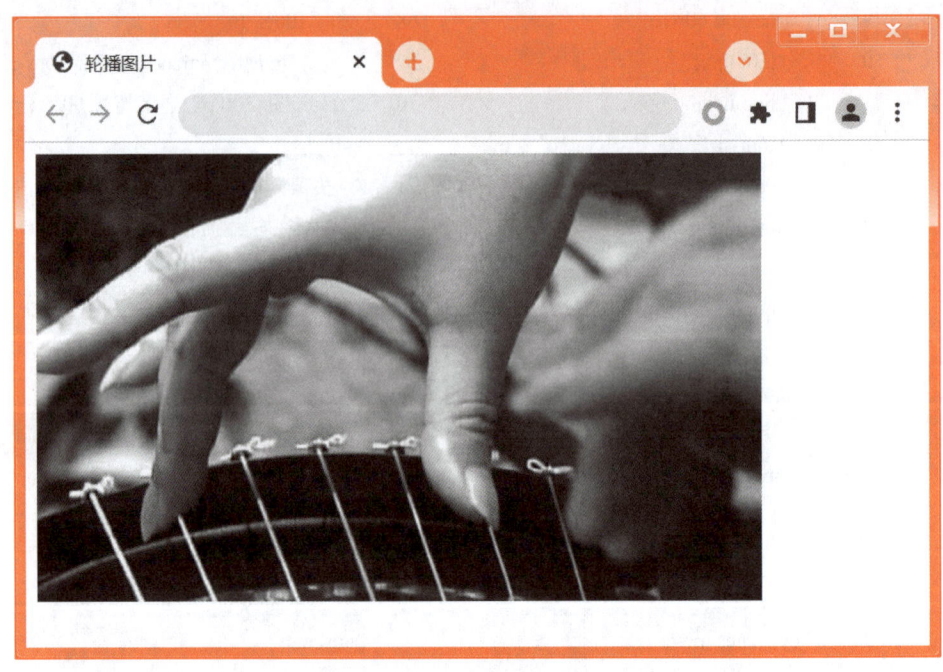

图 4-5-2
图片轮播效果

源代码：制作轮播
文字和图片

微课 **4-9**
轮播文字

 任务实现

子任务 1：根据任务描述，可以使用如下 HTML 代码完成文字轮播设置。

```
1    <div>
2        <ul class="ul">
3            <li>劝君莫惜金缕衣，劝君惜取少年时。</li>
4            <li>有花堪折直须折，莫待无花空折枝。</li>
5            <li>少年易老学难成，一寸光阴不可轻。</li>
6            <li>未觉池塘春草梦，阶前梧叶已秋声。</li>
7            <li>出师未捷身先死，长使英雄泪满襟。</li>
8            <li>春蚕到死丝方尽，蜡炬成灰泪始干。</li>
9            <li>不经一番寒彻骨，怎得梅花扑鼻香。</li>
10           <li>僵卧孤村不自哀，尚思为国戍轮台。</li>
11           <li>仓廪实而知礼节，衣食足而知荣辱。</li>
12           <li>臣心一片磁针石，不指南方不肯休。</li>
13           <li>愿得此身长报国，何须生入玉门关。</li>
14       </ul>
15   </div>
```

完成文字由下向上的轮播可使用如下 CSS 代码：

```
1    * {
2         margin: 0;
3         padding: 0;
4    }
5    div {
6         width: 350px;
7         height: 50px;
8         border: 1px solid;
9         overflow: hidden;
10   }
11   .ul {
12        list-style: none;
13        margin-left: 20px;
14   }
15   .ul li {
16        width: 300px;
17        height: 50px;
18        line-height: 50px;
19   }
20   .ul {
21        position: relative;
22        animation: text 15s infinite 2s
     running;
23   /* @keyframes 定义 text、15 s 完成
     动画、infinite 指定动画应该播放无
     限次、running 运行动画 */
24   }
25   /* 在 "@keyframes" 的 "0%" 到
     "100%" 之间创建更多百分比数值，
     分别给每个百分比数值需要有动
     画效果的元素加上不同的样式，从
     而达到一种在不断变化的效果。 */
26   @keyframes text {
27        /* div 高度为 50 px，每个百分比
     数值 Y 轴移动的距离也是 50 px */
28   0% {
29        transform: translateY(0px);
30   /* translateY 在 Y 轴方向进行移动 */}
31   10% {
32        transform:  translateY(-50px);}
33   20% {
34        transform:  translateY(-100px);}
35   30% {
36        transform:  translateY(-150px);}
37   40% {
38        transform:  translateY(-200px);}
39   50% {
40        transform:  translateY(-250px);}
41   60% {
42        transform:  translateY(-300px);}
43   70% {
44        transform:  translateY(-350px);}
45   80% {
46        transform:  translateY(-400px);}
47   90% {
48        transform:  translateY(-450px);}
49   100% {
50        transform:  translateY(-500px);}
51   }
52   /* 鼠标移上去暂停 */
53   .ul:hover {
54        animation-play-state: paused;
55        cursor: pointer;
56   }
```

子任务 2：需要使用无序列表设置图片，此处需要旋转 3 张图片，则 HTML 代码如下。

```
1    <div id="container">
2         <div id="photo">
3              <img src="images/1.jpg" />
4              <img src="images/2.jpg" />
5              <img src="images/3.jpg" />
6         </div>
7    </div>
```

微课 4-10
轮播图片

图片轮播也是动画的一种情况，使用@keyframes 规则设置的 CSS 代码如下：

```
1   #container {
2       width: 500px;
3       height: 300px;
4       overflow: hidden;
5   }
6   #photo {
7       width: 1500px;
8       /* 每张图宽度 500 px，一共 3 张图 */
9       animation: switch 5s ease-out infinite;
10      /* @keyframes 定义 switch、5 s 完成动画、ease-out 动画以低速结束、infinite 指定动画应该播放无限次 */
11  }
12  #photo>img {
13      float: left;
14      width: 500px;
15      height: 300px;
16  }
17  @keyframes switch {
18      /* 每张图+过渡占 33%，其中图占 23%，过渡占 10% */
19      0%,
20      23% {
21          margin-left: 0;
22      }
23      33%,
24      56% {
25          margin-left: -500px;
26      }
27      66%,
28      89% {
29          margin-left: -1000px;
30      }
31  }
```

任务 4-6　制作多种文字特效

PPT：任务 4-6 制作多种文字特效

任务描述

子任务 1：使用 writing-mode 属性实现图 4-6-1 所示的页面效果。

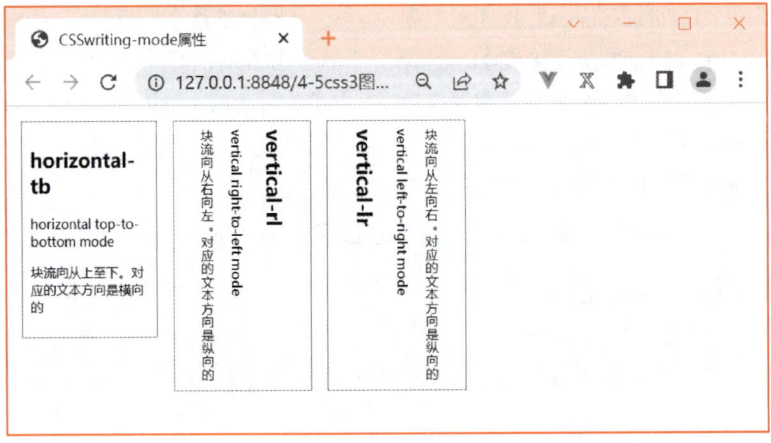

图 4-6-1
使用 writing-mode
属性的页面效果

子任务 2：使用 column-count 属性实现图 4-6-2 所示的页面效果。

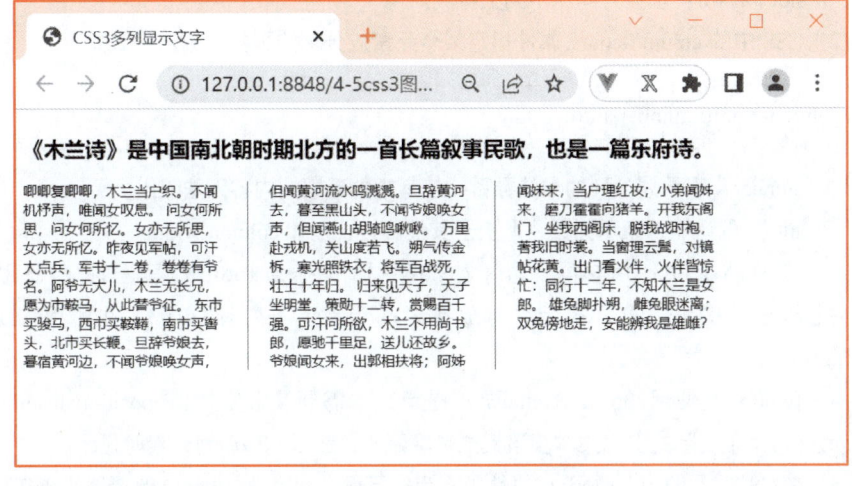

图 4-6-2
使用 column-count
属性的页面效果

子任务 3：使用 HTML5 和 CSS3 创建提示工具，实现图 4-6-3 所示的页面效果。

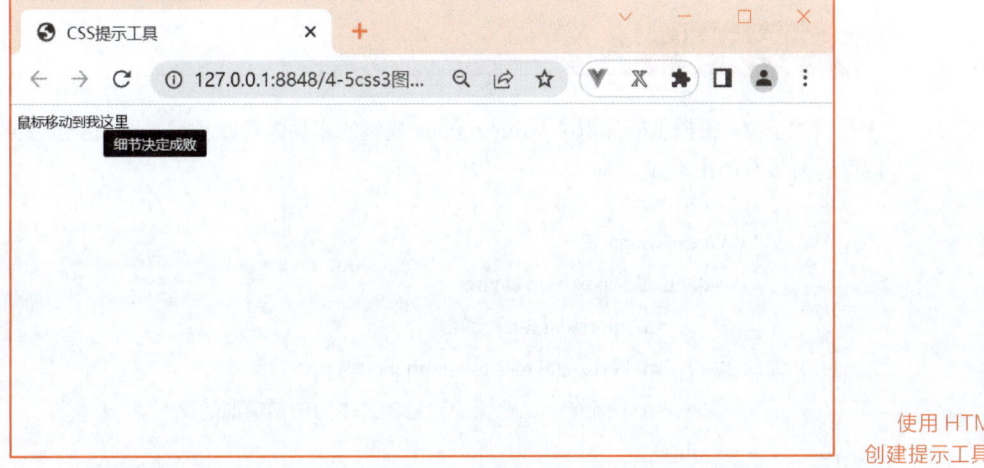

图 4-6-3
使用 HTML5+ CSS3
创建提示工具的页面效果

基础知识

1）CSS 中的 writing-mode 属性定义了文本在水平或垂直方向的排布方式，语法格式如下：

```
writing-mode: horizontal-tb|vertical-rl|vertical-lr|sideways-rl|sideways-lr;
```

该属性的 5 个属性值的含义如下。

① horizontal-tb：水平方向从上到下排列，即 left-right-top-bottom。

② vertical-rl：垂直方向从右到左排列，即 top-bottom-right-left。

③ vertical-lr：垂直方向从上到下排列，水平方向从左到右排列。

④ sideways-rl：垂直方向从上到下排列。

⑤ sideways-lr：垂直方向从下到上排列。

2）CSS 中的 column-count 属性指定某个元素应分割的列数，语法格式如下：

```
column-count: number|auto;
```

① number：表示划分列的最佳数目，使其中的元素的内容无法流出。

② auto：默认值，表示列数将取决于其他属性，例如 column-width。

3）在 HTML 中使用容器元素（如<div>），并添加 tooltip 类。当鼠标移动到<div>上时显示提示信息，提示文本放在内联元素上（如<span>），并使用 class="tooltiptext"。

4）tooltip 类使用 position:relative，提示文本需要设置定位值 position:absolute。tooltiptext 类用于实际的提示文本。该模式是隐藏的，在鼠标移动到元素时显示。

5）在 CSS3 中，border-radius 属性用于为提示框添加圆角。:hover 选择器用于在鼠标移动到指定元素<div>上时显示的提示。

6）使用 CSS3 的 transition 属性及 opacity 属性来实现提示工具的淡入效果。

✈ 任务实现

源代码：制作多种文字特效

微课 4-11
writing-mode

子任务 1：根据基础知识中 writing-mode 属性的相关内容以及图 4-6-1 所示效果，可以得到如下 HTML 代码。

```
1    <div class="wrapper">
2        <div class="box horizontal">
3            <h2>horizontal-tb</h2>
4            <p>horizontal top-to-bottom mode</p>
5            <p>块流向从上至下。对应的文本方向是横向的</p>
6        </div>
7        <div class="box vertical-rl">
8            <h2>vertical-rl</h2>
9            <p>vertical right-to-left mode</p>
10           <p>块流向从右向左。对应的文本方向是纵向的</p>
11       </div>
12       <div class="box vertical-lr">
13           <h2>vertical-lr</h2>
14           <p>vertical left-to-right mode</p>
15           <p>块流向从左向右。对应的文本方向是纵向的</p>
16       </div>
17   </div>
```

得到如下 CSS 代码：

```
1   .box {                              9          writing-mode: horizontal-tb;
2       width: 150px;                   10     }
3       border: 1px solid #888;         11  .vertical-rl {
4       margin: 10px;                   12         writing-mode: vertical-rl;
5       padding: 10px;                  13     }
6       float: left;                    14  .vertical-lr {
7   }                                   15         writing-mode: vertical-lr;
8   .horizontal {                       16     }
```

子任务 2：根据基础知识中 column-count 属性的相关内容以及图 4-6-2 所示效果，可以得到如下 HTML 代码。

```
1 <div class="newspaper">
2   <h2>《木兰诗》是中国南北朝时期北方的一首长篇叙事民歌，也是一篇乐府诗。</h2>
3   唧唧复唧唧，木兰当户织。不闻机杼声，唯闻女叹息。问女何所思，问女何所忆。女亦无所思，女亦无所忆。昨夜见军帖，可汗大点兵，军书十二卷，卷卷有爷名。阿爷无大儿，木兰无长兄，愿为市鞍马，从此替爷征。东市买骏马，西市买鞍鞯，南市买辔头，北市买长鞭。旦辞爷娘去，暮宿黄河边，不闻爷娘唤女声，但闻黄河流水鸣溅溅。旦辞黄河去，暮至黑山头，不闻爷娘唤女声，但闻燕山胡骑鸣啾啾。万里赴戎机，关山度若飞。朔气传金柝，寒光照铁衣。将军百战死，壮士十年归。归来见天子，天子坐明堂。策勋十二转，赏赐百千强。可汗问所欲，木兰不用尚书郎，愿驰千里足，送儿还故乡。爷娘闻女来，出郭相扶将；阿姊闻妹来，当户理红妆；小弟闻姊来，磨刀霍霍向猪羊。开我东阁门，坐我西阁床，脱我战时袍，著我旧时裳。当窗理云鬓，对镜帖花黄。出门看火伴，火伴皆惊忙：同行十二年，不知木兰是女郎。雄兔脚扑朔，雌兔眼迷离；双兔傍地走，安能辨我是雄雌？
4 </div>
```

微课 4-12
column-count

得到如下 CSS 代码：

```
1   .newspaper {                        4          /* Firefox */
2       width: 800px;                   5          -webkit-column-count: 3;
3       -moz-column-count: 3;           6          /* Safari and Chrome */
```

```
7       column-count: 3;                    14    h2 {
8       /* column-count 属性指定了需        15        column-span: all;
要分割的列数 */                              16        /*column-span 属性指定某个
9       column-gap: 50px;                   元素应该跨越多少列,1:跨越一列,
10      column-rule-style: outset;          all：跨越所有列*/
11      column-rule-width: 1px;             17        -webkit-column-span: all;
12      column-rule-color: #ff0000;         18        /* Safari and Chrome */
13    }                                     19    }
```

子任务 3：根据基础知识的内容和图 4-6-3 所示效果，可以得到如下 HTML 代码。

```
1    <div class="tooltip">鼠标移动到我这里
2        <span class="tooltiptext">细节决定成败</span>
3    </div>
```

得到如下 CSS 代码：

微课 4-13
文本提示

```
1    .tooltip {                         14        z-index: 1;
2        position: relative;           15        top: 20px;
3        display: inline-block;        16        left: 100px;
4    }                                 17        /* 淡入-1 秒内从 0%到 100%
5    .tooltip .tooltiptext {           显示: */
6        visibility: hidden;           18        opacity: 0;
7        width: 120px;                 19        transition: opacity 1s;
8        background-color: #333;       20    }
9        color: #fff;                  21    .tooltip:hover .tooltiptext {
10       text-align: center;           22        visibility: visible;
11       border-radius: 3px;           23        opacity: 1;
12       padding: 5px 0;               24    }
13       position: absolute;
```

PPT：任务 4-7
制作图片遮罩和悬停
特效

任务 4-7　制作图片遮罩和悬停特效

 **任务描述**

子任务 1：使用 CSS 样式属性实现图片悬停遮罩页面效果，如图 4-7-1 所示。

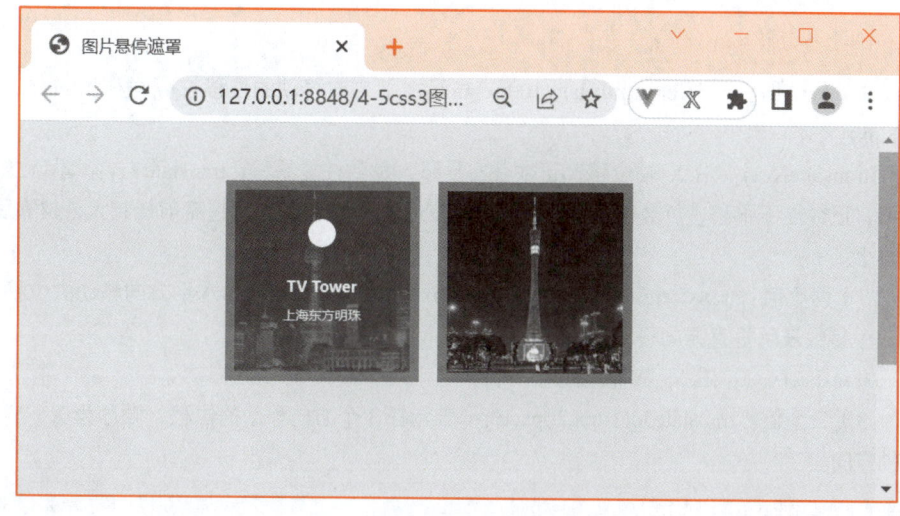

图 4-7-1
图片悬停遮罩页面效果
（左图是悬停遮罩状态）

子任务 2： 使用 CSS 样式属性实现图片悬停页面效果，如图 4-7-2 所示。

图 4-7-2
图片悬停页面效果
（右二图是悬停
翻面状态）

基础知识

1. CSS3 transform 属性

transform 属性应用于元素的 2D 或 3D 转换，允许将元素移动、旋转、缩放或倾斜等，其语法结构如下：

```
transform: none|transform-functions;
```

（1）移动（translate）

1）一个值：transform:translate(100px)表示水平方向移动的位移，等同于 translateX(100px)。

translateX(x)：沿 X 轴位移，正数往右平移，负数往左平移；translateY(y)：沿 Y 轴位移，正数往下平移，负数往上平移；translateZ(z)：沿 Z 轴位移，越靠前值越大，越靠后值越小。

2）两个值：transform:translate(100px,200px)，第一个参数表示水平方向移动的位移，第二个参数表示垂直方向移动的位移。

translate(x,y)：沿 X、Y 轴位移。

3）三个值：translate3d(10px,20px,10px)表示在 3 个方向移动的位移，顺序为 X、Y、Z 轴方向。

（2）旋转（transform）

rotate(n deg)，其中 n 为旋转度数，以角度（deg）为单位，正数是顺时针方向旋转，负数是逆时针方向旋转。

rotate()：2D 旋转；rotateX()：沿着 X 轴进行 3D 旋转；rotateY()：沿着 Y 轴进行 3D 旋转；rotateZ()：沿着 Z 轴进行 3D 旋转，要在其父级配合 transform-style：preserve-3d 使用；rotate3D(x,y,z,n deg)：进行 3D 旋转，接受 4 个参数，其中 x、y、z 介于 0 与 1 之间，n 是旋转的度数。元素围绕 x、y、z 在空间中确定的唯一坐标点和原点之间的连线旋转指定的角度，这就是 rotate3D。

（3）缩放（scale）

1）一个值：transform: scale(1)表示水平和垂直方向同时放大 1 倍。

2）两个值：transform: scale(1,2)第一个参数表示水平方向的缩放比例，第二个参数表示垂直方向的缩放比例。transform: scale(1,2)等同于 scaleX(1)和 scaleY(2)。

3）三个值：scale3d(0.5,0.3,0.4)表示在 3 个方向缩放的比例，顺序为 X、Y、Z 轴，数值为负时表示缩小。

（4）倾斜（skew）

1）一个值：transform:skew(10deg)表示水平方向的倾斜角度，等同于 skewX(10deg)。skewX 表示水平方向的倾斜角度；skewY 表示垂直方向的倾斜角度。

2）两个值：transform:skew(10deg,20deg)，第一个参数表示水平方向的倾斜角度，第二个参数表示垂直方向的倾斜角度。skewX（度数）值为正时表示逆时针方向倾斜，值为负时表示顺时针方向倾斜。skewY（度数）值为正时表示顺时针方向倾斜，值为负时表示逆时针方向倾斜。

（5）元素的基点（transform-origin: 10px 20px）

值得注意的是，进行以上变形操作时，默认都是以元素的中心为基点。要想改变基点可以使用 transform-origin 属性，有两个参数：第一个参数表示距离元素左上角水平方向的距离，第二个参数表示距离元素左上角垂直方向的距离。第一个参数可以设置为 left、center 或 right，第二个参数可以设置为 top、center 或 bottom。

（6）合写

例如，transform:rotate(45deg) scale(1) skew(40deg,30deg) translate(100px 200px)表示顺

时针方向旋转 45°，水平和垂直方向同时放大 1 倍，水平方向的逆时针方向倾斜 40°，垂直方向的顺时针方向倾斜 30°，沿 X 轴往右移 100 px，沿 Y 轴往下移 200 px。

2. CSS3 transition 属性

CSS3 中通过 transition 属性可以实现一些简单的动画过渡效果，其语法结构如下：

transition: property duration timing-function delay;

transition 的子属性如表 4-7-1 所示。

表 4-7-1 transition 的子属性

属性名	说明	属性值	含义
transition-property	规定设置过渡效果的CSS属性的名称	none	没有属性会获得过渡效果
		all	所有属性都将获得过渡效果
		property	定义应用过渡效果的 CSS 属性名称列表，列表以逗号分隔
transition-duration	规定完成过渡效果需要多少秒或毫秒	time	规定完成过渡效果需要花费的时间(以秒或毫秒计)，默认值是 0，意味着不会有效果
transition-timing-function	规定速度效果的速度曲线	linear	规定以相同速度开始至结束的过渡效果，等同于 cubic-bezier(0,0,1,1)
		ease	规定慢速开始，然后变快，最后慢速结束的过渡效果，等同于 cubic-bezier(0.25,0.1,0.25,1)
		ease-in	规定以慢速开始的过渡效果，等同于 cubic-bezier(0.42,0,1,1)
		ease-out	规定以慢速结束的过渡效果，等同于 cubic-bezier(0,0,0.58,1)
		ease-in-out	规定以慢速开始和结束的过渡效果，等同于 cubic-bezier(0.42,0,0.58,1)
		cubic-bezier(n,n,n,n)	在 cubic-bezier 函数中定义自己的值，可能的值是 0～1 范围内的数值
transition-delay	定义 transition 效果开始的时间	time	指定秒或毫秒数之前要等待切换效果开始

任务实现

子任务 1：结合相关基础知识及图 4-7-1 所示效果，可以得到如下 HTML 代码。

```
1 <div class="box">
2     <ul>
3         <li>
4             <img src="images/dfmz.jpg" width="190" height="190" alt="">
5             <div class="cover">
6                 <a href="###"><i></i></a>
```

源代码：制作图片遮罩和悬停特效

微课 4-14
图片遮罩

```
7                      <h4>TV Tower</h4>
8                      <p>上海东方明珠</p>
9                  </div>
10          </li>
11          <li>
12                  <img src="images/gzt.jpg" width="190" height="190" alt="">
13                  <div class="cover">
14                      <a href="###"><i></i></a>
15                      <h4>Canton Tower</h4>
16                      <p>广州广州塔</p>
17                  </div>
18          </li>
19      </ul>
20  </div>
```

可以得到如下 CSS 代码：

```
1    * {
2        margin: 0;
3        padding: 0;
4    }
5    body {
6        background: #eee;
7    }
8    .box {
9        width: 500px;
10       height: 500px;
11       margin: 50px auto;
12   }
13   .box ul li {
14       float: left;
15       width: 190px;
16       height: 190px;
17       background: #979797;
18       border: solid 10px #979797;
19       margin: 10px;
20       list-style: none;
21       position: relative;
22       overflow: hidden;
23   }
24   /* 以下为设置鼠标移到图片上的效
     果 */
25   .box ul li:hover .cover {
26       transform: rotate(0deg);
27       /* 鼠标移上去从原始状态的
         90 度沿右下角逆时针旋转到 0 度 */
28       /* 2D 转换的 transform 的基本
         使用：移动：translate、旋转：rotate、
         缩放：scale */
29   }
30   .box ul li .cover a {
31       width: 30px;
32       height: 30px;
33       background: #ffffff;
34       display: block;
35       border-radius:50%;/* 圆点 */
36       line-height: 30px;
37       margin: 30px auto;
38   }
39   .box ul li .cover {
40       width: 190px;
41       height: 190px;
42       background: rgba(255, 39, 42,
         0.7);
43       position: absolute;
44       left: 0;
45       top: 0;
```

46	text-align: center;	52	transition: all 0.35s;
47	color: #ffffff;	53	/* 所有属性的过渡时间为 0.35 s */
48	transform-origin: right bottom;	54	}
49	/* 设置旋转中心点 */	55	.box ul li .cover p {
50	transform: rotate(90deg);	56	margin-top: 10px;
51	/* 初始状态为沿右下角向右 旋转 90 度的状态 */	57	font-size: 14px;
		58	}

子任务 2： 结合任务描述及图 4-7-2 所示效果，可以得到如下 HTML 代码。

```
1  <div class="contentbox">
2      <div class="qcontainer">
3          <div class="film">
4              <div class="face front"><img src="images/byh.jpg"></div>
5              <div class="face back">
6                  <h3>南昌鄱阳湖</h3>
7              </div>
8          </div>
9      </div>
10     <div class="qcontainer">
11         <div class="film">
12             <div class="face front"><img src="images/dth.jpg"></div>
13             <div class="face back">
14                 <h3>岳阳洞庭湖</h3>
15             </div>
16         </div>
17     </div>
18     <div class="qcontainer">
19         <div class="film">
20             <div class="face front"><img src="images/th.jpg"></div>
21             <div class="face back">
22                 <h3>无锡太湖</h3>
23             </div>
24         </div>
25     </div>
26     <div class="qcontainer">
27         <div class="film">
28             <div class="face front"><img src="images/hzh.jpg"></div>
29             <div class="face back">
30                 <h3>淮安洪泽湖</h3>
31             </div>
32         </div>
```

微课 4-15
悬停特效

```
33    </div>
34 </div>
```

可以得到如下 CSS 代码：

```
1     body {
2          border: none;
3          margin: 0;
4          background-color: #0D3462;
5     }
6     li {
7          list-style: none;
8     }
9     ul {
10          margin: 0;
11          padding: 0;
12     }
13     .contentbox {
14          width: 1000px;
15          margin: auto;
16          margin-top: 2em;
17          clear: left;
18     }
19     .qcontainer {
20          float: left;
21          width: 220px;
22          margin-right: 20px;
23     }
24     .film {
25          width: 100%;
26          height: 300px;
27          /* preserve-3d 表示所有子元素
     在 3D 空间中呈现。 */
28          -webkit-transform-style:
     preserve-3d;
29          -webkit-transition: 1.5s;
30          -moz-transform-style:
     preserve-3d;
31          -moz-transition: 1.5s;
32     }
33     .qcontainer:hover .film {
34          -webkit-transform:rotateY
     (180deg);
35       -moz-transform: rotateY(180deg);
36     }
37     /* 设置翻转页面的位置和可见
     性，face 为正面，back 为反面 */
38     .face {
39          position: absolute;
40          -webkit-backface-visibility:
     hidden;
41          -moz-backface-visibility:
     hidden;
42     }
43     /* 设置反转后页面文字的样式 */
44     .face h3 {
45          color: white;
46          text-align: center;
47     }
48     .back {
49          -webkit-transform:
     rotateY(180deg);
50          -moz-transform:
     rotateY(180deg);
51          /* 相当于 transform:rotate3d
     (0,1,0,180deg)，3D 旋转，元素围
     绕 Y 轴以给定的度数进行旋转 */
52          background: -webkit-gradient
     (linear, left top, left bottom, from
     (#fdbb5a), to(#db5726));
53          background: -moz-linear-
     gradient (top, #fdbb5a, #db5726);
54          width: 220px;
55          height: 300px;
56     }
```

单 元 小 结

本单元通过 7 个任务实现 CSS3 的一些特殊功能，帮助读者进一步了解并掌握 CSS 选择器的使用、属性的设置等。通过本单元的学习，需要掌握以下知识和技能点：

1）字体图标的使用。

2）@keyframes 规则的使用。

3）animation（动画）属性的设置。

4）CSS3 transform 属性的设置。

5）CSS3 transition 属性的设置。

6）制作下拉菜单、搜索框、文字或图片的滚动等页面效果。

7）writing-mode 属性和 column-count 属性的设置。

单元 5

页面局部布局

学习目标

【知识与技能目标】

1. 掌握常用的页面制作方法。

2. 掌握常用的页面布局方法。

【能力与素养目标】

总体目标：深入理解局部和整体的关系。

1. 提升代码复用性分析能力，具备模块化编程思维。

2. 加强时间观念，提升工作效率。

3. 培养基本的审美能力，具有大局观。

任务 5-1　图文混排与文字溢出

任务描述

子任务 1： 制作图片与文字混排的网页页面，效果如图 5-1-1 所示。完成任务所需要的 CSS 样式表文件为 style.css。

图 5-1-1
图文混排页面效果

子任务 2： 使用 word-wrap 属性、word break 属性、overflow 属性和 text-overflow 属性处理中文和英文的文字溢出情况，效果如图 5-1-2 所示。

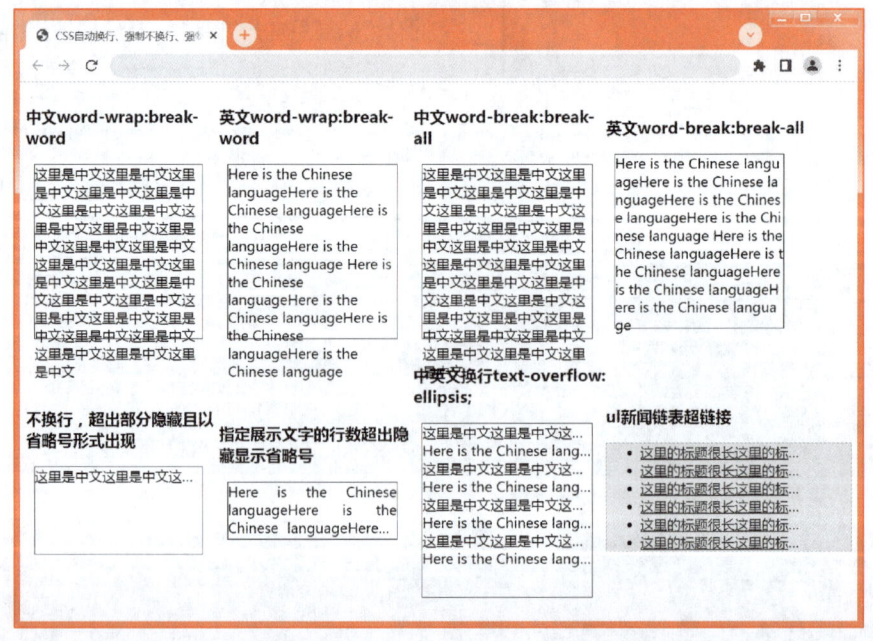

图 5-1-2
处理文字溢出页面效果

基础知识

1. float 属性在图文混排中的应用

文字与图片出现在同一行，且文字出现在图片的旁边，则只需要设置图片的 float 属性即可。

2. 溢出处理

页面内容的溢出时有发生，中文内容与英文内容的溢出情况是否相同，处理方法是否相同，这是具体制作页面时需要注意的。与溢出处理相关的属性主要有如下 4 个。

1）word-wrap 属性：允许长单词或 URL 地址换行到下一行，但该属性对中文不起作用。该属性有两个值：normal，表示只在允许的断字点换行（浏览器保持默认处理）；break-word，表示在长单词或 URL 地址内部进行换行。

2）word-break 属性：规定自动换行的处理方法。该属性有 3 个值：normal，表示使用浏览器默认的换行规则；break-all，表示允许在单词内换行；keep-all，表示只能在半角空格或连字符处换行。与 word-wrap 属性相同，word-break 属性对中文也不起作用。

3）overflow 属性：规定当内容溢出元素内容区时发生的事情。该属性定义溢出元素内容区的内容会如何处理，如果值为 scroll，不论是否需要，用户代理都会提供一种滚动机制。因此，有可能即使元素内容区可以放下所有内容，也会出现滚动条。该属性有 5 个值：visible，属性的默认值，表示内容不会被修剪，会呈现在元素内容区之外；hidden，表示内容会被修剪，并且其余内容是不可见的；scroll，表示内容会被修剪，但是浏览器会显示滚动条以便查看其余的内容；auto，表示如果内容被修剪，则浏览器会显示滚动条以便查看其余的内容；inherit，规定应该从父元素继承 overflow 属性的值，这个属性值不被 IE 浏览器接受。

4）text-overflow 属性：规定当文本溢出包含元素时发生的事情。该属性有 3 个值：clip，表示修剪文本；ellipsis，表示显示省略号来代表被修剪的文本；string，表示使用给定的字符串来代表被修剪的文本。

text-overflow 属性仅注解当文本溢出时是否显示省略号，并不具备其他样式属性定义。想要实现溢出时产生省略号的效果，还必须定义以下内容：强制文本在一行内显示（white-space:nowrap）及溢出内容为隐藏（overflow:hidden），只有这样才能实现溢出文本显示省略号的效果。由此可知，中文、英文都会受 overflow 属性和 text-overflow 属性影响，其中，是否有回车才是影响的关键。

word-break、word-wrap 属性对比如表 5-1-1 所示。

表 5-1-1　word-break、word-wrap 属性对比

属性值	含义
word-break:normal; /*此值为浏览器的默认属性值：以单词为单位； keep-all 这个值由于兼容性差，很少使用*/ word-wrap:normal; /*此值为浏览器的默认属性值：以单词为单位*/	1）纯中文：自动换行，一个汉字看作一个单词。 2）纯英文或纯数字（中间没有空格）：看作一个单词，不换行。 3）遇到英文空格或者换行符：会换行。 4）遇到英文单词和英文空格：在空格处换行且不会截断单词
word-break:break-all; 　/*此值表示单词也要换行，都要换行*/	1）纯中文：自动换行，一个汉字看作一个单词。 2）纯英文或纯数字（中间没有空格）：直接把单词截断并换行。 3）遇到英文空格或者换行符：会换行。 4）遇到英文单词和英文空格：在空格处换行，不截断单词
word-wrap:break-word; 　/*此值表示纯单词超过长度会截断并换行，其他的单词不会*/	1）纯中文：自动换行，一个汉字看作一个单词。 2）纯英文或纯数字（中间没有空格）：直接把单词截断并换行。 3）遇到英文空格或者换行符：会换行。 4）遇到英文单词和英文空格：在空格处换行，不截断单词
换行范围	word-break:break-all;>word-wrap:break-word;> word-break:normal;和 word-wrap:normal;

源代码：图文混排
与文字溢出

微课 5-1
图文混排

任务实现

子任务 1： 结合任务描述及基础知识的内容，可以得到如下 HTML 代码：

```
1    <h1>图片和文字混排</h1>
2    <div>
3        <p>第 29 届夏季奥林匹克运动会（Beijing 2008; Games of the XXIX Olympiad），
     又称 2008 年北京奥运会，于 2008 年 8 月 8 日晚上 8 时整在中国北京开幕，8 月 24 日
     闭幕。<img src="img/a.jpg" class="left" />本届奥运会的口号是：同一个世界，同一个梦
     想（One World，One Dream），并于 2005 年 6 月 26 日在北京工人体育馆正式发布。
4        <img src="img/b.jpg" class="right" />"同一个世界，同一个梦想"的口号体现了
     奥林匹克精神实质和普遍价值观——团结、友谊、进步、和谐、参与和梦想，表达了
     全世界在奥林匹克精神的感召下，追求人类美好未来共同愿望。口号反映了北京奥运
     会的核心理念，体现了作为"绿色奥运、科技奥运、人文奥运"三大理念的核心灵魂
     的人文奥运所蕴含的和谐的价值观；表达了北京人民和中国人民与世界各国人民共有
     美好家园，同享文明成果，携手共创未来的崇高理想；表达了一个拥有五千年文明、
     正在大步走向现代化的伟大民族致力于和平发展、社会和谐、人民幸福的坚定信念；
     也表达了 13 亿中国人民为建立一个和平而更美好的世界做出贡献的心声。
5        </p>
6    </div>
7    <div>
8        <p>2008 年北京奥运会共有参赛国家及地区 204 个，参赛运动员 11438 人，设
     28 个大项、302 个小项，共有 60000 多名运动员、教练员和官员参加。<img
```

```
    src="img/c.jpg" class="left" />2008 年北京奥运会中共创造了 43 项新的世界纪录以及
    132 项新的奥运会纪录，共有 87 个国家和地区在赛事中取得奖牌。其中，中国共获
    得 51 枚金牌，位居金牌榜首位，也是奥运会历史上首个登上金牌榜首的亚洲国家。
    <img src="img/d.jpg" class="right" />
9        </p>
10    </div>
```

根据任务描述可知，样式代码放在 style.css 文件中，具体 CSS 代码如下：

```
1    body{                              8        }
2        line-height:2em;              9    .left{
3    }                                 10        float:left;
4    img{                              11    }
5        margin:5px;                   12    .right{
6        border:1px solid #eee;        13        float: right;
7        padding: 5px;                 14    }
```

子任务 2：任务描述中要求使用 word-wrap、word-break、overflow 和 text-overflow 4 个
属性处理中文和英文的文字溢出情况，结合基础知识的内容，可以得到如下 HTML 代码：

```
1    <table width="100%" border="0" cellspacing="0" cellpadding="0">
2        <tr>
3            <td>
4                <h3>中文 word-wrap:break-word</h3>
5                <div style="word-wrap: break-word;">
6                    这里是中文这里是中文这里是中文这里是中文这里是中文这里是中文这里是
                    中文这里是中文这里是中文这里是中文这里是中文这里是中文这里是中文这里是
                    中文这里是中文这里是中文这里是中文这里是中文这里是中文这里是中文这里是
                    中文这里是中文这里是中文这里是中文这里是中文这里是中文这里是中文
7                </div>
8            </td>
9            <td>
10                <h3>英文 word-wrap:break-word</h3>
11                <div style="word-wrap: break-word;">
12                    Here is the Chinese languageHere is the Chinese languageHere is the Chinese
                    languageHere is the Chinese language Here is the Chinese languageHere is the Chinese
                    languageHere is the Chinese languageHere is the Chinese language
13                </div>
14            </td>
15            <td>
16                <h3>中文 word-break:break-all</h3>
17                <div style="word-break:break-all;">
18                    这里是中文这里是中文这里是中文这里是中文这里是中文这里是中文这里是
```

微课 5-2
word-wrap:
break-word

微课 5-3
word-break:
break-all

中文这里是中文这里是中文这里是中文这里是中文这里是中文这里是中文这里是
中文这里是中文这里是中文这里是中文这里是中文这里是中文这里是中文这里是
中文这里是中文这里是中文这里是中文这里是中文这里是中文这里是中文

19	`</div>`
20	`</td>`
21	`<td>`
22	`<h3>英文 word-break:break-all</h3>`
23	`<div style="word-break:break-all;">`
24	Here is the Chinese languageHere is the Chinese languageHere is the Chinese languageHere is the Chinese language Here is the Chinese languageHere is the Chinese languageHere is the Chinese languageHere is the Chinese language
25	`</div>`
26	`</td>`
27	`</tr>`
28	`<tr>`
29	`<td>`
30	`<h3>不换行，超出部分隐藏且以省略号形式出现</h3>`
31	`<div style="white-space: nowrap;text-overflow: ellipsis;overflow: hidden;height: 100px;">`这里是中文
32	`</div>`
33	`</td>`
34	`<td>`
35	`<h3>指定展示文字的行数超出隐藏显示省略号</h3>`
36	`<div style="text-align: justify;display: -webkit-box;overflow: hidden;text-overflow: ellipsis;-webkit-box-orient: vertical;-webkit-line-clamp: 3;height: 65px;">`Here is the Chinese languageHere is the Chinese languageHere is the Chinese languageHere is the Chinese language Here is the Chinese languageHere is the Chinese languageHere is the Chinese languageHere is the Chinese language
37	`</div>`
38	`</td>`
39	`<td>`
40	`<h3>中英文换行 text-overflow: ellipsis;</h3>`
41	`<div style="white-space: nowrap;text-overflow: ellipsis;overflow: hidden;">`这里是中文这里是中文这里是中文` ` Here is the Chinese language` `这里是中文这里是中文这里是中文` ` Here is the Chinese language` `这里是中文这里是中文这里是中文` ` Here is the Chinese language` `这里是中文这里是中文这里是中文` ` Here is the Chinese language` `
42	`</div>`

微课 5-4
一行、多行文
本省略

微课 5-5
text-overflow:
ellipsis

43	</td>
44	<td>
45	<h3>ul 新闻链表超链接</h3>
46	<ul>
47	<li><a href="#">这里的标题很长这里的标题很长这里的标题很长</a></li>
48	<li><a href="#">这里的标题很长这里的标题很长这里的标题很长</a></li>
49	<li><a href="#">这里的标题很长这里的标题很长这里的标题很长</a></li>
50	<li><a href="#">这里的标题很长这里的标题很长这里的标题很长</a></li>
51	<li><a href="#">这里的标题很长这里的标题很长这里的标题很长</a></li>
52	<li><a href="#">这里的标题很长这里的标题很长这里的标题很长</a></li>
53	</ul>
54	</td>
55	</tr>
56	</table>

普通中文和英文的溢出在 HTML 代码中以内联样式设置了，只有无序列表中的超链接文字溢出没有在 HTML 代码中设置,结合页面效果和基础知识可以得到如下 CSS 代码:

```
1   div {                                   12  }
2       margin: 10px;                       13  ul li a {
3       height: 200px;                      14      display: block;
4       width: 200px;                       15      width: 200px;
5       border: 1px solid #000;             16      overflow: hidden;
6   }                                       17      white-space: nowrap;
7   ul {                                    18      /* 强制不换行 */
8       width: 250px;                       19      text-overflow: ellipsis;
9       /*可以用百分比*/                      20      /* 超出部分显示省略号 */
10      border: 1px solid #ccc;             21  }
11      background-color: #efefef;
```

任务 5-2 中英文混合标题

PPT：任务 5-2
中英文混合标题

🎓 任务描述

子任务 1： 中英文混合标题一。

使用弹性布局，完成图 5-2-1 所示的中英文混合标题一的页面效果。

中文标题 english title   more>>

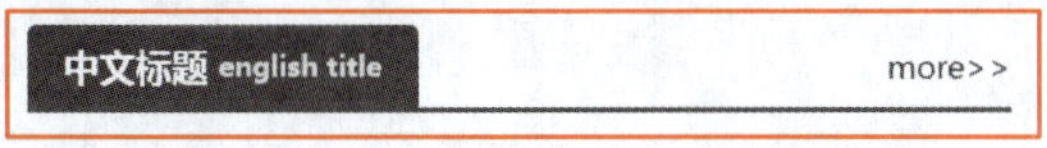

图 5-2-1
中英文混合标题一的页面效果

子任务 2： 中英文混合标题二。

使用相对、绝对定位，完成图 5-2-2 所示的中英文混合标题二的页面效果。

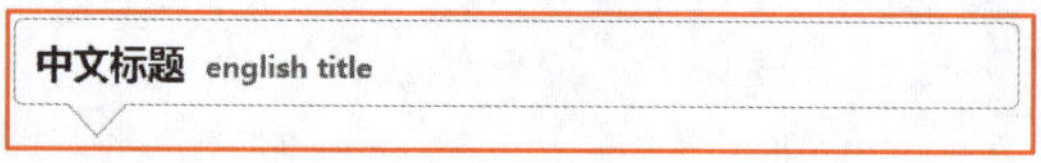

图 5-2-2
中英文混合标题二的页面效果

中文标题 english title

基础知识

两种中英文混合标题都是中文在前、英文在后。标题一为蓝色背景，白色字体，后面还有一个表示更多的超链接，标题和 more 采用弹性布局来排版；标题二有外边框，且下面有一个三角形，这种效果是通过旋转的小盒子实现的。

源代码：中英文混合标题

任务实现

子任务 1：结合效果图和基础知识的内容，可以得到以下主要 HTML 代码。

```
1   <div id="main">
2       <div class="title">
3           <h3><span class="cn">中文标题</span><span class="en">english title</span></h3>
4           <div class="more"><a href="#">more>></a></div>
5       </div>
6   </div>
```

微课 5-6
中英文混合标题（1）

CSS 代码如下：

```
1   * {
2       margin: 0;
3       padding: 0;
4   }
5   #main {
6       width: 500px;
7       height: 100px;
8   }
9   #main h3 {
10      background-color: #356AA0;
11      height: 40px;
12      line-height: 40px;
13      flex: 200px 0 0;
14      display: flex;
15      justify-content: center;
16      border-top-left-radius: 5px;
17      border-top-right-radius: 5px;
18  }
19  #main .cn {
20      color: white;
21      margin-right: 5px;
22  }
```

```
23  #main .en {
24      color: #efefef;
25      font-size: 14px;
26  }
27  #main .title {
28      border-bottom:3px solid #356AA0;
29      display: flex;
30      align-items: center;
31      /* 弹性布局的上下居中 */
32  }
33  #main .more {
34      flex-grow: 1;
35      /* 占满剩余空间 */
36      display: flex;
37      justify-content: right;
38      /* 弹性布局的文本靠右 */
39  }
40  #main .more a {
41      text-decoration: none;
42      color: #666;
43  }
```

子任务 2：结合效果图和基础知识的内容，可以得到以下主要 HTML 代码。

微课 5-7
中英文混合标
题（2）

```
1    <div id="content">
2        <h3><span class="cn">中文标题</span><span class="en">english title</span></h3>
3        <div class="mytest"></div>
4    </div>
```

CSS 代码如下：

```
1    * {                                    20   #content .en {
2        margin: 0;                         21       color: #666;
3        padding: 0;                        22       font-size: 14px;
4    }                                      23   }
5    #content {                             24   #content .mytest {
6        width: 500px;                      25       width: 20px;
7        height: 100px;                     26       height: 20px;
8        position: relative;                27       border-bottom: 1px solid #999;
9    }                                      28       border-right: 1px solid #999;
10   #content h3 {                          29       background-color: #fff;
11       border: 1px solid #999;            30       transform: rotate(45deg);
12       border-radius: 5px;                31       /* 两条边的矩形旋转 45 度成
13       height: 40px;                      三角 */
14       line-height: 40px;                 32       position: absolute;
15   }                                      33       z-index: 1;
16   #content .cn {                         34       top: 31px;
17       margin-left: 10px;                 35       left: 31px;
18       margin-right: 10px;                36   }
19   }
```

任务 5-3 阅读更多内容

PPT：任务 5-3
阅读更多内容

 **任务描述**

使用<label>标签的 for 属性实现阅读更多文本内容的页面效果，如图 5-3-1 和图 5-3-2
所示。

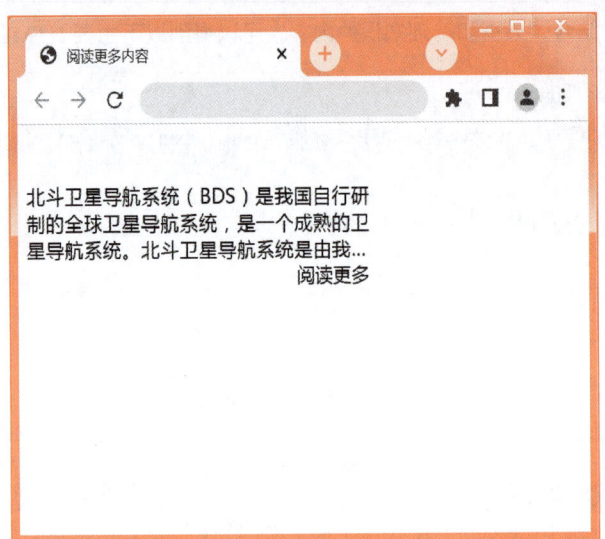

图 5-3-1
阅读更多文本内容前的页面效果

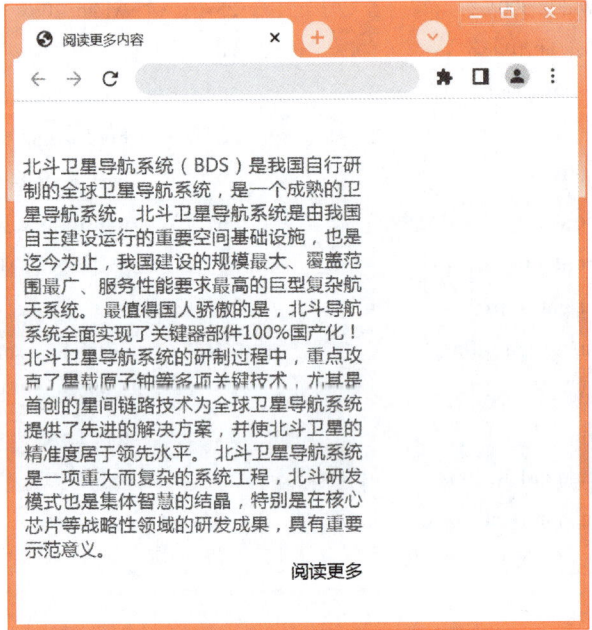

图 5-3-2
阅读更多文本内容后的页面效果

基础知识

1）<label>标签的 for 属性规定<label>标签与哪一个表单元素绑定，如果用户单击<label>标签元素内的文本，将切换到绑定的表单元素。注意：<label>标签 for 属性的值只能是表单元素中 id 的值，而不能是类 CLASS 的值。

2）input#toggle-trigger 必须放在 p#content 大段文字之前，因为元素选择器~（波浪号）的意思是选取某个元素之后的所有相同元素，如:checked~.some 表示设置的是 checkbox 被选中后.some 的样式。因此，label.lab 通过 absolute 来定位在 div#main 的底部。

3）-webkit-line-clamp 属性用于限制块容器可能包含的行数。仅当显示属性设置为

-webkit-box 或 -webkit-inline-box，并且 -webkit-box-orient 属性设置为"垂直"时，-webkit-line-clamp 属性才有效。

任务实现

源代码：阅读更多内容

结合任务描述及基础知识的内容，可以得到如下 HTML 代码。

```
1  <div id="main">
2      <input id="toggle-trigger" type="checkbox" />
3      <label class="lab" for="toggle-trigger">阅读更多</label>
4      <p id="content" class="some">
5          北斗卫星导航系统（BDS）是我国自行研制的全球卫星导航系统，是一
        个成熟的卫星导航系统。北斗卫星导航系统是由我国自主建设运行的重要空间基
        础设施，也是迄今为止，我国建设的规模最大、覆盖范围最广、服务性能要求最
        高的巨型复杂航天系统。 最值得国人骄傲的是，北斗导航系统全面实现了关键器
        部件 100%国产化！ 北斗卫星导航系统的研制过程中，重点攻克了星载原子钟等
        多项关键技术，尤其是首创的星间链路技术为全球卫星导航系统提供了先进的解
        决方案，并使北斗卫星的精准度居于领先水平。 北斗卫星导航系统是一项重大而
        复杂的系统工程，北斗研发模式也是集体智慧的结晶，特别是在核心芯片等战略
        性领域的研发成果，具有重要示范意义。
6      </p>
7  </div>
```

微课 5-8
阅读更多内容

CSS 代码如下：

```
1  #main {
2      position: relative;
3      width: 300px;
4  }
5  #toggle-trigger {
6      visibility: hidden;
7  }
8  /*将<label>定位到 div#main 的底部*/
9  .lab {
10     position: absolute;
11     bottom: -20px;
12     right: 0px;
13     cursor: pointer;
14 }
15 #toggle-trigger:checked~.some {
16     -webkit-line-clamp: unset;
17     /* 文本行数不限制，也是取消 3 行
        的限制 */
18     color: red;
19 }
20 .some {
21     text-align: justify;
22     overflow: hidden;
23     /*溢出隐藏*/
24     text-overflow: ellipsis;
25     /*隐藏后添加省略号*/
26     display: -webkit-box;
27     -webkit-box-orient: vertical;
28     -webkit-line-clamp: 3;
29     /*想显示多少行 */
30 }
```

任务 5-4 制作文字选项卡与图片选项卡

任务描述

子任务 1： 使用命名锚记方法制作文字选项卡，效果如图 5-4-1 所示。

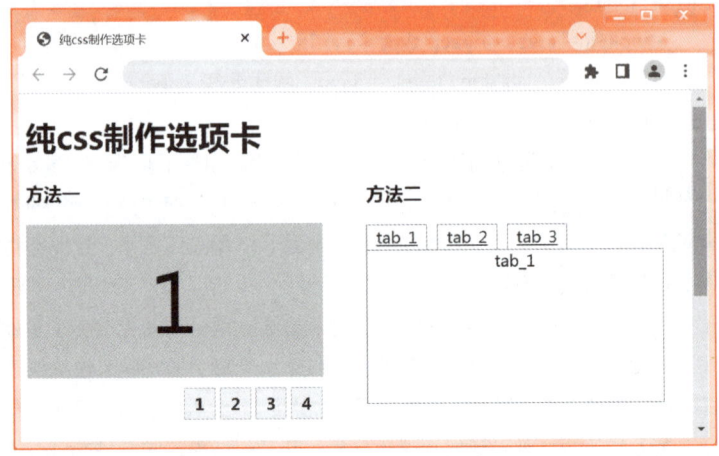

图 5-4-1
文字选项卡页面效果

子任务 2： 使用 input:checked 伪类及相对、绝对定位制作图片选项卡，效果如图 5-4-2 所示。

图 5-4-2
图片选项卡页面效果

基础知识

1）图 5-4-1 中采用两种方法制作的选项卡都是通过任务 2-3 中介绍的使用<a>标签实现锚点链接以及溢出隐藏属性来完成的。将需要显示的内容标签设置成和外层标签一样的宽度和高度，并且加上 id 属性，通过超链接即可实现文字选项卡功能。

2）图 5-4-2 中的图片选项卡是通过对盒子进行 CSS 样式设置完成的。选项卡的制作使用<label>标签的 for 属性值，该值与<input>标签的 id 属性值相同，相关知识参考任务 2-10 中子任务 1 介绍的<label>标签的 for 属性。

3）input:checked~label：相邻同胞选择器，选择被选中的<input>标签后所有的<label>标签。注意：<input>标签和<label>标签有共同的父元素。

input:checked+label：相邻同胞选择器，选择被选中的<input>标签后第一个<label>标签。注意：<input>标签和<label>标签有共同的父元素。

:checked 伪类选择器用于选择匹配所有被选中的 radio 或 checkbox（是指 type 属性值为 radio 或者 checkbox 的<input>标签）。

相关知识参考任务 3-2 中子任务 2 复合选择器的相关内容。

任务实现

源代码：文字与图片
选项卡的使用

微课 5-9
文字选项卡

子任务 1：结合效果图和基础知识的内容，可以得到主要 HTML 代码如下。

```
1 <h1>纯 css 制作选项卡</h1>
2 <h3>方法一</h3>
3 <div class="box">
4     <div class="list" id="one">1</div>
5     <div class="list" id="two">2</div>
6     <div class="list" id="three">3</div>
7     <div class="list" id="four">4</div>
8 </div>
9 <div class="anchor">
10    <a class="click" href="#one">1</a>
11    <a class="click" href="#two">2</a>
12    <a class="click" href="#three">3</a>
13    <a class="click" href="#four">4</a>
14 </div>
15 <h3>方法二</h3>
16 <div id="box">
17    <ul id="tab_nav">
18        <li><a href="#t_1">tab_1</a></li>
19        <li><a href="#t_2">tab_2</a></li>
20        <li><a href="#t_3">tab_3</a></li>
21    </ul>
22    <div id="tab_content">
23        <div id="t_1">tab_1</div>
24        <div id="t_2">tab_2</div>
25        <div id="t_3">tab_3</div>
```

```
26     </div>
27 </div>
```

CSS 代码如下：

```
1    /*方法一*/                              37    }
2    .box {                                  38    /*方法二*/
3           width: 300px;                    39    #box {
4           height: 150px;                   40           width: 300px;
5           border: 1px solid #ddd;          41           height: 150px;
6           overflow: hidden;                42    }
7    }                                       43    #tab_nav {
8    .list {                                 44           margin: 0;
9           width: 300px;                    45           padding: 0;
10          height: 150px;                   46           height: 25px;
11          line-height: 150px;              47           line-height: 24px;
12          background: #ddd;                48    }
13          font-size: 80px;                 49    #tab_nav li {
14          text-align: center;              50           float: left;
15    }                                      51           margin: 0 10px 0 0;
16    .anchor {                              52           list-style: none;
17          width: 300px;                    53           border: 1px solid #999;
18          padding-top: 10px;               54           border-bottom: none;
19          text-align: right;               55           height: 24px;
20    }                                      56           width: 60px;
21    .click {                               57           text-align: center;
22          display: inline-block;           58    }
23          width: 30px;                     59    #tab_content {
24          height: 30px;                    60           width: 300px;
25          line-height: 30px;               61           height: 150px;
26          border: 1px solid #ccc;          62           border: 1px solid #999;
27          background: #f7f7f7;             63           text-align: center;
28          color: #333;                     64           overflow: hidden;
29          font-size: 16px;                 65    }
30          font-weight: bold;               66    #t_1,
31          text-align: center;              67    #t_2,
32          text-decoration: none;           68    #t_3 {
33    }                                      69           width: 100%;
34    .click:hover {                         70           height: 150px;
35          background: #eee;                71    }
36          color: #345;
```

子任务 2：结合效果图和基础知识的内容，可以得到主要 HTML 代码如下。

```
1  <section class="tabs">
2      <!-- 采用单选按钮组来实现单选，<label>标签内的文字用缩略图显示 -->
3      <input id="tab-1" type="radio" name="radio-set" class="tab-selector-1" checked=
       "checked" />
4      <label id="lab-1" for="tab-1"><img src="./img/a.jpeg" /></label>
5      <input id="tab-2" type="radio" name="radio-set" class="tab-selector-2" />
6      <label id="lab-2" for="tab-2"><img src="./img/b.jpeg" /></label>
7      <input id="tab-3" type="radio" name="radio-set" class="tab-selector-3" />
8      <label id="lab-3" for="tab-3"><img src="./img/c.jpeg" /></label>
9      <!-- 以下为显示大图的代码 -->
10     <div class="content">
11         <div class="content-1"><img id="one" src="./img/a.jpeg" /></div>
12         <div class="content-2"><img id="two" src="./img/b.jpeg" /></div>
13         <div class="content-3"><img id="three" src="./img/c.jpeg" /></div>
14     </div>
15 </section>
```

CSS 代码如下：

```
1  .tabs label {                          20  .tabs label img {
2      position: absolute;                21      width: 100px;
3      top: 250px;                        22      height: 50px;
4      z-index: 10;                       23      filter: alpha(opacity=50);
5      cursor: pointer;                   24      opacity: 0.5;
6  }                                      25  }
7  .tabs input {                          26  /* 设置被选中后<label>的背景色 */
8      display: none;                     27  .tabs input:checked+label {
9      /* 隐藏，用户点击的标签为            28      background: #fff;
   <label> */                            29  }
10 }                                      30  .content {
11 /* 设置第二个缩略图的位置 */             31      position: relative;
12 .tabs label#lab-2 {                    32      width: 100%;
13     left: 120px;                       33      height: 370px;
14 }                                      34      z-index: 5;
15 /* 设置第三个缩略图的位置 */             35  }
16 .tabs label#lab-3 {                    36  .content div {
17     left: 240px;                       37      position: absolute;
18 }                                      38      /* 确保图片出现在同一位置 */
19 /* 设置缩略图大小 */                     39      top: 0;
```

40	left: 0;		.content-1,
41	z-index: 1;		input.tab-selector-2:checked~.content.
42	opacity: 0;		content-2,
43	transition: opacity linear 0.2s;		input.tab-selector-3:checked~.content.
44	}		content-3 {
45	.content img {	50	filter: alpha(opacity=100);
46	width: 500px;	51	opacity: 1;
47	height: 300px;	52	transition: opacity ease-out 0.4s
48	}		0.2s;
49	/* 设置图片过渡效果 */	53	}
	input.tab-selector-1:checked~.content .		

说明：1）display:none 与 overflow:hidden 的相同点是都能把网页上某个元素隐藏起来。二者的不同点如下。

① display:none：隐藏，但是在原来的标准流中不占位置，使用此属性之后元素不存在了，元素占据的位置也不存在。

② overflow:hidden：对行内元素无效，必须是块级元素，并且设置宽度和高度。overflow:hidden 相当于剪切，把多余的部分剪切掉。

2）display:none 与 visibility:hidden 的区别如下。

① display:none：使用该属性后，HTML 元素（对象）的宽度、高度等各种属性值都将"丢失"。

② visibility:hidden：使用该属性后，HTML 元素（对象）仅仅是在视觉上看不见（完全透明），而它所占据的空间位置仍然存在，也就是说它仍具有高度、宽度等属性值。

3）几种使元素消失的属性如下。

① display:none：元素消失，不占位。

② visibility:hidden：元素消失，占位。

③ opacity:0：透明度设为 0，元素看不见，占位。

④ width:0：宽度设为 0，元素看不见，不占位。

任务 5-5　制作内容折叠与菜单折叠

PPT：任务 5-5
制作内容折叠与菜单
折叠

🏷 任务描述

子任务 1：使用<label>标签和<input>标签实现图 5-5-1 所示的效果。

子任务 2：使用<details>标签实现图 5-5-2 所示的效果。

图 5-5-1
内容折叠效果

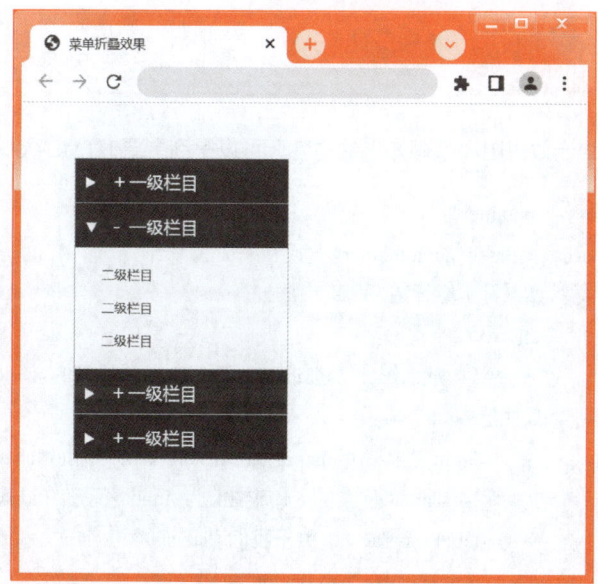

图 5-5-2
菜单折叠效果

基础知识

1）<label>标签的 for 属性规定了<label>标签与哪个表单元素绑定。for 属性的值和表单元素的 id 值一样，即可完成该<label>标签与该表单元素的绑定。代码如下：

```
<label for="test">label 标签</label>
<input type="text" id="test">
```

如上所述，该<label>标签和<input>标签完成了绑定，当用鼠标单击<label>标签时，<input>元素会被触发，用户即可完成输入。

2）<details>标签允许用户创建一个可展开或折叠的元件，让一段文字或标题包含一些隐藏的信息。该标签规定了用户可见的或者隐藏的需求的补充细节，是一个用来供用户开启或关闭的交互式控件，任何形式的内容都能被放在其中。

<details>标签中的元素默认是 close 属性，即内容不可见，若要内容可见则需要设置为 open 属性。

代码如下，效果如图 5-5-3 所示。

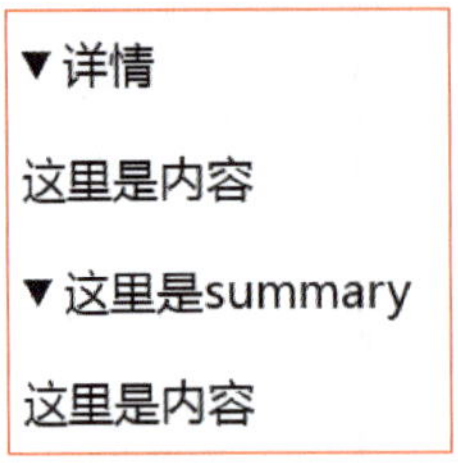

图 5-5-3
<details>标签效果

▼ 详情	▼ 这里是summary
这里是内容	这里是内容

```html
<details open>
    <p>这里是内容</p>
</details>
<details close>
    <summary>这里是 summary</summary>
    <p>这里是内容</p>
</details>
```

由于<details>标签是 HTML5 新标签，浏览器支持情况不是很理想，目前仅 Chrome、Safari 8+和 Opera 26+支持此标签。

源代码：内容折叠
与菜单折叠

微课 5-11
内容折叠

任务实现

子任务 1：结合效果图和基础知识的内容，可以得到主要 HTML 代码如下。

```html
1   <div class="container">
2       <section class="ac-container">
3           <!-- 第 1 组开始 -->
4           <div>
5               <!-- 默认第 1 组被选中，四个<input>标签的 name="accordion"为
    一组，所以只能选中一个 -->
6               <input id="ac-1" name="accordion" type="radio" checked />
7               <!-- <label>标签的 for 属性值为<input>标签的 id 属性值 -->
8               <label for="ac-1">关于我们</label>
9               <article class="ac-content">
10                  <p>关于我们</p>
11              </article>
12          </div>
13          <!-- 第 1 组结束 -->
14          <!-- 第 2 组开始 -->
15          <div>
16              <input id="ac-2" name="accordion" type="radio" />
17              <label for="ac-2">联系方式</label>
18              <article class="ac-content">
19                  <p>联系方式</p>
20              </article>
```

```
21              </div>
22              <!-- 第 2 组结束 -->
23              <!-- 第 3 组开始 -->
24              <div>
25                  <input id="ac-3" name="accordion" type="radio" />
26                  <label for="ac-3">广告服务</label>
27                  <article class="ac-content">
28                      <p>广告服务</p>
29                  </article>
30              </div>
31              <!-- 第 3 组结束 -->
32              <!-- 第 4 组开始 -->
33              <div>
34                  <input id="ac-4" name="accordion" type="radio" />
35                  <label for="ac-4">免责声明</label>
36                  <article class="ac-content">
37                      <p>免责声明</p>
38                  </article>
39              </div>
40              <!-- 第 4 组结束 -->
41          </section>
42      </div>
```

CSS 代码如下：

```
1    .ac-container {
2        width: 400px;
3    }
4    /* 设置<input>对应的<label>样式 */
5    .ac-container label {
6        padding: 5px 20px;
7        position: relative;
8        z-index: 20;
9        display: block;
10       height: 30px;
11       cursor: pointer;
12       color: #fff;
13       line-height: 33px;
14       font-size: 19px;
15       background-color: #356AA0;
16       border: 1px solid #CCCCCC;
17   }
18   .ac-container label:hover {
19       background: #FF7400;
20   }
21   .ac-container input {
22       display: none;
23       /* 隐藏单选按钮 */
24   }
25   .ac-container article {
26       overflow: hidden;
27       height: 0px;
28       position: relative;
29       z-index: 10;
30       transition: height 0.3s ease-in-out, box-shadow 0.6s linear;
31   }
32   .ac-container article p {
33       font-style: italic;
```

34　　　　　color: #777;	out, box-shadow 0.1s linear;
35　　　　　line-height: 23px;	42　　　　border: 1px solid #CCC;
36　　　　　font-size: 14px;	43　　}
37　　　　　padding: 20px;	44　　/* 选中状态下的内容高度为 200 px */
38　　}	45　　.ac-container input:checked~article.ac-
39　　/* 设置<input>选中状态下的同级的	content {
<article>标签的样式 */	46　　　　height: 200px;
40　　.ac-container input:checked~article {	47　　}
41　　　　transition: height 0.5s ease-in-	

子任务 2：结合效果图和基础知识的内容，可以得到主要 HTML 代码如下。

微课 5-12
菜单折叠

```
1  <section id="help">
2      <!--open 为展开菜单，close 为折叠菜单-->
3      <details class="menu" close>
4          <summary>一级栏目</summary>
5          <ul>
6              <li><a href="#">二级栏目</a></li>
7              <li><a href="#">二级栏目</a></li>
8              <li><a href="#">二级栏目</a></li>
9          </ul>
10     </details>
11     <details class="menu" close>
12         <summary>一级栏目</summary>
13         <ul>
14             <li><a href="#">二级栏目</a></li>
15             <li><a href="#">二级栏目</a></li>
16             <li><a href="#">二级栏目</a></li>
17         </ul>
18     </details>
19     <details class="menu" close>
20         <summary>一级栏目</summary>
21         <ul>
22             <li><a href="#">二级栏目</a></li>
23             <li><a href="#">二级栏目</a></li>
24             <li><a href="#">二级栏目</a></li>
25         </ul>
26     </details>
27     <details class="menu" close>
28         <summary>一级栏目</summary>
29         <ul>
30             <li><a href="#">二级栏目</a></li>
```

31	<li><a href="#">二级栏目</a></li>
32	<li><a href="#">二级栏目</a></li>
33	</ul>
34	</details>
35	</section>

CSS 代码如下：

1	* {	32	display: none;
2	margin: 0;	33	}
3	padding: 0;	34	/* <details>为 close 状态下显示"+" */
4	}	35	.menu summary:before {
5	a {	36	content: "+";
6	text-decoration: none;	37	display: inline-block;
7	}	38	width: 16px;
8	#help {	39	height: 16px;
9	width: 200px;	40	margin-right: 10px;
10	float: left;	41	font-size: 18px;
11	margin: 50px;	42	}
12	}	43	/* <details>为 open 状态下显示"-" */
13	.menu {	44	.menu[open] summary:before {
14	border-left: 1px solid #ccc;	45	content: "-";
15	border-right: 1px solid #ccc;	46	}
16	}	47	.menu ul {
17	/* 设置最后一个<details>的下边框 */	48	padding: 10px 0;
18	.menu:last-child {	49	}
19	border-bottom: 1px solid #ccc;	50	.menu ul li {
20	}	51	list-style: none;
21	.menu summary {	52	text-indent: 25px;
22	height: 40px;	53	font-size: 12px;
23	line-height: 40px;	54	height: 30px;
24	text-indent: 10px;	55	line-height: 30px;
25	border-top: 1px solid #ddd;	56	}
26	background-color: #356AA0;	57	.menu ul li a {
27	cursor: pointer;	58	display: block;
28	color: #FFFFFF;	59	color: #666;
29	}	60	}
30	/*使用下面这段代码，可以去掉小三角，神奇的菜单就可以完成了*/	61	.menu ul li a:hover {
		62	text-decoration: underline;
31	.menu summary::-webkit-details-marker {	63	}

PPT：任务 5-6
制作导航条

任务 5-6 制作导航条

任务描述

子任务 1： 制作横向导航条。

使用<ul>标签和<a>标签制作如图 5-6-1 所示的横向导航条效果。要求导航条为横向布局，且导航条中的每一个超链接在鼠标移过时，背景色会变成红色，字体颜色会变成黑色。

图 5-6-1
横向导航条页面效果

子任务 2： 制作带有背景图像的横向导航条。

在横向导航条的基础上，制作带有背景图像的导航条，效果如图 5-6-2 所示，要求鼠标移过时背景色会变成灰色。

图 5-6-2
带背景图像的横向
导航条页面效果

子任务 3： 制作二级导航条。

使用 CSS 创建一个鼠标移动上去后会显示下拉菜单效果的二级导航条，效果如图 5-6-3 所示。

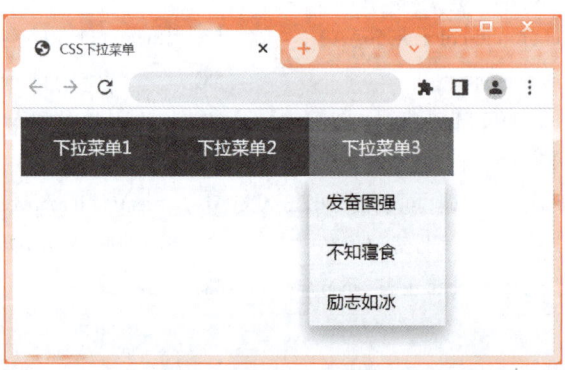

图 5-6-3
二级导航条页面效果

子任务 4：制作弹性布局菜单。

使用无序列表和超链接制作弹性（flex）布局菜单，修改 ul 元素的长度或者增加、减少 li 元素的长度后，li 宽度会自适应，效果如图 5-6-4 所示。

图 5-6-4
弹性布局菜单页面效果

基础知识

1. 无序列表与 float 属性的结合使用

图 5-6-1 中的横向导航条在页面的上部，且背景色一致，根据之前所学知识可知，导航条整体是一个无序列表，保持 4 个超链接在同一行上需要设置 float 属性。另外，每个超链接都去除了下画线，设置了 hover 样式。

2. 背景图像的常用属性

1）设置背景图像：

background-image:url(路径及名称);

背景图像默认放置在父级元素的左上角。

2）背景图像重复属性：

background-repeat:no-repeat;

这个属性设置背景图像的平铺方式，no-repeat 表示背景图像不平铺。

3）背景位置属性：

background-position:right bottom;

right bottom 表示背景图像横向在右边，纵向在下边，即位于右下角；center center 表示背景图像位于中心；center right 表示背景图像位于中间靠右；100 px 200 px 表示靠左 100 px、靠下 200 px。

3. 制作二级导航条常用元素及相关属性

1）可以使用任何 HTML 元素打开下拉菜单，如<span>、<a>或 <button> 元素。使用容器元素（如<div>）来创建下拉菜单的内容，并放在任何想放的位置。使用<div>元素来包裹这些元素，并使用 CSS 设置下拉内容的样式。

2）设置下拉菜单的.dropdown 类使用 position:relative，这将设置下拉菜单的内容放置在下拉按钮（使用 position:absolute）的右下角位置。.dropdown-content 类中是实际的下拉菜单，默认是隐藏的，鼠标移动到指定元素上时会显示。注意，min-width 的值在此任务中设置为 125 px，可以随意修改。如果想设置下拉内容与下拉按钮的宽度一致，可设置 width 为 100%（overflow:auto 设置可以在小尺寸屏幕上滚动）。使用 box-shadow 属性，可以让下拉菜单看起来像一个卡片。:hover 选择器用于在用户将鼠标移动到下拉按钮上时显示下拉菜单。

4．弹性布局菜单的相关属性

1）display:flex：该属性对块级元素、行内块元素和行内元素都是一致的，即不存在块级元素和行内元素的父子级关系。即便是 span 行内元素，当添加了 display:flex 属性后，也会有宽和高。

2）flex-grow：定义子元素的放大比例。默认为 0，表示即使存在剩余空间，也不会放大。所有项目的 flex-grow 为 1 表示等分剩余空间（自动放大占位）。

3）justify-content 属性定义项目在主轴上的对齐方式。

flex-start（默认值）：左对齐。

flex-end：右对齐。

center：居中。

space-between：两端对齐，项目之间的间隔都相等。

space-around：每个项目两侧的间隔相等。项目之间的间隔比项目与边框的间隔大一倍。

4）align-items 属性定义项目在交叉轴上如何对齐。

flex-start：与交叉轴的起点对齐。

flex-end：与交叉轴的终点对齐。

center：与交叉轴的中点对齐。

stretch（默认值）：轴线占满整个交叉轴。

baseline：与第一行文字基线对齐。

源代码：制作导航条

任务实现

微课 5-13
横向导航条

子任务 1：结合任务描述及基础知识的内容，可以得到如下 HTML 代码。

```
1 <h1>横向导航条</h1>
2 <ul>
3     <li><a href="#">导航一号</a></li>
4     <li><a href="#">导航二号</a></li>
5     <li><a href="#">导航三号</a></li>
6     <li><a href="#">导航四号</a></li>
7 </ul>
```

此任务的 CSS 代码存放于 style.css 文件中，CSS 代码如下：

```
1 ul,                                   13      display: block;
2 li {                                  14      width: 200px;
3      margin: 0;                       15      background-color: gray;
4      padding: 0;                      16      color: white;
5 }                                     17      text-align: center;
6 ul {                                  18      padding: 6px;
7      list-style-type: none;           19      text-decoration: none;
8 }                                     20 }
9 li {                                  21 a:hover {
10     float: left;                     22      color: black;
11 }                                    23      background-color: red;
12 a {                                  24 }
```

子任务 2：结合任务描述及基础知识的内容，可知本任务的 HTML 代码与子任务 1
的主体 HTML 代码相同，此处不再列出，只是样式代码不同。此任务的 CSS 代码存放于
style.css 文件中，CSS 代码如下：

```
1 ul,                                   18      display: block;
2 li {                                  19      width: 239px;
3      padding: 0;                      20      color: #000;
4      margin: 0;                       21      text-decoration: none;
5 }                                     22      background-image:
6 ul {                                              url(../img/home.png);
7      list-style-type: none;           23      background-repeat: no-repeat;
8      height: 45px;                    24      background-position: 60px 10px;
9      line-height: 45px;               25      text-indent: 100px;
10     background-color: #efefef;       26      border-top: 1px solid #ccc;
11     width: 960px;                    27      border-bottom: 1px solid #ccc;
12     border-right: 1px solid #ccc;    28      border-left: 1px solid #ccc;
13 }                                    29 }
14 li {                                 30 a:hover {
15     float: left;                     31      background-color: #ccc;
16 }                                    32 }
17 a {
```

微课 5-14
带背景图像的
横向导航条

子任务 3：根据任务描述和基础知识的内容，可以得到如下 HTML 代码。

```
1 <ul>
2      <li>
3           <div class="dropbtn">下拉菜单 1</div>
4           <div class="dropdown-content">
```

微课 5-15
二级导航条

```
5              <a href="#">焚膏继晷</a>
6              <a href="#">闻鸡起舞</a>
7              <a href="#">悬梁刺股</a>
8          </div>
9      </li>
10     <li>
11         <div class="dropbtn">下拉菜单 2</div>
12         <div class="dropdown-content">
13             <a href="#">持之以恒</a>
14             <a href="#">滴水石穿</a>
15             <a href="#">孜孜不辍</a>
16         </div>
17     </li>
18     <li>
19         <div class="dropbtn">下拉菜单 3</div>
20         <div class="dropdown-content">
21             <a href="#">发奋图强</a>
22             <a href="#">不知寝食</a>
23             <a href="#">励志如冰</a>
24         </div>
25     </li>
26 </ul>
```

为实现图 5-6-3 所示效果，需要使用如下 CSS 代码：

```
1  ul,
2  li {
3      margin: 0;
4      padding: 0;
5      font-size: 0;
6      /* display:inline-block 显示间隙
   的产生和消除 */
7  }
8  li {
9      position: relative;
10     display: inline-block;
11 }
12 /*设置一级菜单的样式 */
13 .dropbtn {
14     background-color: #356AA0;
15     color: white;
16     padding: 16px 30px;
17     font-size: 16px;
18     border: none;
19     cursor: pointer;
20 }
21 li:hover .dropbtn {
22     background-color: #4096EE;
23 }
24 .dropdown-content {
25     display: none;
26     position: absolute;
27     background-color: #f9f9f9;
28     min-width: 125px;
29     font-size: 16px;
30     box-shadow: 0px 8px 16px 0px
   rgba(0, 0, 0, 0.2);
```

```
31    }                              38    }
32    /*设置二级菜单的样式 */          39    .dropdown-content a:hover {
33    .dropdown-content a {           40        background-color: #f1f1f1;
34        color: black;               41    }
35        padding: 12px 16px;         42    li:hover .dropdown-content {
36        text-decoration: none;      43        display: block;
37        display: block;             44    }
```

子任务 4：根据任务描述和基础知识的内容，可以得到如下 HTML 代码。

```
1    <ul class="box">
2        <li class="box-item"><a href="#">导航菜单</a></li>
3        <li class="box-item"><a href="#">导航菜单</a></li>
4        <li class="box-item"><a href="#">导航菜单</a></li>
5        <li class="box-item"><a href="#">导航菜单</a></li>
6        <li class="box-item"><a href="#">导航菜单</a></li>
7        <li class="box-item"><a href="#">导航菜单</a></li>
8    </ul>
```

微课 5-16
flex 布局菜单

为实现图 5-6-4 所示效果，需要使用如下 CSS 代码：

```
1    ul,li {                         17        display: flex;
2        list-style: none;           18    }
3        padding: 0;                 19    a {
4        margin: 0;                  20        text-decoration: none;
5    }                               21        color: white;
6    .box {                          22        display: flex;
7        display: flex;              23        flex-grow: 1;
8        /*默认横向显示的*/            24        justify-content: center;
9        width: 800px;               25        /* 文本左右居中 */
10        height: 50px;              26        align-items: center;
11        background-color: #356AA0;  27        /* 文本上下居中 */
12    }                              28    }
13  .box-item {                      29    a:hover {
14        font-size: 20px;           30        background-color: #FF7400;
15        flex-grow: 1;              31        color: black;
16        /* 自适应 */               32    }
```

说明：修改 ul.box 的 width 或者增删 li 的项目数，li 的 width 都会自适应。

PPT：任务 5-7 制作文字列表、图文混排列表和缩略图列表

任务 5-7　制作文字列表、图文混排列表和缩略图列表

🎓 任务描述

子任务 1： 制作一个新闻文字列表，效果如图 5-7-1 所示。要求每项有图标，标题过长则省略，日期靠右。

图 5-7-1
文字列表页面效果

子任务 2： 制作一个图文混排列表，效果如图 5-7-2 所示。要求无论是新闻标题文本还是新闻内容文本，如果过长则都隐藏或省略，其中新闻标题文本过长，被省略部分用省略号在标题同一行表示。另外，页面中的 more 部分是超链接。

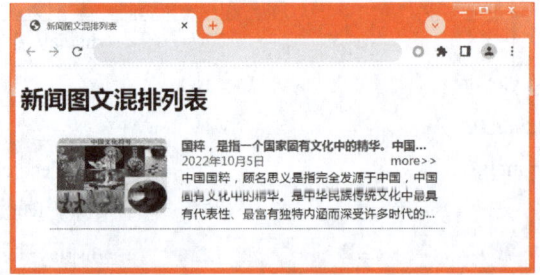

图 5-7-2
图文混排列表页面效果

子任务 3： 制作一个缩略图列表，效果如图 5-7-3 所示。要求使用无序列表完成，且缩略图大小一致。根据缩略图下方的文字说明进行操作，单击图片的放大效果如图 5-7-4 所示，鼠标悬停在图片上的放大效果如图 5-7-5 所示。

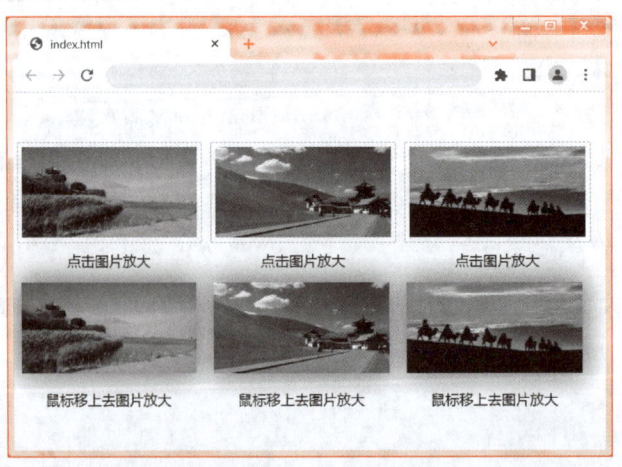

图 5-7-3
缩略图列表页面效果

图 5-7-4
鼠标单击图片的
放大效果

图 5-7-5
鼠标悬停在图片
上的放大效果

　　子任务 4： 制作一个九宫格缩略图，如图 5-7-6 所示。要求制作类似于微信朋友圈的
九宫格缩略图，可以根据图片数量动态改变图片大小。

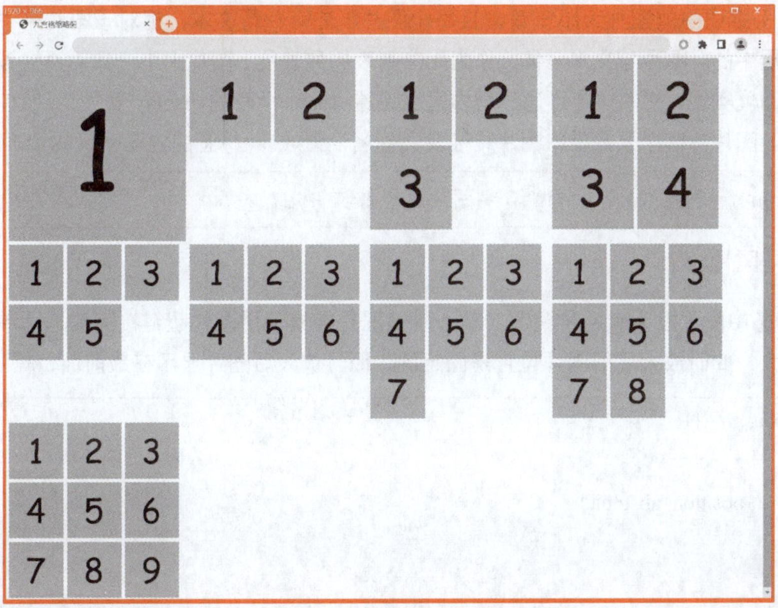

图 5-7-6
九宫格缩略图页面效果

基础知识

1. 无序列表与超链接的结合使用

图 5-7-1 所示的新闻列表是一个无序列表，但去除了无序列表默认的样式，取而代之的是使用背景图像实现的图标。新闻标题和新闻时间两项文字内容在一行内，一个靠左，一个靠右，需要使用行内块结构，且 float 属性分别是左和右。每一个列表项都是一个超链接，超链接的内容应该以块状显示，设置下边框线为虚线。

2. 文本溢出省略处理

任务描述中，因新闻标题文本过长而被省略部分使用省略号在同一行上显示，需要设置：

```
text-overflow: ellipsis;
white-space: nowrap;
overflow: hidden;
```

3. 文本溢出隐藏处理

新闻内容文本过长而被隐藏，则需要设置：

```
word-wrap: break-word;
overflow-wrap: break-word;
overflow: hidden;
```

4. 图片超链接

任务描述中的图片大小一致，且每个图片下方有一行文本，相对于图片来说，这行文本是居中的。图片与文本一体，作为无序列表的列表项。图片大小一致可通过设置图片宽度及高度实现，文本居中可通过行内区域设置<span>标签的 display 属性为块状（block）来完成。图片超链接只需要将图片路径及文件名设置成<a>标签的内容，代码如下：

```
<a href="链接目标"><img src="图片路径及文件名" /></a>
```

5. 图片放大

任务中图片放大有两种情况。第一种情况是纯粹使用图片超链接完成，即单击图片实现放大，此时放大后的图片位置是固定的，而且放大后图片显示在最前面，需要设置：

```
:focus img{
    z-index: 99;
    position: absolute;
    …
}
```

其中，z-index 属性的值只要是当前图层最大值就可以。

第二种情况是鼠标悬停时放大，可以使用 CSS3 中的 transform 属性设置放大效果，即

```
:hover{
    transform: scale(3); /* 设置图片按照比例放大 3 倍 */
}
```

6. 伪类选择器

:nth-child(n)：匹配属于其父元素的第 n 个子元素（n 从 1 开始）。

:nth-last-child(n)：匹配属于其父元素的倒数第 n 个子元素。

:only-child：匹配属于其父元素的唯一一个子元素，等价于：nth-child(1):nth-last-child(1)。

:nth-child(m):nth-last-child(n)：匹配属于其父元素的第 m 个子元素，同时又是倒数第 n 个子元素。

任务实现

子任务 1：根据任务描述和基础知识的相关内容，可以得到如下 HTML 代码：

源代码：制作文字列
表、图文混排列表和
缩略图列表

```
1 <div id="main">
2     <ul>
3         <li><a href="#">
4             <div class="title">这里是新闻标题这里是新闻标题这里是新闻标题</div>
5             <div class="date">2025-01-01</div>
6         </a></li>
7         <li><a href="#">
8             <div class="title">这里是新闻标题这里是新闻标题这里是新闻标题</div>
9             <div class="date">2025-01-01</div>
10         </a></li>
11         <li><a href="#">
12             <div class="title">这里是新闻标题这里是新闻标题这里是新闻标题</div>
13             <div class="date">2025-01-01</div>
14         </a></li>
15         <li><a href="#">
16             <div class="title">这里是新闻标题这里是新闻标题这里是新闻标题</div>
17             <div class="date">2025-01-01</div>
18         </a></li>
19         <li><a href="#">
20             <div class="title">这里是新闻标题这里是新闻标题这里是新闻标题</div>
21             <div class="date">2025-01-01</div>
22         </a></li>
23     </ul>
24 </div>
```

微课 5-17
新闻文字列表

CSS 代码如下：

```
1    ul,                                    19          background-position: 5px 13px;
2    li {                                   20          padding-left: 30px;
3          margin: 0;                       21          overflow: hidden;
4          padding: 0;                      22          white-space: nowrap;
5          list-style: none;                23          text-overflow: ellipsis;
6    }                                      24          flex: auto;
7    a {                                    25          min-width: 110px;
8          align-items: center;             26    }
9          height: 40px;                    27    a:hover {
10         line-height: 40px;               28          background-color: #efefef;
11         text-decoration: none;           29          cursor: pointer;
12         border-bottom: 1px dashed #888;  30    }
13         display: flex;                   31    #main {
14         color: #000;                     32          width: 30%;
15    }                                     33    }
16    .title {                              34    .date {
17         background-image:url("./img/     35          color: #888;
      li.png");                             36          flex: 0 0 100px;
18         background-repeat: no-repeat;    37    }
```

子任务 2：根据任务描述和基础知识的相关内容，可以得到如下 HTML 代码：

微课 5-18
图文混排列表

```
1 <ul>
2      <li>
3          <!--左面开始-->
4          <div class="left">
5              <a href="###"><img src="./img/view.jpeg" /></a>
6          </div>
7          <!--左面结束-->
8          <!--右面开始-->
9          <div class="right">
10             <div class="title">
11         <a href="#">国粹，是指一个国家固有文化中的精华。中国国粹，顾名思义是
      指完全发源于中国，中国固有文化中的精华。</a>
12             </div>
13             <div class="date">2022 年 10 月 5 日</div>
14             <div class="more">
15                 <a href="###" target="_blank">more>></a>
16             </div>
17             <div class="content">
```

```
18              中国国粹，顾名思义是指完全发源于中国，中国固有文化中的精华。是
            中华民族传统文化中最具有代表性、最富有独特内涵而深受许多时代的人们欢迎
            的文化遗产。书法、武术、中医、京剧、麻将、茶道、刺绣、剪纸、围棋、瓷器。
19          </div>
20      </div>
21      <!--右面结束-->
22      <div class="clear"></div>
23  </li>
24 </ul>
```

样式代码存放在样式文件 style.css 中，CSS 代码如下：

```
1 body {                              30 .right {
2     font: "微软雅黑"12px;            31     width: 350px;
3 }                                    32     float: right;
4 a {                                  33 }
5     text-decoration: none;           34 .title {
6     color: #356AA0;                  35     width: 350px;
7 }                                    36     height: 20px;
8 img {                                37     line-height: 20px;
9     width: 150px;                    38     font-weight: bold;
10    height: 100px;                   39     text-overflow: ellipsis;
11    /*强制设置图片宽度*/              40     white-space: nowrap;
12    border-radius: 8px;              41     overflow: hidden;
13    /*图片设置圆角*/                  42     /*文本过长缩略*/
14 }                                    43 }
15 .clear {                            44 .date {
16    clear: both;                     45     width: 150px;
17 }                                    46     color: #888888;
18 ul {                                47     float: left;
19    list-style: none;                48 }
20 }                                    49 .more {
21 ul li {                             50     width: 150px;
22    border-bottom: dashed 1px;       51     float: right;
23    padding: 10px;                   52     text-align: right;
24    width: 520px;                    53 }
25 }                                    54 .content {
26 .left {                             55     width: 350px;
27    width: 150px;                    56     height: 70px;
28    float: left;                     57     line-height: 1.5em;
29 }                                    58     /*设置内容每行文字的高度*/
```

59	text-align: justify;
60	/*文本分散对齐*/
61	overflow: hidden;
62	/*超出隐藏*/
63	display: -webkit-box;
64	/*超出隐藏*/

65	text-overflow: ellipsis;
66	/*隐藏后添加省略号*/
67	-webkit-box-orient: vertical;
68	-webkit-line-clamp: 3;
69	/*想显示多少行 */
70	}

说明：任务中的图片以 CSS 设置的宽度和高度显示，与图片的原始尺寸无关。

子任务 3：根据任务描述及基础知识的相关内容，可以得到如下 HTML 代码：

微课 5-19
鼠标单击图片
放大

```
1  <div id="content">
2      <ul id="one">
3          <li>
4              <a class="click" href="#"><img class="thumbnail" src="img/a.jpeg" /></a>
5              <span>点击图片放大</span>
6          </li>
7          <li>
8              <a class="click" href="#"><img class="thumbnail" src="img/b.jpeg" /></a>
9              <span>点击图片放大</span>
10         </li>
11         <li><a class="click" href="#"><img class="thumbnail" src="img/c.jpeg" /></a>
12             <span>点击图片放大</span>
13         </li>
14     </ul>
15     <ul id="two">
16         <li>
17             <a href="#"><img src="img/a.jpeg"></a>
18             <span>鼠标移上去图片放大</span>
19         </li>
20         <li>
21             <a href="#"><img src="img/b.jpeg"></a>
22             <span>鼠标移上去图片放大</span>
23         </li>
24         <li>
25             <a href="#"><img src="img/c.jpeg"></a>
26             <span>鼠标移上去图片放大</span>
27         </li>
28     </ul>
29 </div>
```

微课 5-20
鼠标悬停在
图片上放大

CSS 代码如下：

1	/* 第一个案例 */	2 body {

3	margin: 0;	32	position: absolute;
4	}	33	left: 50%;
5	ul,	34	top: 50%;
6	li {	35	margin-left: -500px;
7	margin: 0;	36	margin-top: -250px;
8	padding: 0;	37	transition: width 1s, height 1s;
9	list-style: none;	38	/*宽度和高度的过渡效果为1 s*/
10	float: left;	39	}
11	}	40	span {
12	#content{	41	height: 30px;
13	margin-top: 100px;	42	line-height: 30px;
14	}	43	text-align: center;
15	#one .click {	44	display: block;
16	display: inline-block;	45	}
17	width: 200px;	46	/* 第二个案例 */
18	height: 100px;	47	#two li img {
19	border: 1px solid #cccccc;	48	width: 200px;
20	padding: 5px;	49	height: 100px;
21	margin: 5px;	50	transition: all 0.6s;
22	}	51	/* 设置动画执行的时间为0.6 s */
23	#one .thumbnail {	52	border: 10px solid #fff;
24	width: 200px;	53	box-shadow: 0 0 30px 0 #1E90FF;
25	height: 100px;	54	margin: 10px;
26	}	55	}
27	/* 设置单击后的缩略图 */	56	#two li img:hover{
28	#one .click:focus .thumbnail {	57	transform: scale(3);
29	width: 1000px;	58	/* 设置图片按照比例放大3倍 */
30	height: 500px;	59	}
31	z-index: 99;		

子任务 4：根据任务描述以及基础知识的相关内容，可以得到如下 HTML 代码：

1	<div class="container">	11	<img src="img/3.png" />
2	<img src="img/1.png" />	12	</div>
3	</div>	13	<div class="container">
4	<div class="container">	14	<img src="img/1.png" />
5	<img src="img/1.png" />	15	<img src="img/2.png" />
6	<img src="img/2.png" />	16	<img src="img/3.png" />
7	</div>	17	<img src="img/4.png" />
8	<div class="container">	18	</div>
9	<img src="img/1.png" />	19	<div class="container">
10	<img src="img/2.png" />	20	<img src="img/1.png" />

微课 5-21
九宫格缩略图

```
21          <img src="img/2.png" />
22          <img src="img/3.png" />
23          <img src="img/4.png" />
24          <img src="img/5.png" />
25      </div>
26      <div class="container">
27          <img src="img/1.png" />
28          <img src="img/2.png" />
29          <img src="img/3.png" />
30          <img src="img/4.png" />
31          <img src="img/5.png" />
32          <img src="img/6.png" />
33      </div>
34      <div class="container">
35          <img src="img/1.png" />
36          <img src="img/2.png" />
37          <img src="img/3.png" />
38          <img src="img/4.png" />
39          <img src="img/5.png" />
40          <img src="img/6.png" />
41          <img src="img/7.png" />
42      </div>
43      <div class="container">
44          <img src="img/1.png" />
45          <img src="img/2.png" />
46          <img src="img/3.png" />
47          <img src="img/4.png" />
48          <img src="img/5.png" />
49          <img src="img/6.png" />
50          <img src="img/7.png" />
51          <img src="img/8.png" />
52      </div>
53      <div class="container">
54          <img src="img/1.png" />
55          <img src="img/2.png" />
56          <img src="img/3.png" />
57          <img src="img/4.png" />
58          <img src="img/5.png" />
59          <img src="img/6.png" />
60          <img src="img/7.png" />
61          <img src="img/8.png" />
62          <img src="img/9.png" />
63      </div>
```

CSS 代码如下:

```
1   body {
2       margin: 0;
3   }
4   img {
5       display: block;
6       float: left;
7   }
8   .container {
9       width: 300px;
10      float: left;
11  }
12  /* :only-child 选择器匹配属于父元素中唯一子元素的元素 */
13  .container img:only-child {
14      width: 98%;
15      height: 98%;
16      margin: 1%;
17  }
```

```
18      /* 2/3/4 张图片 */
19      .container img:nth-child(1):nth-last-child(2),
20      .container img:nth-child(2):nth-last-child(1),
21      .container img:nth-child(1):nth-last-child(3),
22      .container img:nth-child(2):nth-last-child(2),
23      .container img:nth-child(3):nth-last-child(1),
24      .container img:nth-child(1):nth-last-child(4),
25      .container img:nth-child(2):nth-last-child(3),
26      .container img:nth-child(3):nth-last-child(2),
27      .container img:nth-child(4):nth-last-child(1) {
28          width: 45%;
29          height: 45%;
30          margin: 1%;
31      }
32      /*  5 张及以上图片  */
33      .container img:nth-child(1):nth-last-child(n+5),
34      .container img:nth-child(1):nth-last-child(n+5)~img {
35          width: 30%;
36          height: 30%;
37          margin: 1%;
38      }
```

任务 5-8 制作登录界面

PPT：任务 5-8
制作登录界面

📖 任务描述

制作如图 5-8-1 所示的登录界面。

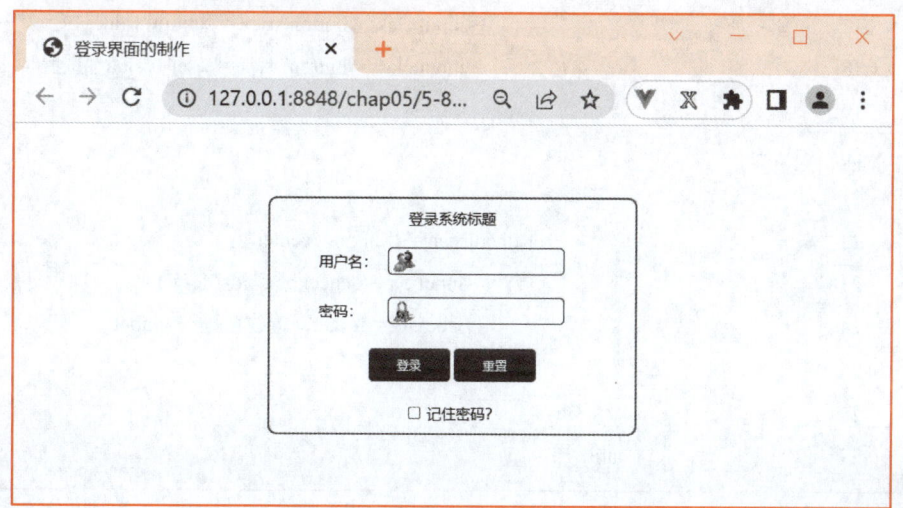

图 5-8-1
登录界面效果

基础知识

登录界面信息需要排列整齐，因此采用表格布局，表格边框设置为不可见。表单元素<input>标签使用 text 属性、password 属性、submit 按钮、reset 按钮和筛选框。

text 框和 password 框都使用图像作为背景。

源代码：制作登录界面

任务实现

微课 5-22
登录界面的
制作

结合任务描述和基础知识的内容，可以得到如下 HTML 代码：

```
1  <form action="" method="post">
2          <div id="main">
3              <table id="table">
4                  <tr>
5                      <td colspan="2" align="center">登录系统标题</td>
6                  </tr>
7                  <tr>
8                      <td><label for="username">用户名：</label></td>
9                      <td><input type="text" id="username" required></td>
10                 </tr>
11                 <tr>
12                     <td> <label for="password">密码：</label></td>
13                     <td><input type="password"id="password" required></td>
14                 </tr>
15                 <tr>
16                     <td colspan="2" align="center">
17                         <input class="button" type="submit"value="登录">
18                         <input class="button" type="reset" value="重置">
19                     </td>
20                 </tr>
21                 <tr>
22                     <td colspan="2" align="center">
23                         <input type="checkbox" id="forget">
24                         <label for="forget">记住密码? </label>
25                     </td>
26                 </tr>
27             </table>
```

| 28 | </div> |
| 29 | </form> |

CSS 代码如下：

1	#main {		23	background-repeat: no-repeat;
2	position: absolute;		24	border: 1px solid #333;
3	top: 50%;		25	padding-left: 30px;
4	left: 50%;		26	}
5	width: 400px;		27	#password {
6	height: 250px;		28	width: 160px;
7	transform:translate(-50%, -50%);		29	height: 25px;
	/* 在 X 轴方向上右移负的自身宽度		30	border-radius: 5px;
	的 50%，也就是向左移动 200 px */		31	background-image: url("img/
8	border: 2px solid #1978c0;			password.png");
9	border-radius: 10px;		32	background-position: 5px 2px;
10	}		33	background-repeat: no-repeat;
11	#table {		34	border: 1px solid #333;
12	width: 300px;		35	padding-left: 30px;
13	height: 250px;		36	}
14	margin-left: auto;		37	.button{
15	margin-right: auto;		38	border:none;
16	}		39	width: 90px;
17	#username {		40	height: 35px;
18	width: 160px;		41	background-image:
19	height: 25px;			linear-gradient(#356AA0, #3F4C6B);
20	border-radius: 5px;		42	color: white;
21	background-image:		43	border-radius: 5px;
	url("img/username.png");		44	}
22	background-position: 5px 2px;			

任务 5-9 制作评论区

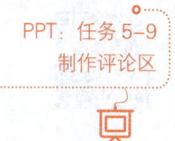

PPT：任务 5-9
制作评论区

 任务描述

制作图 5-9-1 所示的评论区，表示"赞"的图标和表示"回复"的图标使用字体图标。

图 5-9-1
评论区页面效果

基础知识

任务中要求使用字体图标，需要在<head>标签内使用<link>标签，具体语句如下：

```
<link rel="stylesheet"
href="https://cdn.staticfile.org/font-awesome/4.7.0/css/font-awesome.css">
```

源代码：制作评论区

微课 5-23
评论框架搭建

任务实现

结合任务描述和基础知识的内容，可以得到如下框架 HTML 代码：

```
1    <div class="list">
2        <div class="logo fa fa-user-circle"></div>
3        <div class="content">
4            <!--评论内容开始-->
5            <div class="article clearfix">
6            </div>
7            <!--评论内容结束-->
8            <!--发言列表开始-->
9            <ul class="comment">
10           </ul>
11           <!--发言列表结束-->
```

```
12          </div>
13      </div>
```

评论内容的 HTML 代码如下：

```
1   <div class="article clearfix">
2       <div class="author">
3           <a href="#">评论者昵称</a>
4           <span class="grey margin-left">山东青岛</span></div>
5       <div class="word">评论者发布的内容评论者发布的内容评论者发布的内容评
论者发布的内容评论者发布的内容评论者发布的内容评论者发布的内容</div>
6       <div class="info">
7           <div class="date">2022 年 10 月 10 日 11:25</div>
8           <div class="reply">
9           <span class="fa fa-thumbs-o-up"> 赞 10</span>
10          <span class="fa fa-share margin-left"> 回复</span>
11          </div>
12      </div>
13  </div>
```

微课 5-24
评论制作

发言列表的 HTML 代码如下：

```
1   <ul class="comment">
2       <!--第一条发言开始-->
3       <li class="clearfix">
4           <div class="word">
5               <a href="#">发言者：</a>发言内容发言内容发言内容发言内容发
言内容发言内容发言内容发言内容发言内容发言内容发言内容</div>
6           <div class="info">
7               <div class="date">2022 年 10 月 10 日 11:25</div>
8               <div class="reply">
9                   <span class="fa fa-thumbs-o-up"> 赞 10</span>
10                  <span class="fa fa-share margin-left"> 回复</span>
11              </div>
12          </div>
13      </li>
14      <!--第一条发言结束-->
15      <!--回复第一条发言开始-->
16      <li class="clearfix">
17          <div class="word">
18              <a href="#">回复者：</a>@
19              <a href="#">发言者：</a>回复内容回复内容回复内容回复内容回
```

微课 5-25
回复制作

	复内容回复内容回复内容回复内容回复内容回复内容回复内容</div>
20	<div class="info">
21	<div class="date">2022 年 10 月 10 日 11:25</div>
22	<div class="reply">
23	<span class="fa fa-thumbs-o-up"> 赞 10</span>
24	<span class="fa fa-share margin-left"> 回复</span>
25	</div>
26	</div>
27	</li>
28	<!--回复第一条发言结束-->
29	<!--第二条发言开始-->
30	<li class="clearfix">
31	<div class="word">
32	<a href="#">发言者：</a>发言内容发言内容发言内容发言内容发言内容发言内容发言内容发言内容发言内容发言内容发言内容发言内容</div>
33	<div class="info">
34	<div class="date">2022 年 10 月 10 日 11:25</div>
35	<div class="reply">
36	<span class="fa fa-thumbs-o-up"> 赞 10</span>
37	<span class="fa fa-share margin-left"> 回复</span>
38	</div>
39	</div>
40	</li>
41	<!--第二条发言结束-->
42	<!--回复第二条发言开始-->
43	<li class="clearfix">
44	<div class="word">
45	<a href="#">回复者：</a>@
46	<a href="#">发言者：</a>回复内容回复内容回复内容回复内容回复内容回复内容回复内容回复内容回复内容回复内容回复内容</div>
47	<div class="info">
48	<div class="date">2022 年 10 月 10 日 11:25</div>
49	<div class="reply">
50	<span class="fa fa-thumbs-o-up"> 赞 10</span>
51	<span class="fa fa-share margin-left"> 回复</span>
52	</div>
53	</div>
54	</li>
55	<!--回复第二条发言结束-->
56	</ul>

CSS 代码如下：

```
1    * {
2        margin: 0;
3        padding: 0;
4    }
5    body {
6        font-size: 14px;
7        font-family: 微软雅黑;
8        line-height: 1.8em;
9    }
10   a {
11       text-decoration: none;
12       color: #FF7400;
13   }
14   ul,
15   li {
16       list-style: none;
17   }
18   .clearfix:after {
19       visibility: hidden;
20       display: block;
21       font-size: 0;
22       content: " ";
23       clear: both;
24       height: 0;
25   }
26   .margin-left {
27       margin-left: 10px;
28   }
29   .grey {
30       color: #888888;
31   }
32   .list {
33       width: 500px;
34   }
35   .logo {
36       height: 1000px;
37       float: left;
38       padding-top: 15px;
39       padding-left: 15px;
40       padding-right: 15px;
41       font-size: 50px;
42   }
43   .content {
44       width: 400px;
45       height: 1000px;
46       float: right;
47   }
48   ul.comment {
49       background-color: #efefef;
50       padding: 10px;
51   }
52   ul.comment li {
53       border-bottom: 1px solid #ccc;
54       padding-bottom: 10px;
55   }
56   .date {
57       float: left;
58       color: #888888;
59   }
60   .reply {
61       float: right;
62   }
```

单 元 小 结

本单元介绍了常用的网页制作方法以及常用的网页局部布局方法。通过本单元的学习，需要掌握以下技能点：

1）能使用所学知识制作特定的网页页面。

2）能使用常用的经典布局制作网页页面。

单元 6
页面整体布局

学习目标

【知识与技能目标】

1. 掌握常用的页面制作方法。

2. 掌握常用的页面布局方法（包括弹性布局）。

3. 掌握表格的基础知识，包括标签常用属性及其描述。

4. 掌握使用表格制作简历及百分比网页的方法。

5. 掌握采用 rem 制作自适应网站的方法。

【能力与素养目标】

总体目标：培养新时代的"工匠精神"。

1. 能够秉持质量优先的职业操守开发软件。

2. 面对重复性工作，做到不抱怨、不放弃，坚守职业道德。

3. 具备信息社会责任，遵守信息传播相关法律法规。

PPT：任务 6-1
960 网格系统在网页
制作中的使用

任务 6-1 960 网格系统在网页制作中的使用

任务描述

要求使用 960 网格系统分别制作两栏页面、三栏页面和四栏页面，效果如图 6-1-1～图 6-1-4 所示。

图 6-1-1
两栏页面效果

图 6-1-2
不均分三栏页面效果

图 6-1-3
均分三栏页面效果

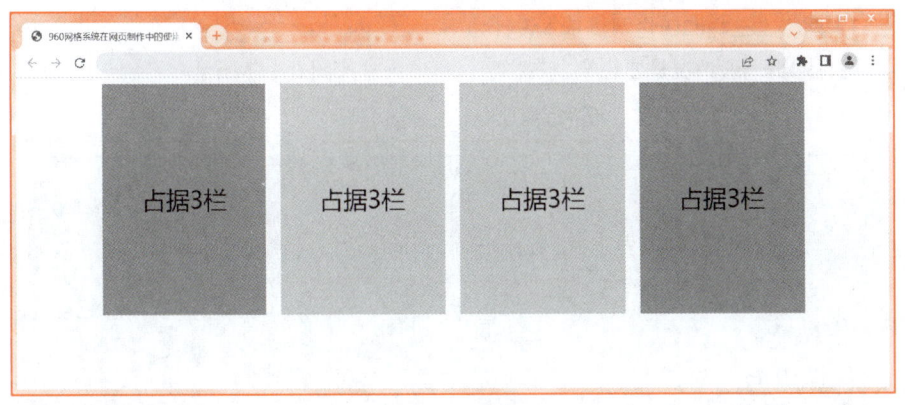

图 6-1-4
均分四栏页面效果

基础知识

1. 960 网格系统

1）960 网格系统是使用固定宽度 960 px 居中对齐画面的方式呈现在网页上。左右两边各留 10 px 的空间，中间留下 940 px 的区块以 20 px 的空间作为间隔分栏。在空间设计上，可随意合并多栏以满足版面配置及网页尺寸的需求，合并后的栏宽也不会有畸零数，有利于 CSS 中<div>宽度的设定。

2）960 网格系统常用规格有两种：一种是 12 栏式的，效果如图 6-1-5 所示；另一种是 16 栏式的，效果如图 6-1-6 所示。如果设计的网页分为 3 个区块，则选择 12 栏式，因为 12 能被 3 整除；同理，假如设计的网页分为 4 个区块，则可以选 12 栏式或者 16 栏式，因为 12 和 16 都可以被 4 整除。

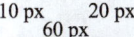

图 6-1-5
960 网格系统
12 栏式效果

图 6-1-6
960 网格系统
16 栏式效果

3）两栏、三栏和四栏网页基本设计如下。

两栏网页一般情况是左栏窄、右栏宽，具体尺寸如图 6-1-7 所示。

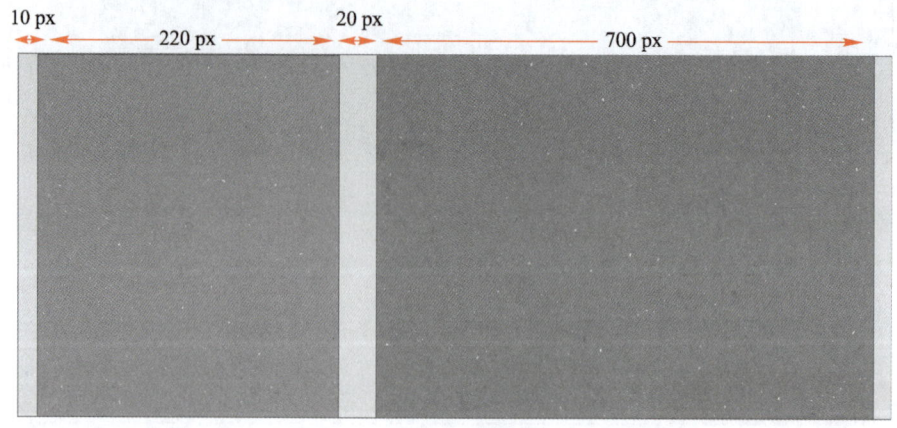

图 6-1-7
两栏网页具体尺寸示例

三栏网页可以设置三栏宽度相同，也可以设置三栏宽度不同，具体尺寸如图 6-1-8 和图 6-1-9 所示。

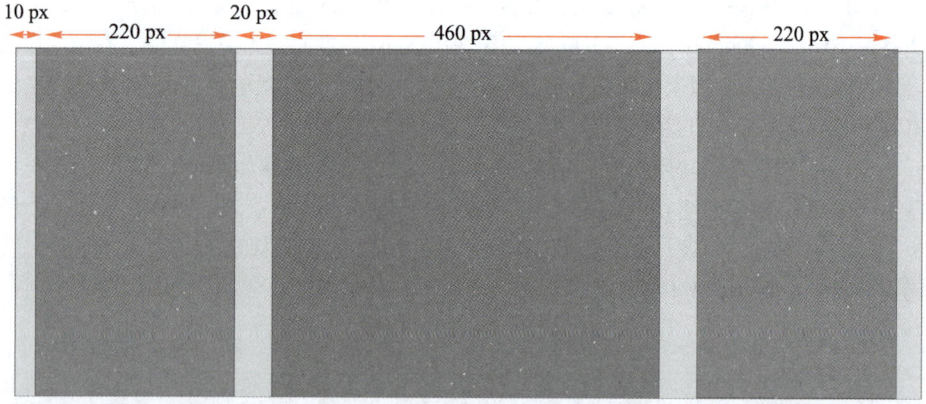

图 6-1-8
中间宽两边窄且两边
尺寸相同的三栏网页
具体尺寸示例

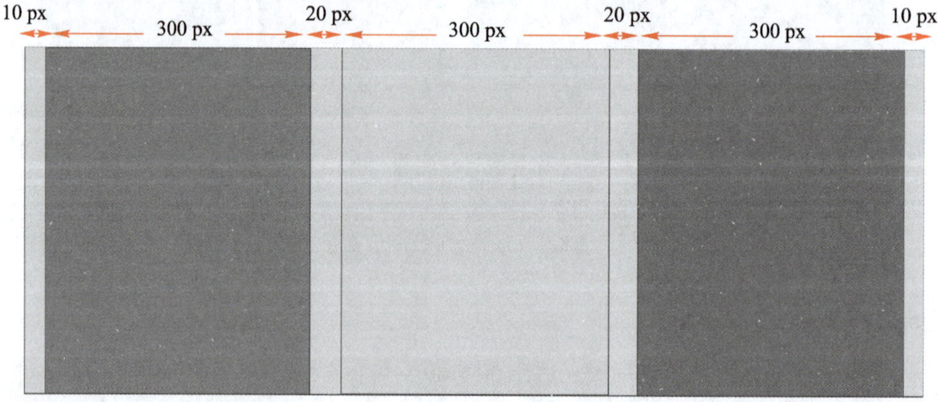

图 6-1-9
等宽三栏网页具体
尺寸示例

四栏网页一般是等宽的，具体尺寸如图 6-1-10 所示。

10 px　220 px　20 px　220 px　20 px　220 px　20 px　220 px　10 px

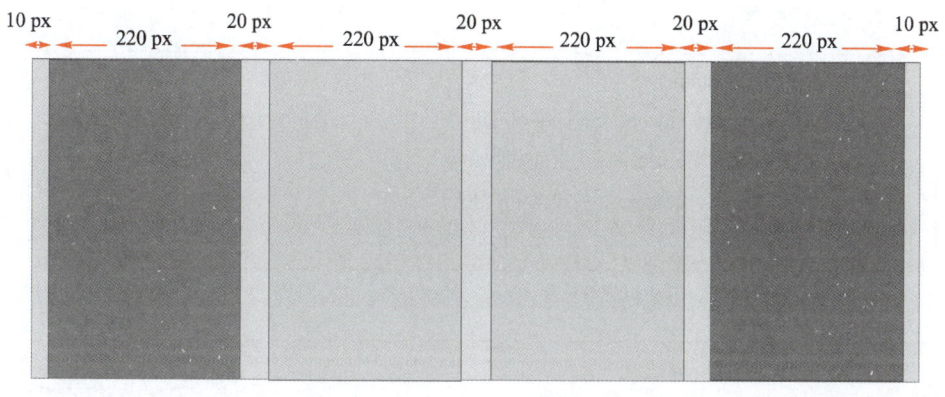

图 6-1-10
等宽四栏网页
具体尺寸示例

2. 978 网格系统

与 960 网格系统相似，978 网格系统也可以进行 12 栏式网页设计，978 网络系统不包含两边的 10 px 空间。978 网格系统 12 栏式效果如图 6-1-11 所示。

10 px 54 px 30 px

图 6-1-11
978 网格系统
12 栏式效果

任务实现

结合任务描述及基础知识的内容，可以得到主要 HTML 代码如下。

两栏页面：

```
1   <div id="container">
2       <div id="sidebar">占据 3 栏</div>
3       <div id="content">占据 9 栏</div>
4   </div>
```

不均分三栏页面：

```
1   <div id="container">
2       <div id="sidebar">占据 3 栏</div>
3       <div id="content">占据 6 栏</div>
4       <div id="column">占据 3 栏</div>
5   </div>
```

源代码：960 网格系统
在网页制作中的使用

微课 6-1
两栏页面效果

微课 6-2
不均分三栏页
面效果

均分三栏页面：

```
1    <div id="container">
2        <div id="sidebar">占据 4 栏</div>
3        <div id="content">占据 4 栏</div>
4        <div id="column">占据 4 栏</div>
5    </div>
```

均分四栏页面：

```
1    <div id="container">
2        <div id="sidebar">占据 3 栏</div>
3        <div class="content">占据 3 栏</div>
4        <div class="content">占据 3 栏</div>
5        <div id="column">占据 3 栏</div>
6    </div>
```

此处，样式代码存放在 style.css 文件中，CSS 代码如下。

两栏页面：

```
1    body {                              13        width: 220px;
2        font-size: 32px;                14        height: 300px;
3        line-height: 300px;             15        float: left;
4        text-align: center;             16        background-color:lightcoral;
5    }                                   17    }
6    #container {                        18    #content {
7        width: 960px;                   19        margin-right: 10px;
8        margin: 0 auto;                 20        width: 700px;
9    }                                   21        height: 300px;
10                                       22        float: right;
11    #sidebar {                         23        background-color: lightgreen;
12        margin-left: 10px;             24    }
```

不均分三栏页面：

```
1    body {                              10    #sidebar {
2        font-size: 32px;                11        margin-left: 10px;
3        line-height: 300px;             12        width: 220px;
4        text-align: center;             13        height: 300px;
5    }                                   14        float: left;
6    #container {                        15        background-color: lightcoral;
7        width: 960px;                   16    }
8        margin: 0 auto;                 17    #content {
9    }                                   18        margin-left: 20px;
```

19	width: 460px;	25	margin-right: 10px;
20	height: 300px;	26	width: 220px;
21	float: left;	27	height: 300px;
22	background-color: lightgreen;	28	float: right;
23	}	29	background-color: lightseagreen;
24	#column {	30	}

均分三栏页面：

1	body {	16	}
2	font-size: 32px;	17	#content {
3	line-height: 300px;	18	margin-left: 20px;
4	text-align: center;	19	width: 300px;
5	}	20	height: 300px;
6	#container {	21	float: left;
7	width: 960px;	22	background-color: lightcoral;
8	margin: 0 auto;	23	}
9	}	24	#column {
10	#sidebar {	25	margin-right: 10px;
11	margin-left: 10px;	26	width: 300px;
12	width: 300px;	27	height: 300px;
13	height: 300px;	28	float: right;
14	float: left;	29	background-color: lightseagreen;
15	background-color: lightgreen;	30	}

均分四栏页面：

1	body {	16	}
2	font-size: 32px;	17	.content {
3	line-height: 300px;	18	margin-left: 20px;
4	text-align: center;	19	width: 220px;
5	}	20	height: 300px;
6	#container {	21	float: left;
7	width: 960px;	22	background-color: lightgreen;
8	margin: 0 auto;	23	}
9	}	24	#column {
10	#sidebar {	25	margin-right: 10px;
11	margin-left: 10px;	26	width: 220px;
12	width: 220px;	27	height: 300px;
13	height: 300px;	28	float: right;
14	float: left;	29	background-color: lightseagreen;
15	background-color: lightcoral;	30	}

任务 6-2　clearfix 和 clear 的使用

🎓 任务描述

实现如图 6-2-1 所示的页面效果，注意 clearfix 和 clear 的异同。

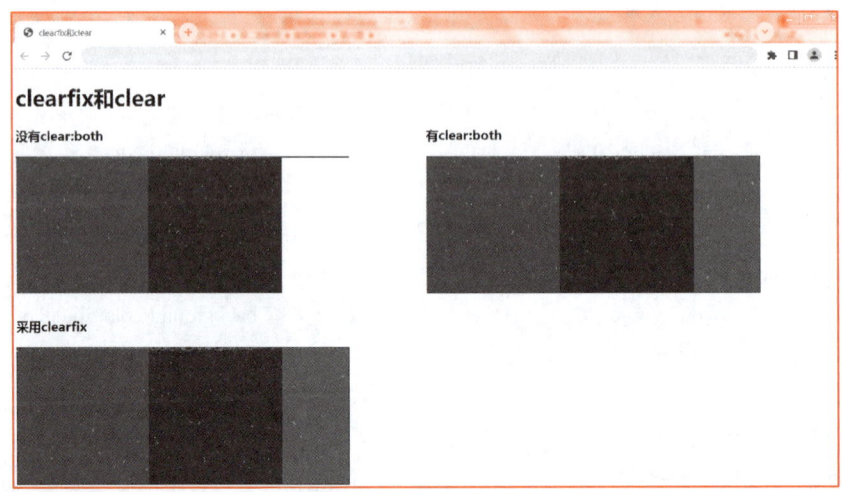

图 6-2-1
clearfix 和 clear
的页面效果

🎓 基础知识

float 属性的清除方法有以下两种。

（1）clear:both

在父层<div>内，子层<div>结束处加入<div>，设置 clear:both 在左右两侧均不允许浮动元素，但是这么做会增加一个没有意义的<div>。

（2）.clearfix:after

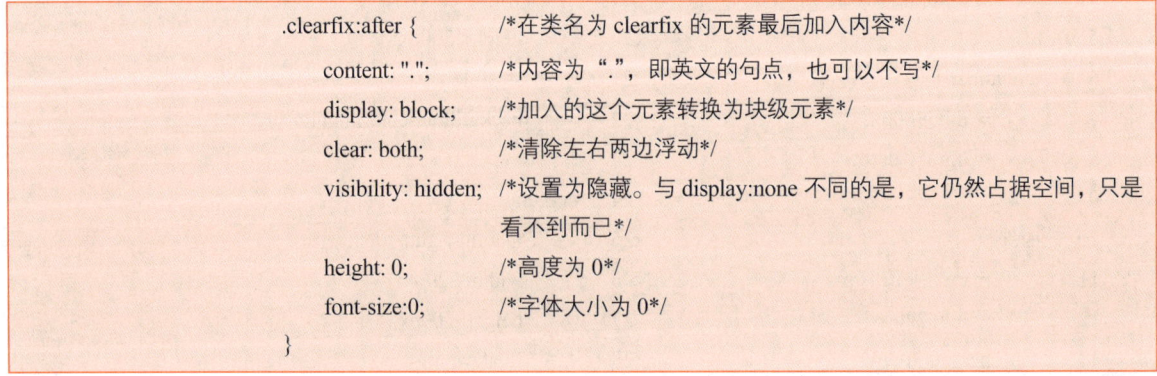

```
.clearfix:after {          /*在类名为 clearfix 的元素最后加入内容*/
    content: ".";          /*内容为 "."，即英文的句点，也可以不写*/
    display: block;        /*加入的这个元素转换为块级元素*/
    clear: both;           /*清除左右两边浮动*/
    visibility: hidden;    /*设置为隐藏。与 display:none 不同的是，它仍然占据空间，只是
                             看不到而已*/
    height: 0;             /*高度为 0*/
    font-size:0;           /*字体大小为 0*/
}
```

以上整段代码就相当于在浮动元素后面加了一个宽高为 0 的空<div>，然后设定 clear:both 来达到清除浮动的效果。经过使用 after 伪对象，将在应用 clearfix 的元素结尾添加 content 中的内容，即 "."，并且把它设置为块级元素（display="block"）；高度设置为 0，

clear="both"，然后将其内容隐藏掉（visibility="hidden"），这样就会撑开此块级元素。这种
方法不必在 HTML 文件中写入大量无意义的空标签，又能清除浮动。

```
.clearfix {
    *zoom:1; /*height:1%效果也是一样*/
}
```

任务实现

结合任务描述及基础知识的内容，可以得到如下 HTML 代码：

源代码：clearfix 和
clear 的使用

微课 6-5
clearfix 和 clear
的使用

```
1    <h1>clearfix 和 clear</h1>
2    <h3>没有 clear:both</h3>
3    <div class="out">
4        <div class="left"></div><div class="right"></div>
5    </div>
6    <div class="clear"></div><!--这行清除浮动，否则两个案例会重叠-->
7    <h3>有 clear:both</h3>
8    <div class="out">
9        <div class="left"></div><div class="right"></div>
10       <div class="clear">
11   </div>
12   </div>
13   <h3>采用 clearfix</h3>
14   <div class="out clearfix">
15       <div class="left"></div><div class="right"></div>
16   </div>
```

想达到效果图的单元格效果，还需要以下 CSS 代码：

```
1    .clear {                           15   .right {
2        clear: both;                   16       width: 200px;
3    }                                  17       height: 200px;
4    .out {                             18       float: left;
5        background-color: red;         19       background-color: blue;
6        width: 500px;                  20   }
7        border: 1px solid #000;        21   .clearfix:after {
8    }                                  22       visibility: hidden;
9    .left {                            23       display: block;
10       width: 200px;                  24       font-size: 0;
11       height: 200px;                 25       content: " ";
12       float: left;                   26       clear: both;
13       background-color: green;       27       height: 0;
14   }                                  28   }
```

| 29 | .clearfix { | | | 31 | } |
| 30 | | *zoom: 1; | | | |

说明：父级<div>没有高度因此不能自适应高度，因为其子<div>对象使用了 float 属性后，导致对象本身不能被撑开自适应高度，需要设置 clear 清除 float 属性来自适应高度。

PPT：任务 6-3
常用经典布局

任务 6-3 常用经典布局

任务描述

图 6-3-1～图 6-3-8 是比较常用的 8 种经典布局，这 8 种布局方式都是设定页面宽度为 960px，12 栏式。

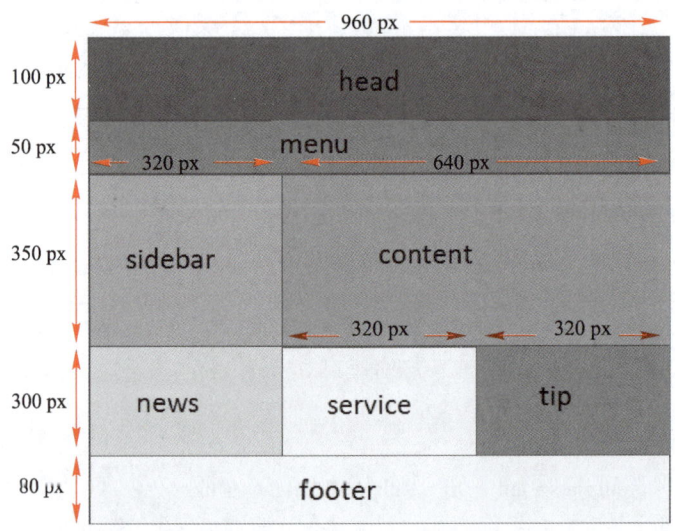

图 6-3-1
经典布局 1

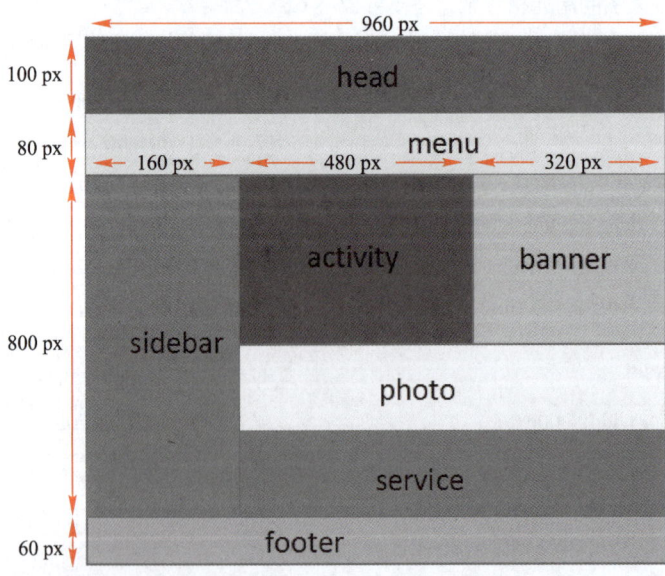

图 6-3-2
经典布局 2

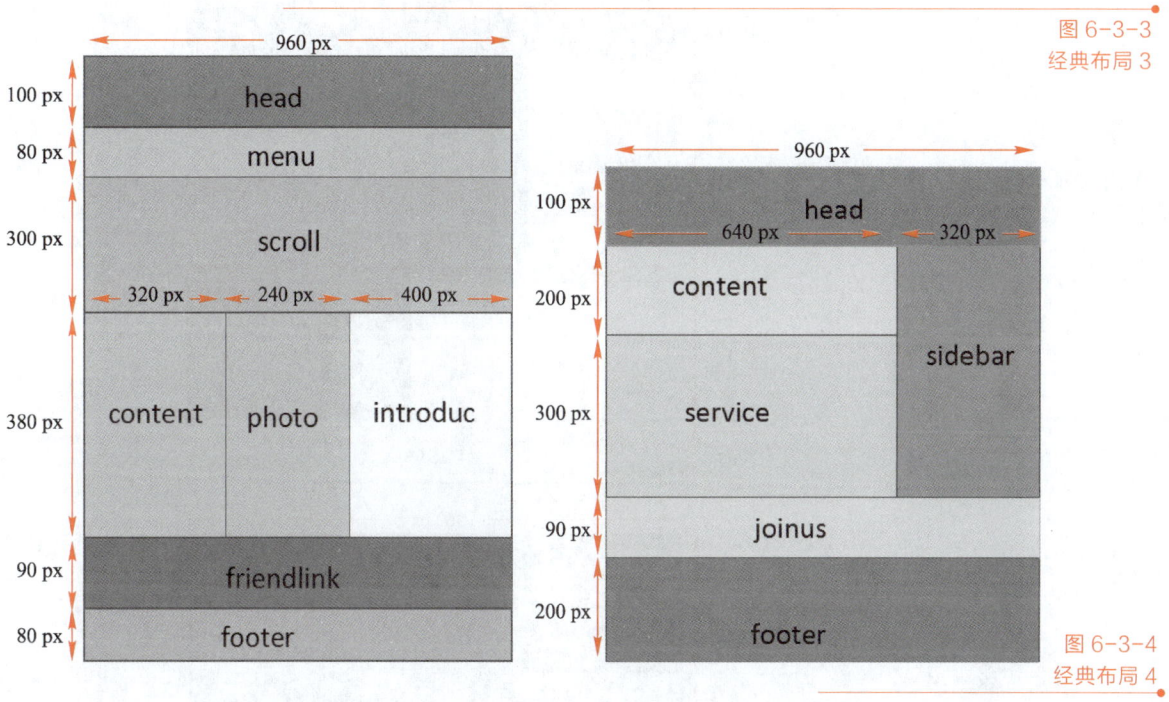

图 6-3-3
经典布局 3

图 6-3-4
经典布局 4

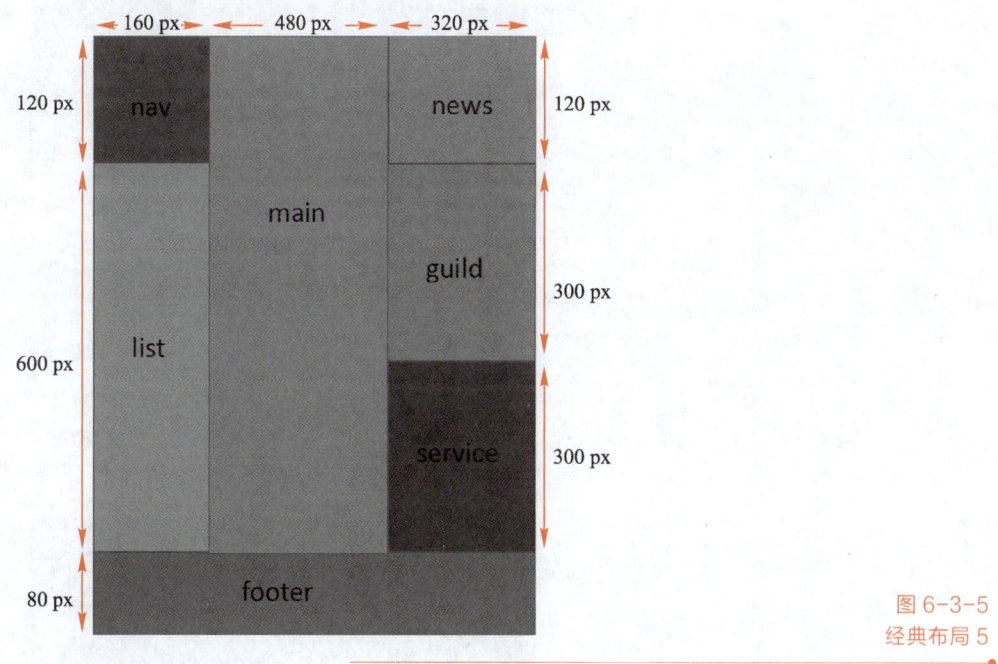

图 6-3-5
经典布局 5

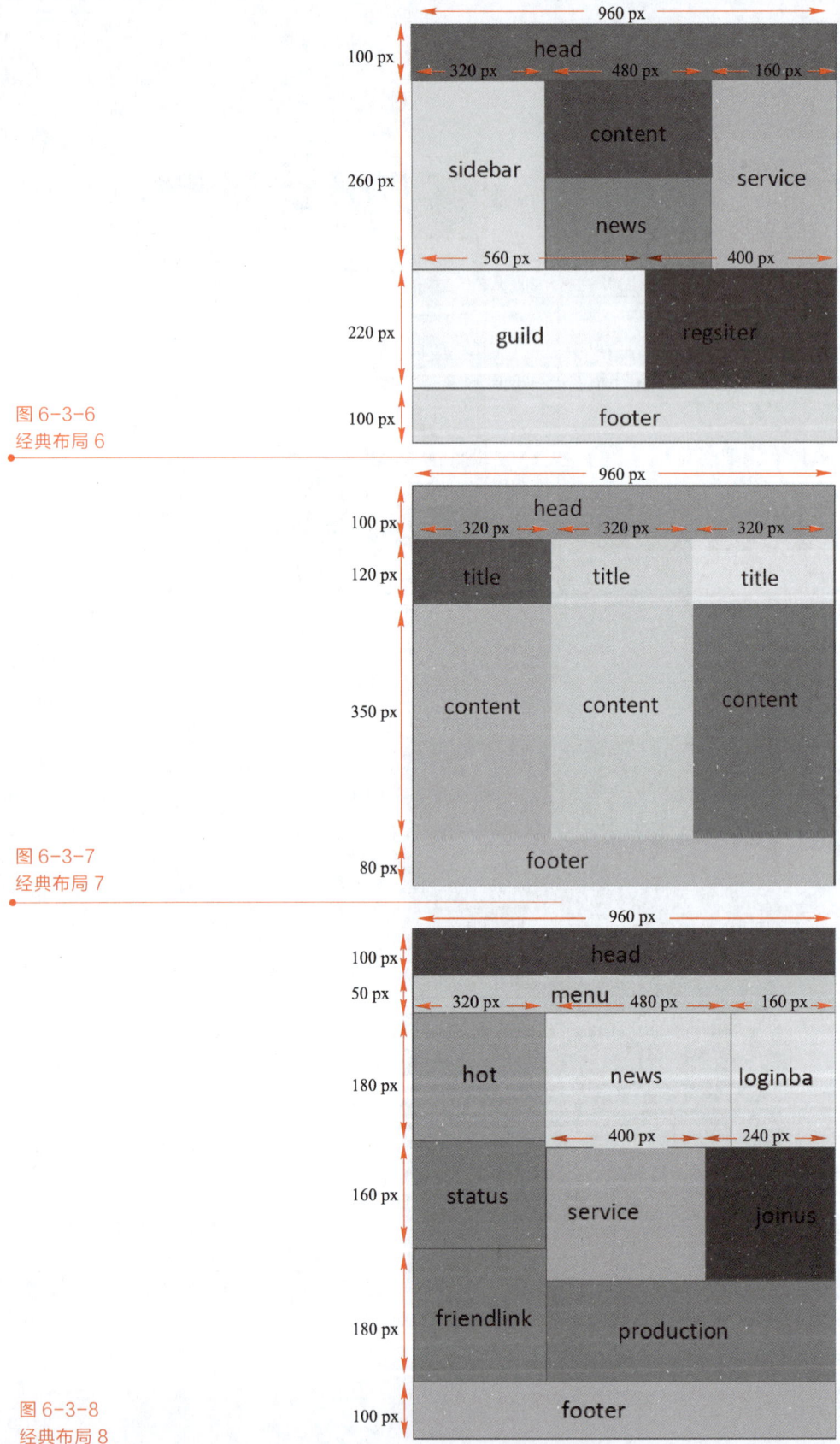

图 6-3-6
经典布局 6

图 6-3-7
经典布局 7

图 6-3-8
经典布局 8

以经典布局 3、经典布局 4 和经典布局 5 为例，按照图中标注的尺寸进行页面布局的实现。

基础知识

网页布局就是以最适合浏览的方式将图片和文字排放在网页的不同位置。不同的制作者会做出不同的布局设计。

网页布局需要通过设置图片或装有文字的盒子<div>的大小尺寸、位置属性、float 属性等 CSS 样式实现。HTML5 中增加了一些用作网页布局的语义元素，如表 6-3-1 所示。

表 6-3-1　HTML5 新增语义元素

语义元素名称	语义元素含义
<header>	定义文档或节的页眉
<nav>	定义导航超链接的容器
<section>	定义文档中的节
<article>	定义独立的自包含文章
<aside>	定义内容之外的内容（比如侧栏）
<footer>	定义文档或节的页脚
<details>	定义额外的细节
<summary>	定义 <details> 元素的标题

任务实现

源代码：常用经典布局

微课 6-6
常用经典布局
（1）

1. 经典布局 3 代码

根据任务描述中经典布局 3 的尺寸要求，可以得到主要 HTML 代码如下：

```
1    <div id="container">
2        <header>head</header>
3        <menu>menu</menu>
4        <div class="scroll">scroll</div>
5        <div id="main">
6            <div class="content">content</div>
7            <div class="photo">photo</div>
8            <div class="introduce">introduce</div>
9        </div>
10       <div class="clear"></div>
11       <div class="friendlink">friendlink</div>
12       <footer>footer</footer>
13   </div>
```

样式代码存放在 style.css 文件中，CSS 代码如下：

```
1   body {                                  28          height: 380px;
2       margin: 0;                          29          float: left;
3       padding: 0;                         30          background-color: pink;
4       font-family: verdana;               31      }
5       font-size: 30px;                    32  .photo {
6       text-align: center;                 33          width: 240px;
7   }                                       34          height: 380px;
8   #container {                            35          float: left;
9       width: 960px;                       36          background-color: yellowgreen;
10      margin: 0 auto;                     37      }
11  }                                       38  .introduce {
12  header {                                39          width: 400px;
13      height: 100px;                      40          height: 380px;
14      background-color: firebrick;        41          float: right;
15  }                                       42          background-color:blanche-
16  menu {                                  dalmond;
17      height: 80px;                       43      }
18      background-color: lightpink;        44  .friendlink {
19      margin: 0;                          45          height: 90px;
20      padding: 0;                         46          background-color: brown;
21  }                                       47      }
22  .scroll {                               48  .clear {
23      height: 300px;                      49          clear: both;
24      background-color:                   50      }
    cornflowerblue;                         51  footer {
25  }                                       52          background-color: sandybrown;
26  .content {                              53          height: 80px;
27      width: 320px;                       54      }
```

2．经典布局 4 代码

根据任务描述中经典布局 4 的尺寸要求，可以得到主要 HTML 代码如下：

```
1   <div id="container">
2       <header>head</header>
3       <div id="main">
4           <div class="column">
5               <div class="content">content</div>
6               <div class="service">service</div>
7           </div>
```

微课 6-7
常用经典布局
（2）

```
8                <div class="aside">
9                    <div class="sidebar">sidebar</div>
10               </div>
11           </div>
12       <div class="clear"></div>
13       <div class="joinus">joinus</div>
14       <footer>footer</footer>
15   </div>
```

样式代码存放在 style.css 文件中，CSS 代码如下：

```
1    body {                              25   .service {
2        margin: 0;                      26       width: 640px;
3        padding: 0;                     27       height: 300px;
4        font-family: verdana;           28       background-color: plum;
5            font-size: 30px;            29   }
6        text-align: center;             30   .aside {
7    }                                   31       float: right;
8    #container {                        32   }
9        width: 960px;                   33   .sidebar {
10       margin: 0 auto;                 34       width: 320px;
11   }                                   35       height: 500px;
12   header {                            36       background-color: cornflowerblue;
13       width: 960px;                   37   }
14       height: 100px;                  38   .joinus {
15       background-color: firebrick;    39       height: 90px;
16   }                                   40       background-color: lightcyan;
17   .column {                           41   }
18       float: left;                    42   .clear {
19   }                                   43       clear: both;
20   .content {                          44   }
21       width: 640px;                   45   footer {
22       height: 200px;                  46       background-color:forestgreen;
23       background-color:               47       height: 200px;
     palevioletred;                      48   }
24   }
```

3. 经典布局 5 代码

根据任务描述中经典布局 5 的尺寸要求，可以得到主要 HTML 代码如下：

```
1    <div id="container">
2        <div class="column">
```

微课 6-8
常用经典布局
（3）

3	<div class="nav">nav</div>
4	<div class="list">list</div>
5	</div>
6	<div class="content">
7	<div class="main">main</div>
8	</div>
9	<div class="sidebar">
10	<div class="news">news</div>
11	<div class="guild">guild</div>
12	<div class="service">service</div>
13	</div>
14	<div class="clear"></div>
15	<footer>footer</footer>
16	</div>

样式代码存放在 style.css 文件中，CSS 代码如下：

```
1    body {
2        margin: 0;
3        padding: 0;
4        font-family: verdana;
5        font-size: 30px;
6        text-align: center;
7    }
8    #container {
9        width: 960px;
10       margin: 0 auto;
11   }
12   .column {
13       float: left;
14   }
15   .nav {
16       width: 160px;
17       height: 120px;
18       background-color: brown;
19   }
20   .list {
21       width: 160px;
22       height: 600px;
23       background-color: dodgerblue;
24   }
```

```
25   .content {
26       float: left;
27   }
28   .main {
29       width: 480px;
30       height: 720px;
31       background-color: orange;
32   }
33   .sidebar {
34       float: right;
35   }
36   .news {
37       width: 320px;
38       height: 120px;
39       background-color: darkgreen;
40   }
41   .guild {
42       width: 320px;
43       height: 300px;
44       background-color:
     darkgoldenrod;
45   }
46   .service {
47       width: 320px;
```

48	height: 300px;	53	}
49	background-color:	54	footer {
	mediumpurple;	55	height: 80px;
50	}	56	background-color: red;
51	.clear {	57	}
52	clear: both;		

其他 5 种常用经典布局的代码类似，有兴趣的读者可参照上述 3 种经典布局样例编写实现代码。

任务 6-4　常用弹性布局

PPT：任务 6-4
常用弹性布局

任务描述

使用弹性布局实现百分比布局、圣杯布局和侧边固定宽度布局的页面效果，如图 6-4-1～图 6-4-3 所示。

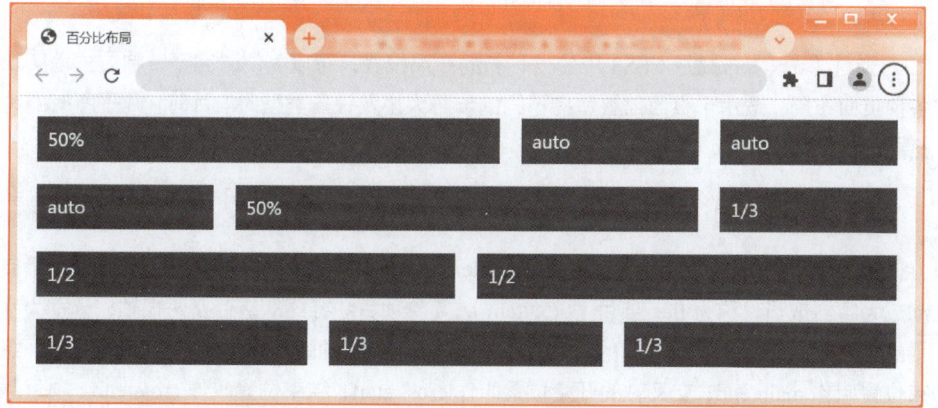

图 6-4-1
百分比布局页面效果

图 6-4-2
圣杯布局页面效果

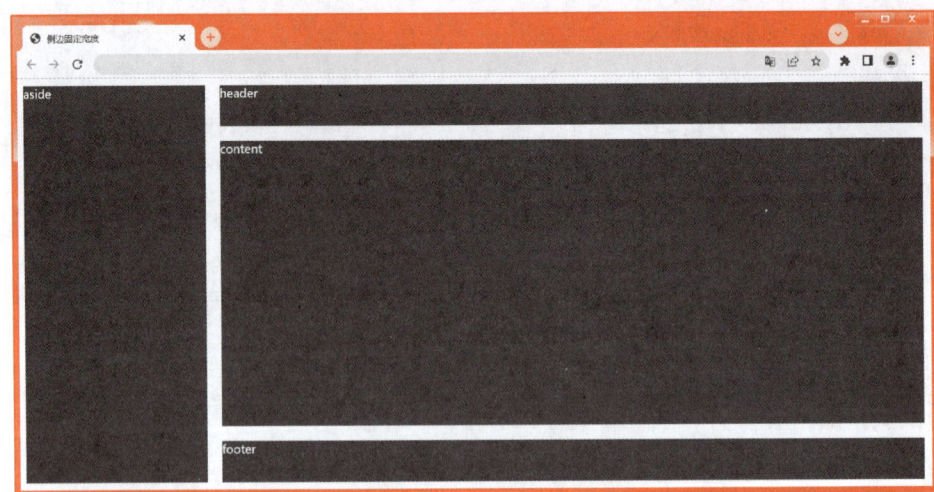

图 6-4-3
侧边固定宽度
布局页面效果

基础知识

1. 弹性布局概述

弹性（flex）布局是 CSS3 中的一种新的布局模式，可以简便、完整、响应式地实现各种页面布局，适用于页面需要适应不同的屏幕大小及设备类型时。目前，几乎所有的浏览器都支持弹性布局。

2. 相关基本概念

采用弹性布局的元素称为 flex 容器（flex container），简称容器。它的所有子元素自动成为容器成员，称为 flex 项目（flex item），简称项目。容器默认存在两根轴，分别为水平的主轴（main axis）和垂直的交叉轴（cross axis）。主轴的开始位置叫作 main start，结束位置叫作 main end；交叉轴的开始位置叫作 cross start，结束位置叫作 cross end。项目默认沿主轴排列。单个项目占据的主轴空间叫作 main size，占据的交叉轴空间叫作 cross size。flex 容器的组成如图 6-4-4 所示。

拓展阅读 6-1
flex 布局常用
属性介绍

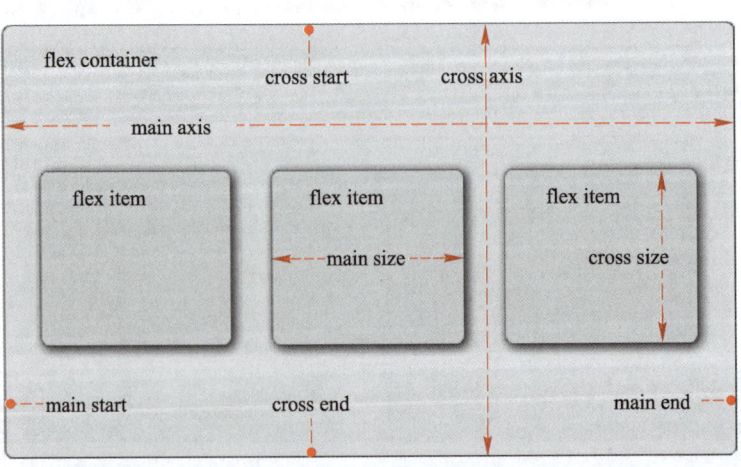

图 6-4-4
flex 容器的组成

3. 弹性布局设置

弹性布局需要将元素的 display 属性设置为 flex(生成块级 flex 容器)或 inline-flex(生成类似 inline-block 的行内块级 flex 容器)。当一个元素设置了弹性布局以后，其子元素的 float、clear 和 vertical-align 等属性将失效。

4. CSS 语法

1) flex。

> flex: flex-grow flex-shrink flex-basis|auto|initial|inherit;

flex 的子属性如表 6-4-1 所示。

表 6-4-1 flex 的子属性

属性名	属性值	含义
flex-grow	number	一个数字，规定项目相对于其他灵活的项目进行扩展的量，默认值是 0
flex-shrink	number	一个数字，规定项目相对于其他灵活的项目进行收缩的量，默认值是 1
flex-basis	number	一个长度单位或者一个百分比，规定灵活项目的初始长度
	auto	默认值，长度等于灵活项目的长度。如果该项目未指定长度，则长度将根据内容决定

2) flex-flow。

> flex-flow: flex-direction flex-wrap|initial|inherit;

flex-flow 的子属性如表 6-4-2 所示。

表 6-4-2 flex-flow 的子属性

属性名	属性值	含义
flex-direction	row	默认值，灵活的项目将水平显示，正如一行一样
	row-reverse	与 row 相同，但是顺序相反
	column	灵活的项目将垂直显示，正如一列一样
	column-reverse	与 column 相同，但是顺序相反
flex-wrap	nowrap	默认值，规定灵活的项目不拆行或不拆列
	wrap	规定灵活的项目在必要的时候拆行或拆列
	wrap-reverse	规定灵活的项目在必要的时候拆行或拆列，但是顺序相反

3) flex：1。等同于：

> flex:1 1 auto;

flex:1 实际上是 flex-grow:1、flex-shrink:1、flex-basis: auto 3 个属性的缩写，子元素盒

子会根据自己的内容来适配并一起占满整个空间。

4）order 属性的 CSS 语法。

```
order: number|initial|inherit;
```

number 的默认值是 0，设置或检索弹性盒模型对象的子元素出现的顺序。如果元素不是弹性盒对象的元素，则 order 属性不起作用。

源代码：常用弹性布局

任务实现

1. 百分比布局的实现

结合任务描述及基础知识的内容，可以得到如下 HTML 代码：

微课 6-9
百分比布局

```
1    <div class="Grid">
2        <div class="Grid-cell col2">50%</div>
3        <div class="Grid-cell">auto</div>
4        <div class="Grid-cell ">auto</div>
5    </div>
6    <div class="Grid">
7        <div class="Grid-cell">auto</div>
8        <div class="Grid-cell col2">50%</div>
9        <div class="Grid-cell clo3">1/3</div>
10   </div>
11   <div class="Grid">
12       <div class="Grid-cell">1/2</div>
13       <div class="Grid-cell">1/2</div>
14   </div>
15   <div class="Grid">
16       <div class="Grid-cell">1/3</div>
17       <div class="Grid-cell">1/3</div>
18       <div class="Grid-cell">1/3</div>
19   </div>
```

CSS 代码如下：

```
1    .Grid {                               7        background: #356AA0;
2        display: flex;                    8        margin: 10px;
3    }                                     9        padding: 10px;
4    .Grid-cell {                          10       color: white;
5        flex: 1;                          11   }
6        /* 使得各个子元素可以等            12   .col2 {
     比伸缩 */                             13       flex: 0 0 50%;
```

```
14          /* 使用 flex 的第三个属性,        16    .col3 {
    也就是 flex-basis 来定义元素占据        17        flex: 0 0 33.3%;
    的空间 */                               18    }
15      }
```

2. 圣杯布局的实现

圣杯布局是经典的 CSS 布局,要求是左右两栏的宽度固定不变,中间一栏是自适应的。结合任务描述及基础知识的内容,可以得到如下 HTML 代码:

```
1    <div class="container">
2        <header class="bg">header</header>
3        <div class="main">
4            <main class="content bg">content</main>
5            <nav class="nav bg">nav</nav>
6            <aside class="ads bg">aside</aside>
7        </div>
8        <footer class="bg">footer</footer>
9    </div>
```

微课 6-10
圣杯布局

CSS 代码如下:

```
1    * {                                    18    .content {
2        margin: 0;                         19        flex: 1;
3        padding: 0;                        20    }
4    }                                      21    .ads,
5    .container {                           22    .nav {
6        display: flex;                     23        flex: 0 0 100px;
7        flex-direction: column;            24    }
8        min-height: 100vh;                 25    .nav {
9    }                                      26        order: -1;
10   .main {                                27        /* .nar 排在.content 和.ads 之前
11       display: flex;                          */
12       flex: 1;                           28    }
13   }                                      29    .bg {
14   header,                                30        background: #356AA0;
15   footer {                               31        margin: 10px;
16       flex: 0 0 100px;                   32        color: white;
17   }                                      33    }
```

3. 侧边固定宽度布局的实现

结合任务描述及基础知识的内容,可以得到如下 HTML 代码:

```
1    <div class="container">
2        <div class="aside bg">aside</div>
3        <div class="body">
4            <div class="header bg">header</div>
5            <div class="content bg">content</div>
6            <div class="footer bg">footer</div>
7        </div>
8    </div>
```

CSS 代码如下：

```
1    * {                              16           flex: 0 0 20%;
2        margin: 0;                   17       }
3        padding: 0;                  18    .body {
4    }                                19        display: flex;
5    .bg {                            20        flex-direction: column;
6        background: #356AA0;         21        flex: 1;
7        margin: 10px;                22    }
8        color: white;               23    .content {
9    }                                24        flex: 1;
10   .container {                     25   }
11       min-height: 100vh;          26   .header,
12       display: flex;              27   .footer {
13   }                                28        flex: 0 0 10%;
14   .aside {                        29   }
15       /* flex: 0 0 200px; */
```

任务 6-5　表格基本知识

📖 任务描述

子任务 1：创建一个基本表格，如图 6-5-1 所示。要求有表头、表体和表脚，CSS 样式表文件为 style.css。

子任务 2：创建 3 个三行三列的表格，第一个表格要求第一行合并单元格，第二个表格要求第一列合并单元格，第三个表格要求前两行的前两列合并单元格，如图 6-5-2 所示。

子任务 3：要求使用 3 种方法完成细边框表格的制作，效果如图 6-5-3 所示。

子任务 4：使用百分比设置表格的宽度和高度，效果如图 6-5-4 所示。

子任务 5：制作一个 11 行 4 列的表格，要求该表格在网页中居中显示，表格是细边框表格，表格整体宽度为 960 px。该表格有表头，并且给第一、二、四列的表头设置宽度，第一、二列单元格内容居中。表格效果如图 6-5-5 所示。

图 6-5-1
表格的表头、表体和
表脚效果

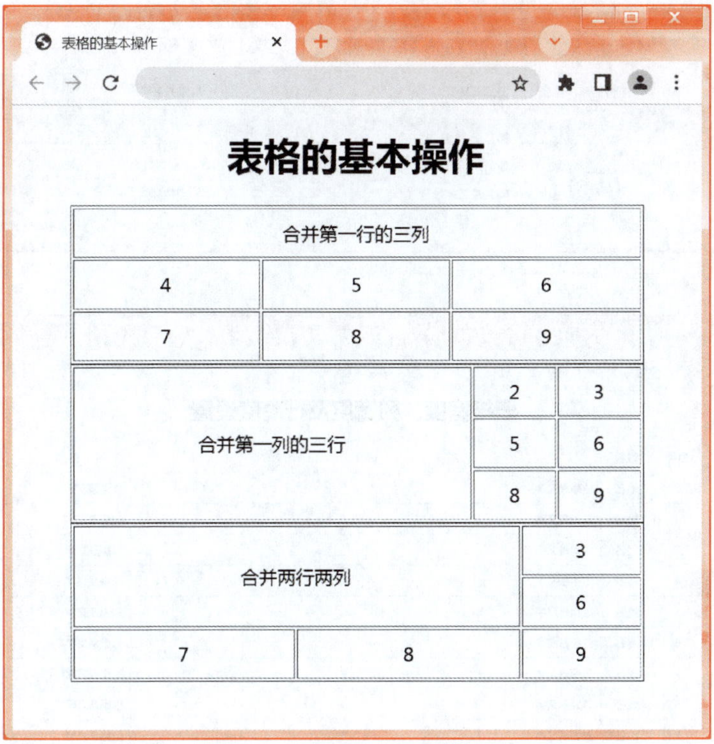

图 6-5-2
3 个三行三列表格的操作效果

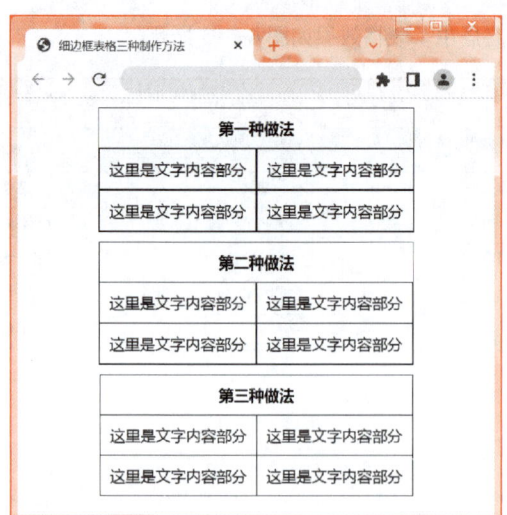

图 6-5-3
细边框表格效果

图 6-5-4
使用百分比设置
表格的宽度和高度
效果

图 6-5-5
11 行 4 列表格效果

　　子任务 6：制作一个四行三列的表格，要求使用 CSS3:nth-child()选择器设置表格隔行底色不同，达到隔行变色的效果，如图 6-5-6 所示。

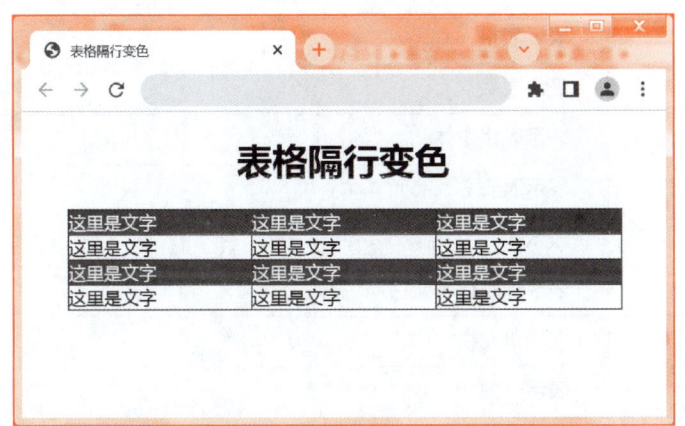

图 6-5-6
隔行变色表格效果

　　子任务 7：制作一个四行三列的表格，要求使用伪类选择器:hover 实现鼠标移动到某行，某行就改变颜色，效果如图 6-5-7 所示。

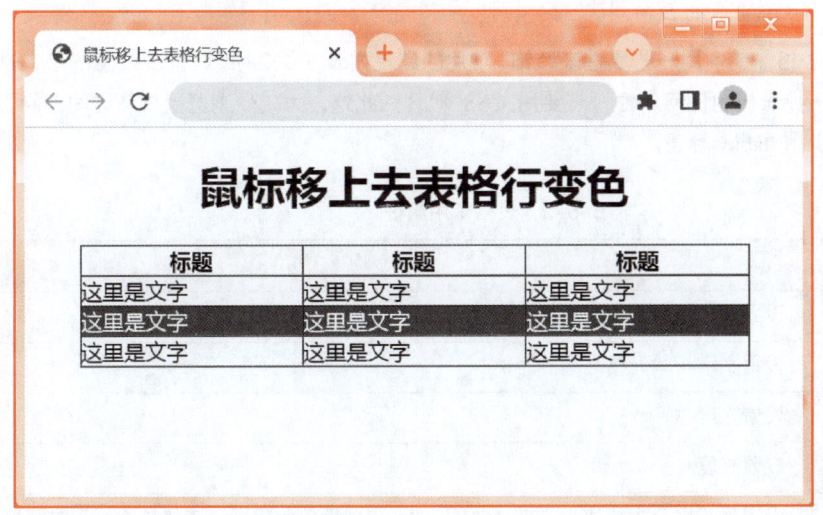

图 6-5-7
鼠标移上去，表格行
变色效果

基础知识

1．<table>标签及其常用属性

（1）<table>标签

　　网页中的表格使用<table>标签表示，以<table>标记开始，以</table>标记结束。表格的构成最少需要<table>、<tr>和<td>3 个元素，其他元素作为可选辅助项。表 6-5-1 列出了表格常用的元素及说明。

表 6-5-1　表格常用元素及说明

元素名称	说明
<table>	表示表格
<thead>	表示表头
<tbody>	表示表格主体
<tfoot>	表示表脚
<tr>	表示一行
<th>	表示标题行单元格
<td>	表示单元格
<col>	表示一列
<colgroup>	表示一组列
<caption>	表示表格标题

（2）<table>标签常用属性

表格需要使用一些属性来装饰，常用的属性如表 6-5-2 所示。需要注意的是，HTML5 不再支持表格的任何属性，需要用 CSS 代替。此外，为减少浏览器加载时间，网页文件最好少用<table>标签。

表 6-5-2　表格常用属性

属性	描述
cellspacing	设置单元格之间的距离
cellpadding	设置文字与单元格之间的距离
width	设置宽度
height	设置高度
border	设置是否显示表格边框。在 HTML5 中，该属性仅用于指示表格是否用于布局目的，且只允许属性值为空或 1
align	设置单元格内水平对齐方式
valign	设置单元格内垂直对齐方式

2. <td>标签及其属性

<td>标签表示表格中的单元格，有如下属性。

1）colspan：规定单元格可横跨的列数。

2）rowspan：规定单元格可横跨的行数。

3）headers：规定与单元格相关的表头，该属性不会在普通浏览器中产生任何视觉变化，但会在屏幕阅读器中产生不同的视觉效果。

列内合并单元格、行内合并单元格，以及合并两行两列需要用到 colspan 和 rowspan

属性。rowspan="2"表示从设置的 td 单元格开始向下合并两个单元格，colspan="2"表示自左向右合并两个单元格。

3. 细边框表格

子任务 1 和子任务 2 中所创建的表格都设置了边框，但是从效果来看，会发现每个单元格都有一个边框，这与办公软件里常见的表格有所不同。一般把办公软件里较为常见的表格称为细边框表格，它常用的制作方法有以下 3 种。

1）背景设置式：通过将表格背景色设置为黑色，将单元格背景设置为白色，并且将单元格之间的距离 cell_spaceing 设置为大于 0 的数值，从而让边框显示为黑色。cell_spaceing 值越大，表格框线越粗。

2）边框设置式：通过直接设置表格的边框来实现细边框表格。为了方便查看，采用不同颜色的线条来显示边框线，table border 设置表格外边框，td border 设置单元格边框，th border 设置表头边框。也就是说，设置边框时，表格外边框只设置上、右边框，单元格只设置下、左边框，保证边框不重复设置即可。

3）层叠式：为表格<td>、<th>标签设置了边框线后，因内边框的线条重复设置，导致内边框线条较粗，影响美观，所以需要在表格 CSS 样式中设置 border-collapse 属性，该属性的含义如表 6-5-3 所示。

表 6-5-3 表格 border-collapse 属性的含义

属性值	含义
separate	默认值，边框分开，不合并
collapse	边框合并，如果相邻，则共用一个边框

4. 表格的宽度和高度的百分比设置

浏览器本身是有宽度和高度的，设置 HTML 的 width:100%和 height:100%就可以获取浏览器的宽度和高度，<body>和<table>的宽度和高度也就有了标准，即表格的宽度和高度的百分比设置可以与浏览器保持一定的比例关系。

因此，在实现任务时需要进行如下操作。

1）设置外部样式表的<html>和<body>样式 width:100%、height:100%、margin:0、padding:0。

2）插入四行三列的表格，border=1，合并第一行单元格。

3）设置<table>样式 width:100%、height:100%。

5. 表格基本样式设置

1）通过表格属性 align="center"设置表格在网页居中。

2）表格宽度在 CSS 样式中统一设置，基于"结构、表现、行为分离"这一原则，一般不直接在<table>属性中设置。

3）表格共有四列，在表格宽度设置好的情况下，一般不会同时为四列设置宽度，会留一列不设置宽度，让其可以自由伸缩。

4）表格一般都不设置高度，高度会根据内容自由调整。

5）细边框表格可使用 border-collapse 属性进行设置：

> border-collapse: collapse;

设置单元格内容居中需要设置：

> text-align: center;

6）CSS3:nth-child(n) 选择器可匹配属于其父元素的第 n 个子元素，不论元素的类型，其中 n 可以是数字、关键词或公式。例如，要求表中第一、二列的样式相同就应该使用：

> tr td:nth-child(1),tr td:nth-child(2) {…}

6. CSS3:nth-child()选择器

本任务中使用 CSS3:nth-child()伪类选择器为奇数行设置相同背景色和字体颜色，该伪类选择器的具体使用方法如下。

:nth-child(an+b)匹配文档树中在其之前具有 an+b-1 个兄弟节点的元素，其中 n 为正值或 0。也就是说，该选择器匹配那些在同系列兄弟节点中的位置与模式 an+b 匹配的元素。示例：

- 0n+3（或 3）匹配第三个元素。
- 1n+0（或 n）匹配每个元素（兼容性提醒：在 Android 浏览器 4.3 以下的版本中，n 和 1n 的匹配方式不一致，1n 和 1n+0 是一致的，可根据喜好任选其一来使用）。
- 2n+0（或 2n）匹配位置为 2、4、6、8…的元素。可以使用关键字 even（偶数）来替换此表达式。
- 2n+1 匹配位置为 1、3、5、7…的元素。可以使用关键字 odd（奇数）来替换此表达式。
- 3n+4 匹配位置为 4、7、10、13…的元素。

总之，a 和 b 都必须为整数，并且元素的第一个子元素的下标为 1。换言之，该伪类匹配所有下标在集合{an+b;n=0,1,2,…}中的子元素。

7. :hover 伪类选择器

:hover 伪类选择器在实现超链接时使用过，其实这个伪类选择器用于选择鼠标指针浮动在上面的元素，可用于所有元素，其中使用这个伪类选择器最多的是超链接标签<a>。子任务 7 中就需要将这个伪类选择器用于表格的行元素，即 tr:hover{…}。

🔖 任务实现

源代码：表格基本知识

子任务 1： 创建一个基本表格。

1）在<body>标签内插入<table>标签，表格属性 width="800"、border="1"、cellspacing="5"、cellpadding="5"、align="center"。

2）在<table>标签内插入<thead>、<tbody>和<tfoot>标签，分别表示表头、表体以及表脚。然后在<thead>、<tbody>和<tfoot>标签内插入<tr>标签，一对<tr>标签代表一行。

3）在<thead>的<tr>内插入 3 对<th>标签，在<tbody>和<tfoot>的<tr>内插入 3 对<td>标签，在<th>标签和<td>标签内加入内容。

具体的 HTML 代码如下：

```
1    <table width="800" border="1" cell-
     spacing="5" cellpadding="5" align=
     "center">
2    <thead>
3        <tr>
4            <th>表头</th>
5            <th>表头</th>
6            <th>表头</th>
7        </tr>
8    </thead>
9    <tbody>
10       <tr>
11           <td width="200">第 1 行第 1 列
     </td>
12           <td width="200">第 1 行第 2 列
     </td>
13           <td width="200">第 1 行第 3 列
     </td>
14       </tr>
15       <tr>
16           <td>第 2 行第 1 列</td>
17           <td>第 2 行第 2 列</td>
18           <td>第 2 行第 3 列</td>
19       </tr>
20       <tr>
21           <td>第 3 行第 1 列</td>
22           <td>第 3 行第 2 列</td>
23           <td>第 3 行第 3 列</td>
24       </tr>
25   </tbody>
26   <tfoot>
27       <tr>
28           <td>表脚</td>
29           <td>表脚</td>
30           <td>表脚</td>
31       </tr>
32   </tfoot>
33   </table>
```

微课 6-12
表格的基本属
性及使用

想达到效果图中的单元格效果，还需要以下 CSS 代码：

```
1    td {
2        text-align: center;
3        background-color: #efefef;
4    }
```

子任务 2：创建 3 个三行三列的表格，并完成相关操作。

HTML 代码如下：

```
1    <h1>表格的基本操作</h1>
2    <!--第一个表格开始-->
3    <table border="1" align="center">
4        <tr>
5            <td colspan="3">合并第一行
     的三列</td>
6        </tr>
7        <tr>
8            <td>4</td>
9            <td>5</td>
10           <td>6</td>
11       </tr>
12       <tr>
13           <td>7</td>
14           <td>8</td>
15           <td>9</td>
16       </tr>
17   </table>
18   <!--第一个表格结束-->
19   <!--第二个表格开始-->
20   <table border="1" align="center">
21       <tr>
```

微课 6-13
表格的基本
操作

22	<td rowspan="3">合并第一列的三行</td>	37	<table border="1" align="center">
23	<td>2</td>	38	<tr>
24	<td>3</td>	39	<td rowspan="2" colspan="2">合并两行两列</td>
25	</tr>	40	<td>3</td>
26	<tr>	41	</tr>
27	<td>5</td>	42	<tr>
28	<td>6</td>	43	<td>6</td>
29	</tr>	44	</tr>
30	<tr>	45	<tr>
31	<td>8</td>	46	<td>7</td>
32	<td>9</td>	47	<td>8</td>
33	</tr>	48	<td>9</td>
34	</table>	49	</tr>
35	<!--第二个表格结束-->	50	</table>
36	<!--第三个表格开始-->	51	<!--第三个表格结束-->

想达到效果图中的单元格效果，还需要以下 CSS 代码：

```
1    h1 {
2        text-align: center;
3    }
4    table {
5        width: 500px;
6    }
7    td {
8        padding: 10px;
9        text-align: center;
10   }
```

子任务 3：制作细边框表格。

HTML 代码如下：

微课 6-14
制作细边框
表格

1	<!--第一种做法开始-->		部分</td>
2	<table cellspacing="1" id="one">	9	</tr>
3	<tr>	10	<tr>
4	<th colspan="2"> 第一种做法</th>	11	<td>这里是文字内容部分</td>
5	</tr>	12	<td>这里是文字内容部分</td>
6	<tr>		
7	<td>这里是文字内容部分</td>	13	</tr>
8	<td>这里是文字内容	14	</table>
		15	<!--第一种做法结束-->

```
16    <!--第二种做法开始-->
17    <table  cellspacing="0"  border="0"
      cellpadding="0" id="two">
18        <tr>
19            <th colspan="2"> 第二种
      做法</th>
20        </tr>
21        <tr>
22          <td>这里是文字内容部分
      </td>
23          <td>这里是文字内容部
      分</td>
24        </tr>
25        <tr>
26          <td>这里是文字内容部
      分</td>
27          <td>这里是文字内容部
      分</td>
28        </tr>
29    </table>
30    <!--第二种做法结束-->
```

```
31    <!--第三种做法开始-->
32    <table cellspacing="0" id="three">
33        <tr>
34            <th colspan="2">第三种
      做法</th>
35        </tr>
36        <tr>
37          <td>这里是文字内容部
      分</td>
38          <td>这里是文字内容部
      分</td>
39        </tr>
40        <tr>
41          <td>这里是文字内容部
      分</td>
42          <td>这里是文字内容部
      分</td>
43        </tr>
44    </table>
45    <!--第三种做法结束-->
```

想达到效果图中的单元格效果，还需要以下 CSS 代码：

```
1     table {
2         margin: 10px;
3         margin-left: auto;
4         margin-right: auto;
5     }
6     table#one {
7         background-color: #000;
8     }
9     #one th,
10    #one td,
11    #one tr {
12        background-color: #fff;
13        padding: 10px;
14    }
15    table#two {
16        border-right: 1px solid black;
17        border-bottom: 1px solid black;
18    }
```

```
19    #two th,
20    #two td,
21    #two tr {
22        border-top: 1px solid black;
23        border-left: 1px solid black;
24        border-right: 0;
25        border-bottom: 0;
26        padding: 10px;
27    }
28    table#three {
29        background-color: white;
30        border-collapse: collapse;
31    }
32    #three th,
33    #three td {
34        border: solid 1px black;
35        padding: 10px;
36    }
```

子任务 **4**：使用百分比设置表格的宽度和高度。

HTML 代码如下：

微课 **6-15**
表格宽高百分
比设置

```
1   <table border="1">
2       <tr><th colspan="3">这里是标题</th></tr>
3       <tr><td>这里是文字</td><td>这里是文字</td><td>这里是文字</td></tr>
4       <tr><td>这里是文字</td><td>这里是文字</td><td>这里是文字</td></tr>
5       <tr><td>这里是文字</td><td>这里是文字</td><td>这里是文字</td></tr>
6   </table>
```

想达到效果图中的单元格效果，还需要以下 CSS 代码：

```
1   html,body {
2       width: 100%;
3       height: 100%;
4       margin: 0;
5       padding: 0;
6   }
7   table {
8       width: 100%;
9       height: 100%;
10  }
```

子任务 **5**：制作一个 11 行 4 列的表格，并完成相关操作。

HTML 代码如下：

微课 **6-16**
表格宽度、列
宽度和行高度
设置

```
1   <h1 align="center">表格宽度、列宽度及行高度设置</h1>
2   <table class="out-table" align="center">
3       <tr>
4           <th>序号</th><th>姓名</th><th>简介</th><th>备注</th>
5       </tr>
6       <tr><td>1</td><td>姓名</td><td>这里是文字</td><td>这里是文字</td></tr>
7       <tr><td>2</td><td>姓名</td><td>这里是文字</td><td>这里是文字</td></tr>
8       <tr><td>3</td><td>姓名</td><td>这里是文字</td><td>这里是文字</td></tr>
9       <tr><td>4</td><td>姓名</td><td>这里是文字</td><td>这里是文字</td></tr>
10      <tr><td>5</td><td>姓名</td><td>这里是文字</td><td>这里是文字</td></tr>
11      <tr><td>6</td><td>姓名</td><td>这里是文字</td><td>这里是文字</td></tr>
12      <tr><td>7</td><td>姓名</td><td>这里是文字</td><td>这里是文字</td></tr>
13      <tr><td>8</td><td>姓名</td><td>这里是文字</td><td>这里是文字</td></tr>
14      <tr><td>9</td><td>姓名</td><td>这里是文字</td><td>这里是文字</td></tr>
15      <tr><td>10</td><td>姓名</td><td>这里是文字</td><td>这里是文字/td></tr>
16  </table>
```

想达到效果图中的单元格效果，还需要以下 CSS 代码：

```
1    .out-table {                          10   tr td:nth-child(1),
2        width: 960px;                     11   tr td:nth-child(2) {
3        border-collapse: collapse;        12       text-align: center;
4    }                                     13       width: 50px;
5    th,                                   14   }
6    td {                                  15   tr td:nth-child(4) {
7        border: solid 1px black;          16       width: 150px;
8        padding: 10px;                    17   }
9    }
```

子任务 6：实现表格隔行变色效果。

HTML 代码如下：

```
1    <h1 align="center">表格隔行变色</h1>
2    <table class="out-table" cellspacing="0" cellpadding="0" border="1" align="center">
3        <tr><td>这里是文字</td><td>这里是文字</td><td>这里是文字</td></tr>
4        <tr><td>这里是文字</td><td>这里是文字</td><td>这里是文字</td></tr>
5        <tr><td>这里是文字</td><td>这里是文字</td><td>这里是文字</td></tr>
6        <tr><td>这里是文字</td><td>这里是文字</td><td>这里是文字</td></tr>
7    </table>
```

想达到效果图中的单元格效果，还需要以下 CSS 代码：

```
1    .out-table {
2        width: 500px;
3    }
4    .out-table tr:nth-child(odd) {
5        background: #666666;
6        color: #ffffff;
7    }
```

微课 6-17
表格隔行变色

子任务 7：实现鼠标移上去，表格行变色效果。

HTML 代码如下：

```
1    <h1>鼠标移上去表格行变色</h1>
2    <table border="1" width="500px" cellspacing="0" cellpadding="0" align="center">
3        <tr><th>标题</th><th>标题</th><th>标题</th></tr>
4        <tr><td>这里是文字</td><td>这里是文字</td><td>这里是文字</td></tr>
5        <tr><td>这里是文字</td><td>这里是文字</td><td>这里是文字</td></tr>
6        <tr><td>这里是文字</td><td>这里是文字</td><td>这里是文字</td></tr>
7    </table>
```

微课 6-18
鼠标移上去表
格行变色

想达到效果图中的单元格效果，还需要以下 CSS 代码：

```
1    h1 {
2        text-align: center;
3    }
4    tr:hover {
5        background-color: #666666;
6        color: #ffffff;
7    }
```

任务 6-6　使用表格制作个人简历

PPT：任务 6-6
使用表格制作个人简历

任务描述

使用表格以及相关元素制作个人简历，简历整体上使用表单呈现，框架如图 6-6-1 所示。个人简历的主要内容放置在表格中，各单元格的具体内容根据要求需要使用单选按钮、复选框、无序列表、有序列表以及超链接等元素，效果如图 6-6-2 所示。

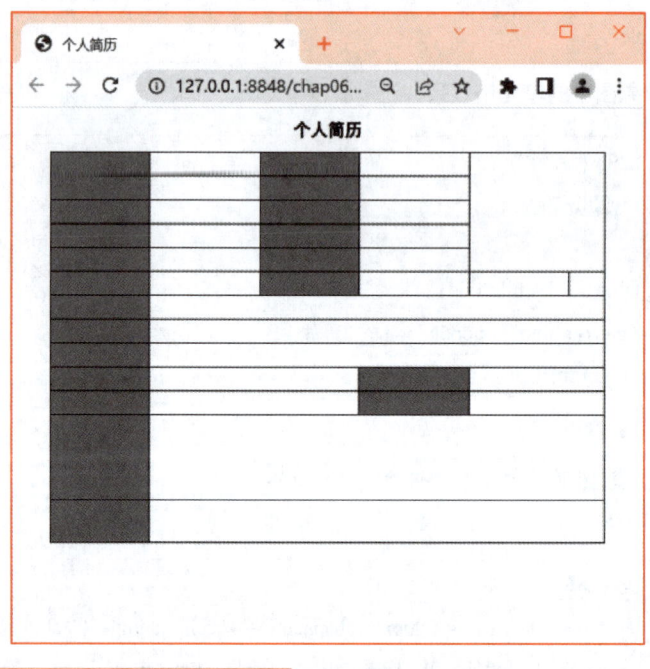

图 6-6-1
个人简历框架

本任务为企业面试真题，要求使用记事本编写 HTML5+CSS3 代码实现。

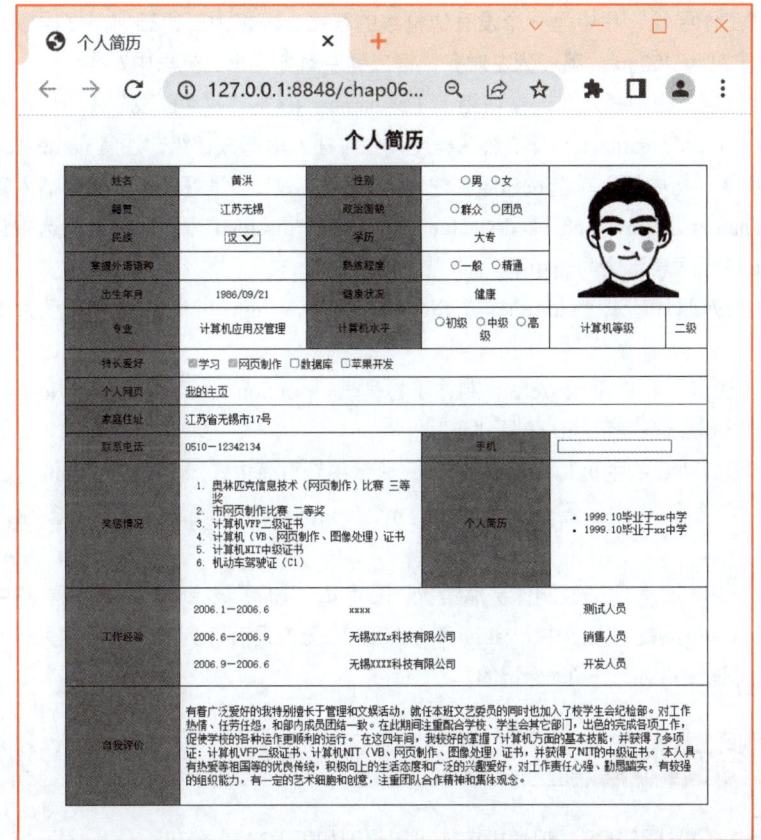

图 6-6-2
个人简历填充内容后的
页面效果

基础知识

1）根据任务描述可知，本任务的页面文件的主体内容就是一个表单，在表单内插入 \<h1\> 标记，用来描述标题，写清楚任务的主题：个人简历。结合效果图设置 \<body\>、字体以及背景等样式。

2）\<form\> 标签内插入 13 行 6 列的 \<table\> 标签，可使用类选择器设置表格的样式，设置表格宽度为 960 px。依照效果图设置表格的行和列，并可分别使用类选择器设置表格的每一列及不同单元格的样式，注意设置文字居中效果。

3）将表格设置为细边框，同时设置单元格内容与边框之间的距离。

4）结合表格的整体宽度适当地设置列的宽度，并按照要求合并单元格。例如 \<td colspan="2" rowspan="5"\>\</td\> 为合并 5 行 2 列，合并后的单元格用来放置照片。

5）注意，个人简历中的标题单元格都是灰色背景，加粗的字体需要进行单独设置。

至此，已经完成图 6-6-1 所示个人简历框架效果，下面进行内容的填充。

6）在每个单元格内填写文字，不需要插入文本框、单选框、复选框、下拉列表、图片等。

7）"自我评价"的文字放入段落 \<p\> 标记内，设置字体时，先设置英文字体，再设置中文字体，会优先匹配使用英文字体，但是在英文字体中找不到中文字符，这样就会自动匹配后设置的中文字体了。

8）"工作经验"栏中是一个没有边框线的表格，表格为三行三列，根据效果图分析可设置其宽度为 700 px，第一列左对齐，第二列左对齐，第三列居中对齐。

9）"性别"栏中插入单选按钮组，注意 name="sex"；"政治面貌"栏中插入单选按钮组，注意 name="organization"；"熟练程度"栏中插入单选按钮组，注意 name="degree"；"计算机水平"栏中插入单选按钮组，注意 name="level"；"爱好特长"栏中插入复选按钮组，注意 name="hobby"、checked="value"，disabled="disabled"表示此项默认选中且不可编辑，name 值相同表示为同一组别。

10）插入照片，设置<td>的样式 align="center"、valign="middle"，使得照片上下及左右均居中。

11）"民族"栏中采用<select>制作下拉列表，<option>为菜单项，<option value="1" selected>汉</option>表示默认值是"汉"。

12）设置"我的主页"，使用超链接，显示在新页面中，即 target="_blank"。

13）"手机"栏中设置一个文本框，maxlength="11"，表示文本框最多输入 11 个字符。

14）采用<ol>有序列表制作奖惩情况，采用<ul>无序列表制作个人简历，其中个人简历的单元格<td>设置上下居中（valign="middle"）。无论是有序列表还是无序列表，每个列项的内容都是使用<li>…</li>标记的。

源代码：使用表格制作个人简历

微课 6-19
使用表格制作
个人简历（1）

任务实现

结合任务描述及基础知识的内容，可以得到如下 HTML 代码：

```
1   <form action="">
2   <h1>个人简历</h1>
3   <table class="table-out" align="center">
4   <!--第 1 行开始-->
5   <tr>
6   <td class="col-one"> </td>
7   <td class="col-two"> </td>
8   <td class="col-three"> </td>
9   <td class="col-four"> </td>
10  <td colspan="2" rowspan="5"> </td>
11  </tr>
12  <!--第 1 行结束-->
13  <!--第 2 行开始-->
14  <tr>
15  <td class="col-one"> </td>
16  <td class="col-two"> </td>
17  <td class="col-three"> </td>
18  <td class="col-four"> </td>
19  </tr>
20  <!--第 2 行结束-->
21  <!--第 3 行开始-->
22  <tr>
23  <td class="col-one"> </td>
24  <td class="col-two"> </td>
25  <td class="col-three"> </td>
26  <td class="col-four"> </td>
27  </tr>
28  <!--第 3 行结束-->
29  <!--第 4 行开始-->
30  <tr>
31  <td class="col-one"> </td>
32  <td class="col-two"> </td>
33  <td class="col-three"> </td>
34  <td class="col-four"> </td>
35  </tr>
36  <!--第 4 行结束-->
```

37	`<!--第 5 行开始-->`	77	`<td  class="col-four bg"> `
38	`<tr>`		`</td>`
39	`<td class="col-one"> </td>`	78	`<td colspan="2"> </td>`
40	`<td class="col-two"> </td>`	79	`</tr>`
41	`<td class="col-three"> </td>`	80	`<!--第 10 行结束-->`
42	`<td class="col-four"> </td>`	81	`<!--第 11 行开始-->`
43	`</tr>`	82	`<tr>`
44	`<!--第 5 行结束-->`	83	`<td class="col-one"> </td>`
45	`<!--第 6 行开始-->`	84	`<td colspan="2"> </td>`
46	`<tr>`	85	`<td class="col-four bg">  `
47	`<td class="col-one"> </td>`		`</td>`
48	`<td class="col-two"> </td>`	86	`<td colspan="2"> </td>`
49	`<td class="col-three"> </td>`	87	`</tr>`
50	`<td class="col-four"> </td>`	88	`<!--第 11 行结束-->`
51	`<td class="col-five">  </td>`	89	`<!--第 12 行开始-->`
52	`<td class="col-six"> </td>`	90	`<tr>`
53	`</tr>`	91	`<td class="col-one"> </td>`
54	`<!--第 6 行结束-->`	92	`<td colspan="5">`
55	`<!--第 7 行开始-->`	93	`<!--内嵌表格开始-->`
56	`<tr>`	94	`<table class="table-in">`
57	`<td class="col-one"> </td>`	95	`<tr>`
58	`<td colspan="5"> </td>`	96	`<td class="one"> </td>`
59	`</tr>`	97	`<td class="two">   </td>`
60	`<!--第 7 行结束-->`	98	`<td class="three">  </td>`
61	`<!--第 8 行开始-->`	99	`</tr>`
62	`<tr>`	100	`<tr>`
63	`<td class="col-one"> </td>`	101	`<td class="one">  </td>`
64	`<td colspan="5"> </td>`	102	`<td class="two"> </td>`
65	`</tr>`	103	`<td class="three"> </td>`
66	`<!--第 8 行结束-->`	104	`</tr>`
67	`<!--第 9 行开始-->`	105	`<tr>`
68	`<tr>`	106	`<td class="one"> </td>`
69	`<td class="col-one"> </td>`	107	`<td class="two"> </td>`
70	`<td colspan="5"> </td>`	108	`<td class="three">  </td>`
71	`</tr>`	109	`</tr>`
72	`<!--第 9 行结束-->`	110	`</table>`
73	`<!--第 10 行开始-->`	111	`<!--内嵌表格结束-->`
74	`<tr>`	112	`</td>`
75	`<td class="col-one"> </td>`	113	`</tr>`
76	`<td colspan="2"> </td>`	114	`<!--第 12 行结束-->`

115	`<!--第 13 行开始-->`	120	`</td>`
116	`<tr>`	121	`</tr>`
117	`<td class="col-one"> </td>`	122	`<!--第 13 行结束-->`
118	`<td colspan="5">`	123	`</table>`
119	`<p class="evaluate"> </p>`	124	`</form>`

样式代码存放在 style.css 文件中，CSS 代码如下：

1	`body {`	27	`text-align: center;`
2	`background-color: #ffffff;`	28	`}`
3	`font-family: "宋体";`	29	`.col-two {`
4	`font-size: 16px;`	30	`width: 170px;`
5	`}`	31	`text-align: center;`
6	`h1 {`	32	`}`
7	`font-family: "黑体";`	33	`.col-three {`
8	`font-size: 30px;`	34	`width: 150px;`
9	`text-align: center;`	35	`background-color:   #A0A0`
10	`}`		`A0;`
11	`.bg {`	36	`font-family: "黑体";`
12	`background-color:`	37	`text-align: center;`
	`#A0A0A0;`	38	`}`
13	`font-family: "黑体";`	39	`.col-four {`
14	`}`	40	`width: 170px;`
15	`.table-out {`	41	`text-align: center;`
16	`border-collapse: collapse;`	42	`}`
17	`width: 960px;`	43	`.col-five {`
18	`}`	44	`width: 150px;`
19	`.table-out td {`	45	`text-align: center;`
20	`border: solid 1px black;`	46	`}`
21	`padding: 10px;`	47	`.col-six {`
22	`}`	48	`text-align: center;`
23	`.col-one {`	49	`}`
24	`background-color: #A0A0A0;`	50	`.evaluate {`
25	`width: 150px;`	51	`font-family: Tahoma, "宋体";`
26	`font-family: "黑体";`	52	`}`

以上代码可以实现图 6-6-1 所示页面效果，对照图 6-6-2 所示内容补充代码即可完成本任务。

"民族"栏中的下拉列表代码如下：

1	`<select>`
2	`<option value="1" selected>汉</option>`
3	`<option value="2">满</option>`

4	\<option value="3"\>蒙\</option\>
5	\<option value="4"\>回\</option\>
6	\<option value="5"\>藏\</option\>
7	\</select\>

其中，\<option value="1" selected\>汉\</option\>表示默认为"汉"。

"特长爱好"栏中的复选框代码如下：

微课 6-20
使用表格制作
个人简历（2）

1	\<label\>\<input name="hobby" checked="value" disabled="disabled" type="checkbox" /\>学习\</label\>
2	\<label\>\<input name="hobby" checked="value" disabled="disabled" type="checkbox" /\>网页制作\</label\>
3	\<label\>\<input name="hobby" type="checkbox" /\>数据库\</label\>
4	\<label\>\<input name="hobby" type="checkbox" /\>苹果开发\</label\>

其中，disabled="disabled"表示复选框被禁用，checked="value"表示默认选中该复选框。

"工作经验"栏中的内嵌表格代码如下：

1	\<table class="table-in"\>
2	\<tr\>
3	\<td class="one"\>2006.1—2006.6\</td\>
4	\<td class="two"\> xxxx \</td\>
5	\<td class="three"\>测试人员　\</td\>
6	\</tr\>
7	\<tr\>
8	\<td class="one"\>2006.6—2006.9 \</td\>
9	\<td class="two"\>无锡 XXXX 科技有限公司\</td\>
10	\<td class="three"\>销售人员\</td\>
11	\</tr\>
12	\<tr\>
13	\<td class="one"\>2006.9—2006.6 \</td\>
14	\<td class="two"\>无锡 XXXX 科技有限公司\</td\>
15	\<td class="three"\>开发人员\</td\>
16	\</tr\>
17	\</table\>

样式代码存放在 style.css 文件中，CSS 代码如下：

1	.table-in {	6	}
2	width: 700px;	7	.table-in td.one {
3	}	8	text-align: left;
4	.table-in td {	9	}
5	border: none;	10	.table-in td.two {

11	text-align: left;	14	text-align: center;
12	}	15	}
13	.table-in td.three {		

任务 6-7　使用表格制作 QQ 邮箱

任务描述

使用表格制作 QQ 邮箱，具体效果如图 6-7-1～图 6-7-4 所示，要求页面的主体部分使用<iframe>…</iframe>标签的内联框架。

图 6-7-1
框架制作页面效果

图 6-7-2
上部、左部内容填充
页面效果

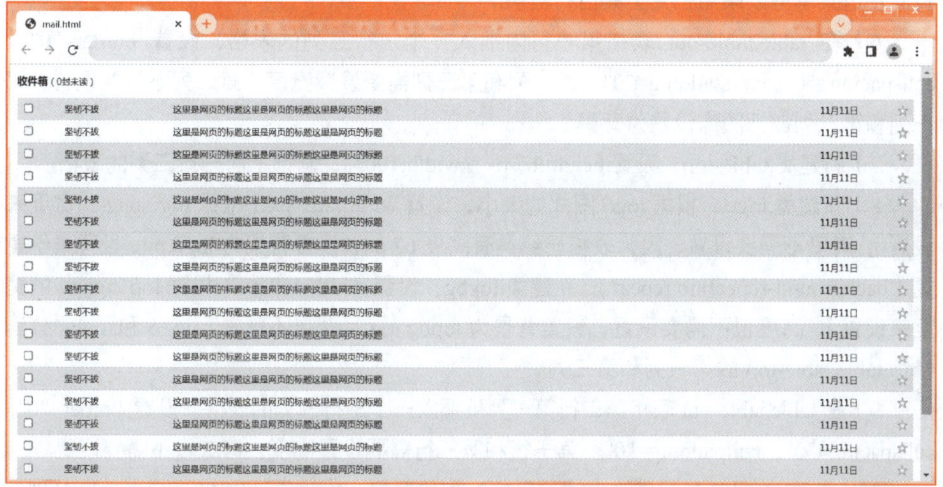

图 6-7-3
邮件页面效果

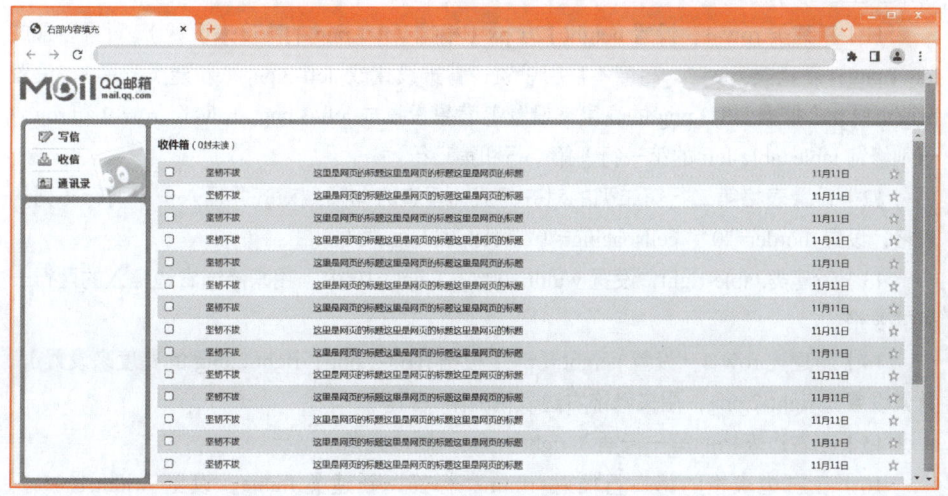

图 6-7-4
整体页面效果

基础知识

1. 制作流程

1）插入两行两列的表格，设置属性 border="0"、cellspacing="0"、cellpadding="0"，合并第一行单元格。

2）新建类 .table-out 修饰表格，设置 width:100%、height:100%，此时高度不起作用。

3）样式表设置<html>、<body>样式 margin:0、padding:0、width:100%、height:100%，以便让表格撑满整个浏览器。

4）新建类 .row-one，修饰表格第一行，根据页面上方背景图片的高度，设置 height:67 px（根据 top_bg.jpg 的高度来设置）。

5）新建类 .col-one，修饰表格第一列，根据页面左边菜单图片的宽度，设置 width:188 px（根据 left-1.png 的宽度来设置，left-1.png、left-2.png、left-3.png 宽度一致）。

页面左边菜单可以采用相关工具自行裁切。

6）在 table.table-out 表格第一行内插入一个一行三列的表格，设置 border="0"、cellspacing="0"、cellpadding="0"。第一列和第三列需要设置宽度，第二列不需要设置。第一列和第三列都把图像设置为背景。

7）新建类.table-top，设置 height:67 px、width:100%，修饰上面一行三列的表格。

8）新建类.logo，根据 logo 图片的大小，设置 width:201 px（根据 logo.png 的宽度来设置），高度不需要设置，因为表格已经具有高度 67 px，设置背景为 logo.png 且背景不重复（background-repeat:no repeat）；新建类.topbg，设置 width:463 px（根据 top_bg.jpg 的宽度来设置），高度也不需要设置，设置背景为 topbg.jpg 且背景不重复。.logo 和.topbg 分别修饰 table.table-top 的第一列和第三列。

9）在 table.table-out 表格第二行第一列下插入一个三行一列的表格，设置 border="0"、cellspacing="0"、cellpadding="0"。第一行和第三行需要设置高度，第二行不需要设置。

10）新建类.table-left 修饰左边的三行一列的表格，设置 width:188 px、height:100%，用来放左边的导航。

11）新建类.row-1，设置 height:120 px（根据 left-1.png 的高度来设置），背景设置成 left-1.png；新建类.row-2，高度不需要设置，背景设置成 left-2.png；新建类.row-3，设置 height:12 px（根据 left-3.png 的高度来设置），背景设置成 left-3.png。.row-1、.row-2 和.row-3 分别修饰 table.table-left 的第一行、第二行和第三行。

12）设置表格第二行第二列的对齐方式为垂直方向顶端对齐并插入一个两行一列的表格，设置 border="0"、cellspacing="0"、cellpadding="0"。

13）新建类.table-right，设置 width:100%、height:100%，用来修饰右边插入的两行一列的表格。

14）新建类.row-4，设置 height:6 px（根据 right-1.png、right-2.png 的高度来设置），背景设置为 right-2.png，用来修饰右边表格的第一行。

15）在右边表格的第一行插入 right-1.png，制作圆角。

16）在右边表格的第二行插入<iframe>标签，新建类.frame，设置 width:100%、height:100%，用来修饰<iframe>标签。该标签用来放置邮箱内容，邮箱内容在另一个网页中单独制作。

制作时先做左边再做右边，记得反复查看效果。

2. img 文件夹中的图片素材

img 文件夹中的图片素材如图 6-7-5 所示。

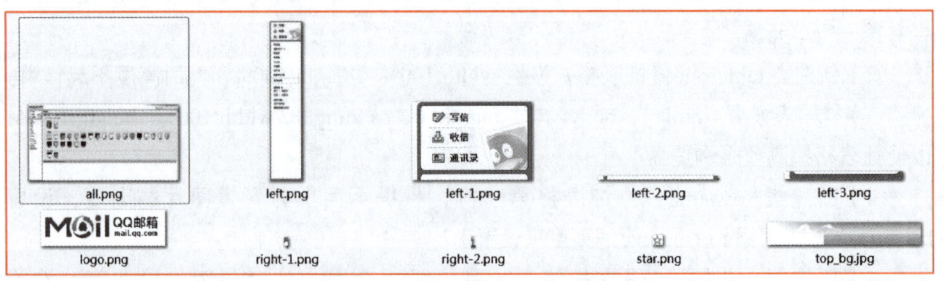

图 6-7-5
图片素材

任务实现

1）实现图 6-7-1 所示框架制作页面效果。结合任务描述及基础知识的内容，可以得到主要 HTML 代码如下：

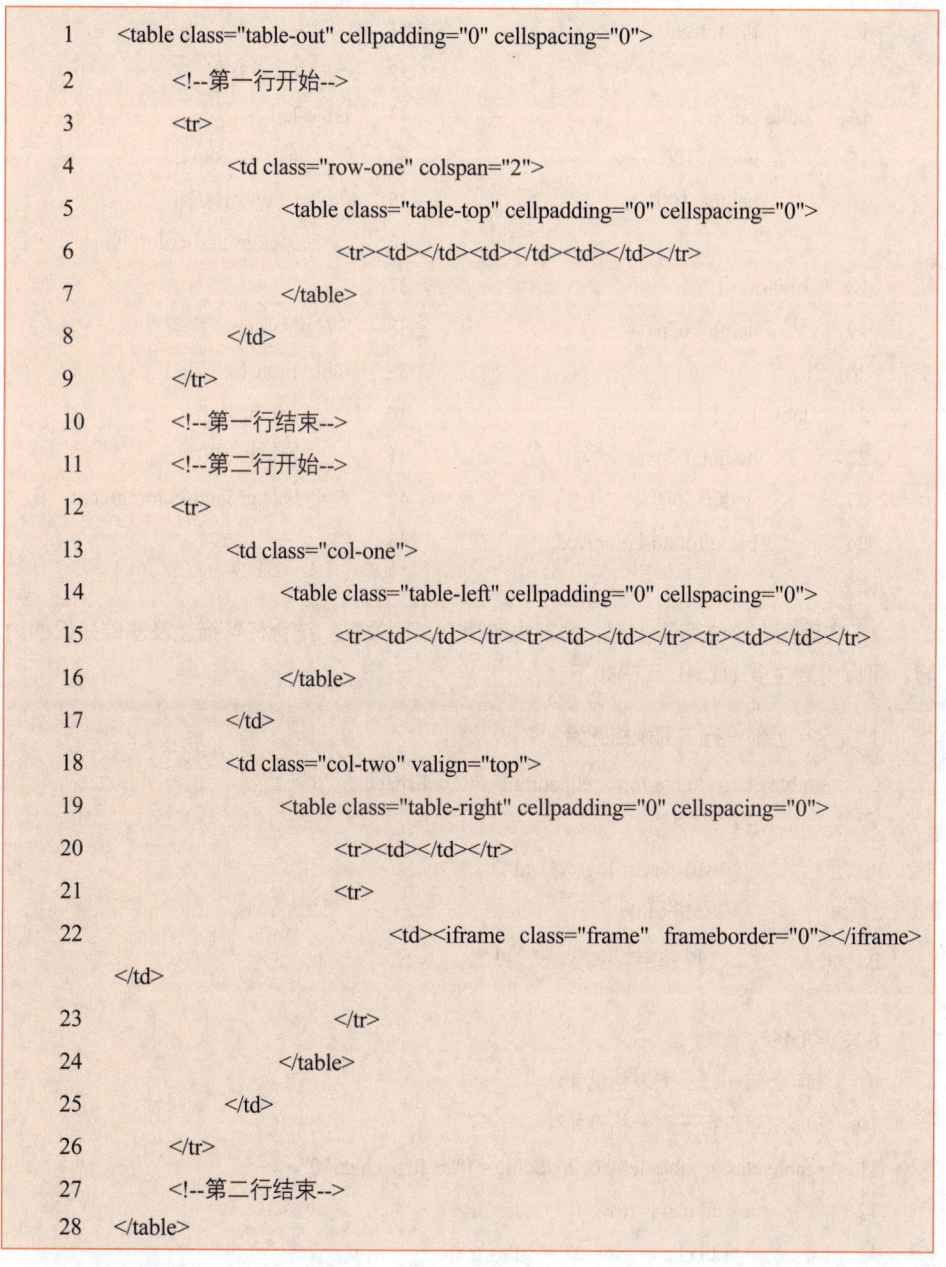

```
1   <table class="table-out" cellpadding="0" cellspacing="0">
2       <!--第一行开始-->
3       <tr>
4           <td class="row-one" colspan="2">
5               <table class="table-top" cellpadding="0" cellspacing="0">
6                   <tr><td></td><td></td><td></td></tr>
7               </table>
8           </td>
9       </tr>
10      <!--第一行结束-->
11      <!--第二行开始-->
12      <tr>
13          <td class="col-one">
14              <table class="table-left" cellpadding="0" cellspacing="0">
15                  <tr><td></td></tr><tr><td></td></tr><tr><td></td></tr>
16              </table>
17          </td>
18          <td class="col-two" valign="top">
19              <table class="table-right" cellpadding="0" cellspacing="0">
20                  <tr><td></td></tr>
21                  <tr>
22                      <td><iframe class="frame" frameborder="0"></iframe></td>
23                  </tr>
24              </table>
25          </td>
26      </tr>
27      <!--第二行结束-->
28  </table>
```

CSS 代码如下：

```
1   html,                       4       padding: 0;
2   body {                      5       width: 100%;
3       margin: 0;              6       height: 100%;
```

7	`}`	26	`.col-one {`
8	`.left {`	27	`    width: 188px;`
9	`    float: left;`	28	`}`
10	`}`	29	`.col-two {`
11	`.right {`	30	`    width: 100%;`
12	`    float: right;`	31	`}`
13	`}`	32	`/*左边导航栏*/`
14	`.table-out {`	33	`.table-left {`
15	`    width: 100%;`	34	`    width: 188px;`
16	`    height: 100%;`	35	`    height: 100%;`
17	`}`	36	`    background-color: blue;`
18	`.row-one {`	37	`}`
19	`    height: 67px;`	38	`/*右边<iframe>标签*/`
20	`}`	39	`.table-right {`
21	`.table-top {`	40	`    width: 100%;`
22	`    height: 67px;`	41	`    height: 100%;`
23	`    width: 100%;`	42	`    background-color: green;`
24	`    background-color: red;`	43	`}`
25	`}`		

2）实现图 6-7-2 所示上部、左部内容填充页面效果。结合任务描述及基础知识的内容，可以得到主要 HTML 代码如下：

微课 6-22
使用表格制作
QQ 邮箱（2）

```html
1    <!--上部一行三列表格开始-->
2    <table class="table-top" cellpadding="0" cellspacing="0">
3        <tr>
4            <td class="logo"></td>
5            <td></td>
6            <td class="top-bg"></td>
7        </tr>
8    </table>
9    <!--上部一行三列表格结束-->
10   <!--左部三行一列表格开始-->
11   <table class="table-left" cellpadding="0" cellspacing="0">
12       <tr><td class="row-1"></td></tr>
13       <tr><td class="row-2"></td></tr>
14       <tr><td class="row-3"></td></tr>
15   </table>
16   <!--左部三行一列表格结束-->
17   <!--右部两行一列表格开始-->
```

```
18    <table class="table-right" cellpadding="0" cellspacing="0">
19        <tr>
20            <td class="row-4"><img src="img/right-1.png" class="left" /></td>
21        </tr>
22        <tr>
23            <td><iframe class="frame" frameborder="0"></iframe></td>
24        </tr>
25    </table>
26    <!--右部两行一列表格结束-->
```

CSS 代码如下：

```
1    .logo {                              17   .row-1 {
2        width: 201px;                    18       height: 120px;
3        height: 55px;                    19       background-image:
4        background-image:                     url(./img/left-1.png);
     url(./img/logo.png);                20   }
5        background-repeat:               21   .row-2 {
     no-repeat;                          22       background-image:
6    }                                         url(./img/left-2.png);
7    .top-bg {                            23   }
8        width: 463px;                    24   .row-3 {
9        height: 67px;                    25       height: 12px;
10       background-image:                26       background-image:
     url(./img/top_bg.jpg);                   url(./img/left-3.png);
11       background-repeat:               27   }
     no-repeat;                          28   .row-4 {
12   }                                    29       height: 13px;
13   .frame {                             30       background:
14       width: 100%;                          url(./img/right-2.png) repeat-x;
15       height: 100%;                    31           }
16   }
```

3）实现图 6-7-3 所示邮件页面效果，得到 mail.html 页面。结合任务描述及基础知识
的内容，可以得到主要 HTML 代码如下：

```
1    <form action="">
2        <div class="nav">收件箱<span>（0 封未读）</span></div>
3        <table border="0" cellpadding="0" cellspacing="0">
4            <tr>
5                <td  class="col-one"><input  name=""  type="checkbox"  value="">
     </td>
6                <td class="col-two"></td>
```

微课 6-23
使用表格制作
QQ 邮箱（3）

7	`<td class="col-three">坚韧不拔</td>`
8	`<td class="col-four">`这里是网页的标题这里是网页的标题这里是网页的标题`</td>`
9	`<td class="col-five">11 月 11 日</td>`
10	`<td class="col-six"></td>`
11	`</tr>`
	`<!--4~11 行重复 10 次-->`
12	`</table>`
13	`</form>`

CSS 代码如下：

```
1   body {
2       margin: 0;
3       padding: 0 10px;
4   }
5   body,
6   td,
7   th {
8       font-family: "微软雅黑";
9       font-size: 12px;
10  }
11  table {
12      width: 100%;
13  }
14  td {
15      border-bottom: 1px solid
    #e3e6eb;
16      padding: 5px 0px;
17  }
18  th td {
19      background: #ffffff;
20  }
21  tr:nth-child(odd) {
22      background: #efefef;
23  }
24  tr:hover {
25      background: #efefef;
26  }
27  .col-one {
28      width: 30px;
29      text-align: center;
30  }
31  .col-two {
32      width: 35px;
33      background-image:
    url("img/mail.png");
34      background-repeat: no-repeat;
35      background-position: center
    center;
36  }
37  .col-three {
38      width: 150px;
39  }
40  .col-four {}
41  .col-five {
42      width: 100px;
43  }
44  .col-six {
45      width: 30px;
46      background-image:
    url("img/star.png");
47      background-repeat: no-repeat;
48      background-position: center
    center;
49  }
50  .nav {
51      height: 45px;
```

52	line-height: 45px;	57	.nav span {
53	color: #093665;	58	font-size: 12px;
54	font-size: 14px;	59	color: #000000;
55	font-weight: bold;	60	font-weight: normal;
56	}	61	}

4）采用<iframe>标签将邮件页面嵌入主页面。结合任务描述及基础知识的内容，可以得到主要 HTML 代码如下：

```
<iframe src="mail.html" class="frame" frameborder="0"></iframe>
```

任务 6-8　使用基于 lib-flexible 库的 rem 单位制作自适应网站

PPT：任务 6-8 使用基于 lib-flexible 库的 rem 单位制作自适应网站

任务描述

使用基于 lib-flexible 库的 rem 单位实现 WebApp 自适应网站的制作，如图 6-8-1～图 6-8-4 所示。希望通过练习帮助读者掌握基于 lib-flexible 库的 rem 单位换算技巧。

图 6-8-1
自适应网站首页效果

图 6-8-2
自适应网站"作者"
页面效果

图 6-8-3
自适应网站"图书"
页面效果

图 6-8-4
自适应网站"我的"
页面效果

 基础知识

拓展阅读 6-2

em、rem、vw、
vh、vmin、vmax
单位介绍

1. rem 单位的使用

1）rem（root em，根 em）是 CSS3 新增的一个相对单位。使用 rem 为元素设定字体大小时，仍然是相对大小，但相对的对象是 HTML 根元素，通过它既可以做到只修改根元素就成比例地调整所有字体大小，又可以避免字体大小逐层复合的连锁反应。目前，所有浏览器（IE8 及以下版本除外）都支持 rem。

2）rem 的计算方法：需要转换的 px 值/自适应对象宽度 px 值×10。

3）通常在编写移动端页面代码的时候，都会设置 viewport 属性，保证页面缩放没有问题。最常见的带 viewport 的<meta>标签如下：

```
<meta name="viewport" content=" initial-scale=1.0, maximum-scale=1.0, user-scalable=no" />
```

4）文本字号不建议使用 rem 单位。

5）px 是相对固定单位，字号大小直接被限定，所以用户无法根据自己设置的浏览器字号而缩放，而 rem 是相对于根元素的单位，即 Web 文档中的 HTML 元素。

1rem=根元素中文本的 1 个垂直高度

如果元素自身没有设置 font-size，那么 rem 的长度将根据根元素的 font-size 来确定。另外，如果元素自身的 font-size 使用 rem 作为单位，那么该 rem 的长度也是根据根元素的 font-size 来确定的。例如：

```
1    <style>
2        html {
3            font-size: 16px;
4        }
5        .div1 {
```

```
6              font-size: 3rem;      /* 3rem = 16px * 3 = 48px */
7          }
8          .div2 {
9              font-size: 0.5rem;    /* 0.5rem = 16px * 0.5 = 8px */
10          }
11    </style>
```

6）px 与 rem 的转换。查看 lib-flexible 库的 index.js 文件，存在以下代码：

```
// set 1rem = viewWidth / 10
   function setRemUnit () {
      var rem = docEl.clientWidth / 10
      docEl.style.fontSize = rem + 'px'
   }
```

假设 WebApp 的大小为 1920 px × 1080 px，将网页的宽度设置为 10 rem，那么 1rem=108 px。由此，可以很方便地将设计稿的 px 转换为 rem，具体尺寸如图 6-8-5～图 6-8-12 所示。

以上尺寸仅仅作为参考，可以在一定范围内波动。

2．lib-flexible 库的基本使用

1）lib-flexible 库是一个制作 HTML5 适配的开源库，使用简单，只需要在 Web 页面的<head>…</head>中添加对应的 JavaScript 文件即可。

2）打开github 网站中 lib-flexible页面，下载 lib-flexible 库，如图 6-8-13 所示。

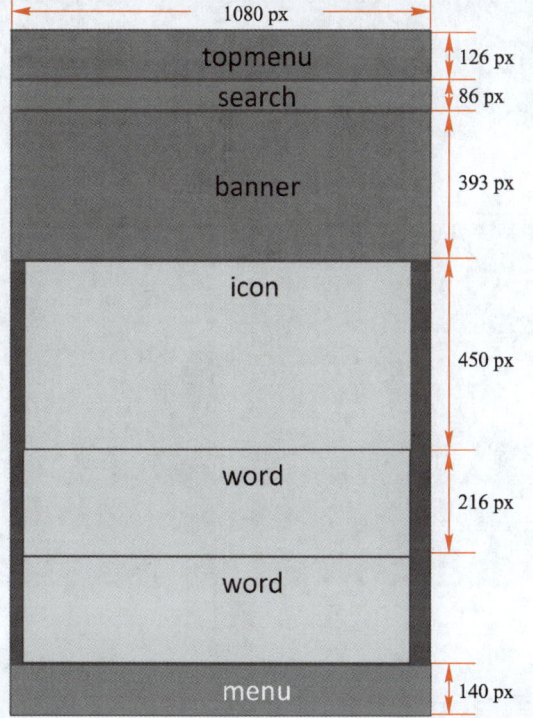

图 6-8-5
WebApp 整体尺寸

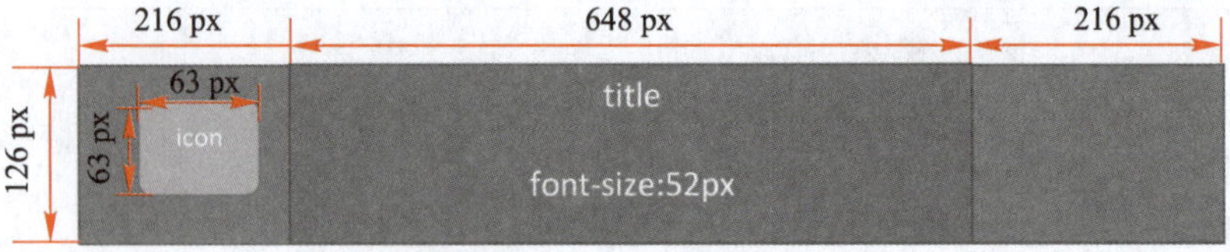

图 6-8-6
WebApp 标题尺寸

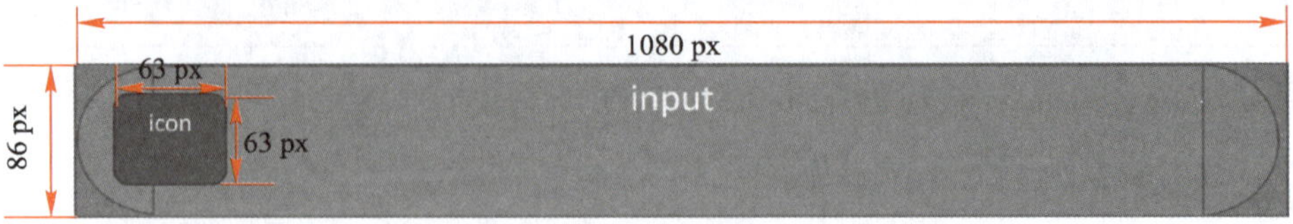

图 6-8-7
搜索框尺寸

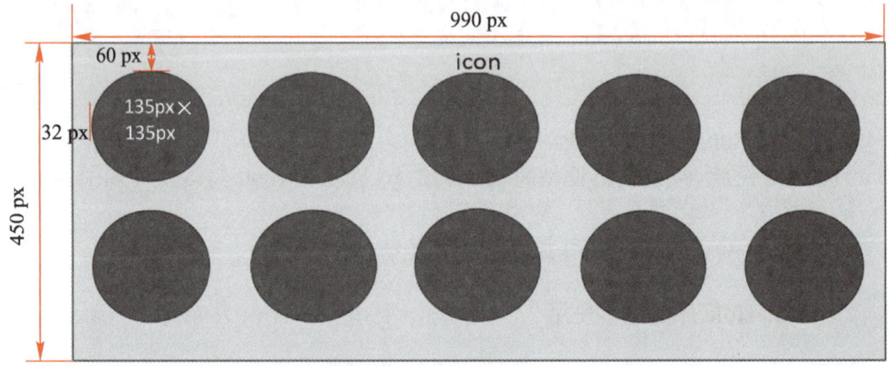

图 6-8-8
导航列表栏尺寸

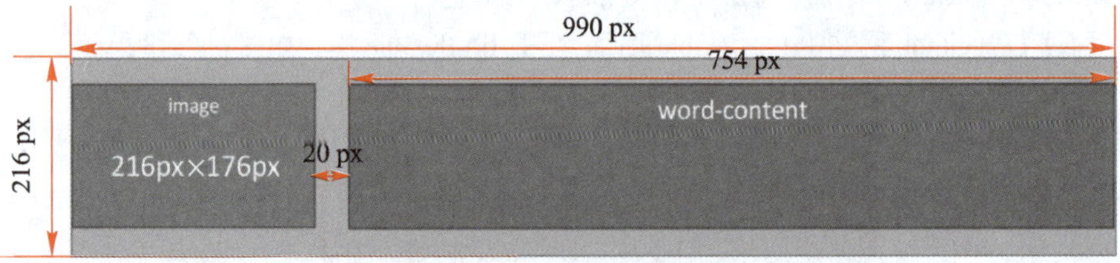

图 6-8-9
图文新闻尺寸

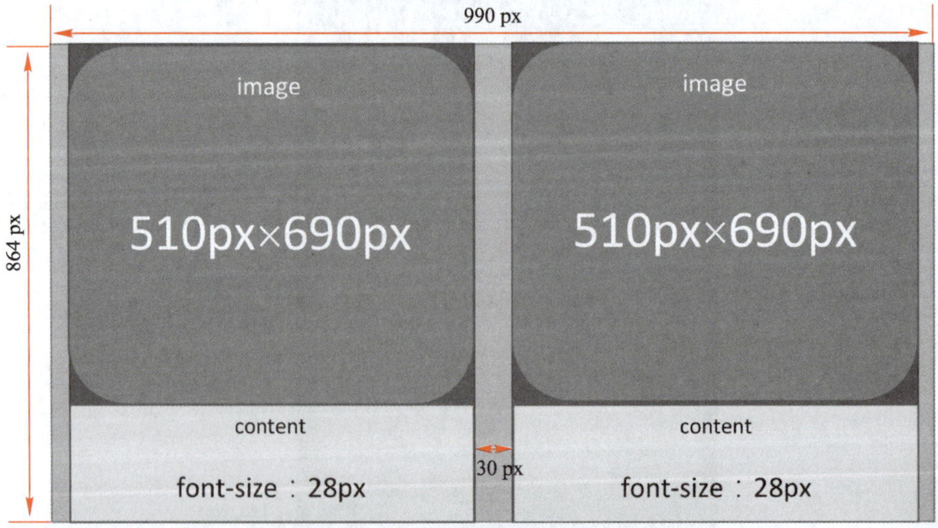

图 6-8-10
缩略图尺寸

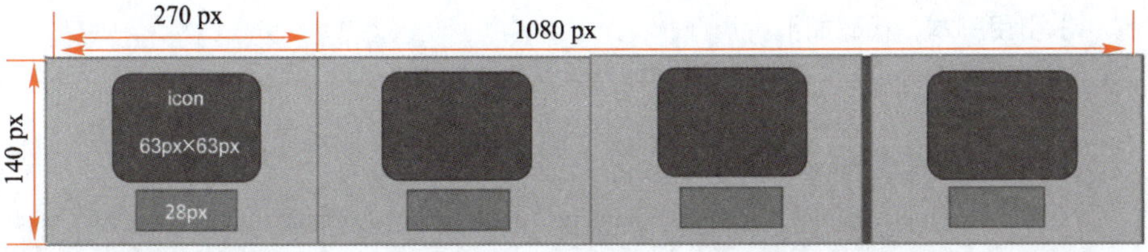

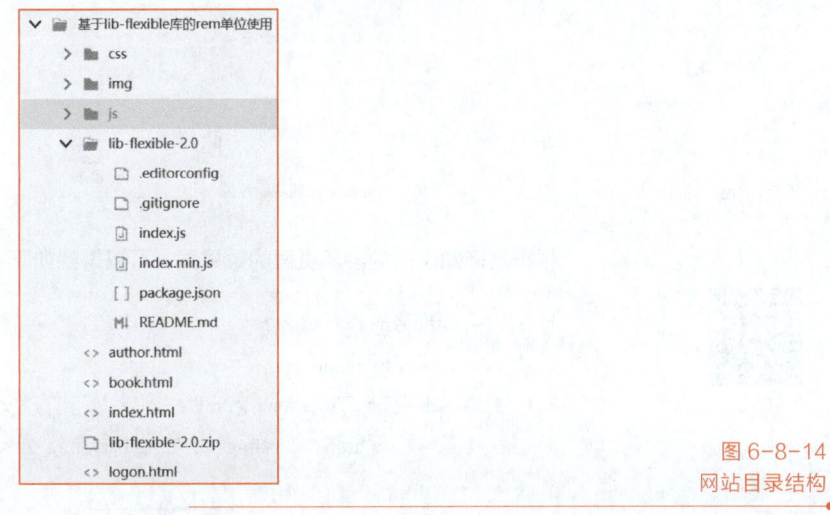

图 6-8-11
底部导航尺寸

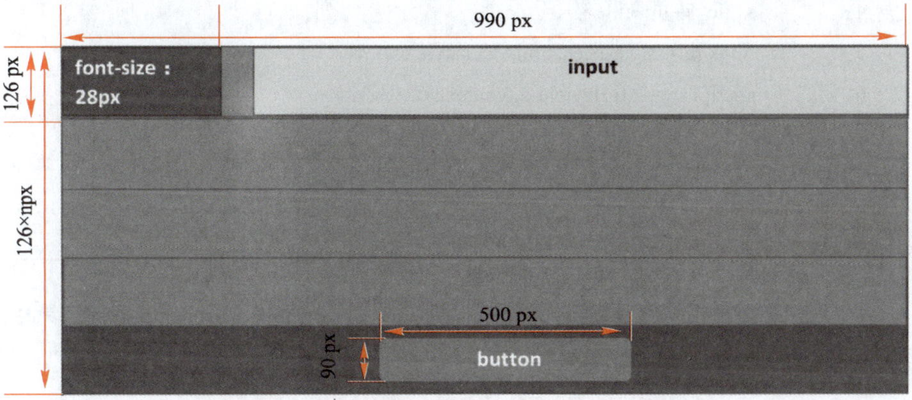

270 px
1080 px
140 px
icon
63px×63px
28px

990 px
126 px
font-size :
28px
input
126×npx
500 px
90 px
button

图 6-8-12
表单尺寸

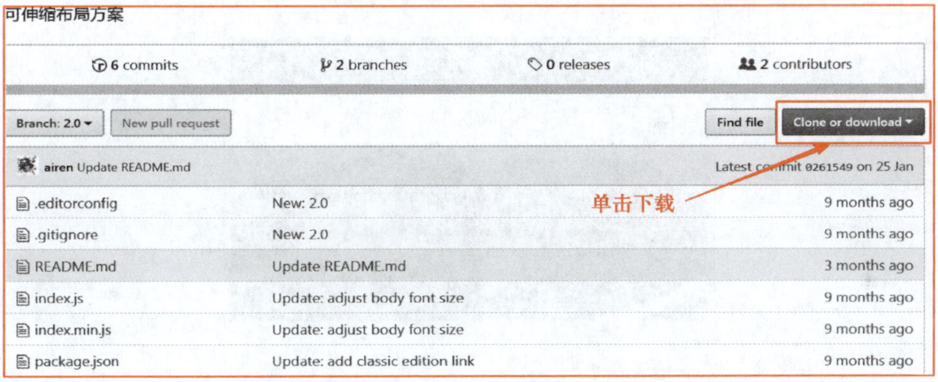

可伸缩布局方案

| 🕧 6 commits | ⑂ 2 branches | ◇ 0 releases | 👥 2 contributors |

Branch: 2.0 ▾　New pull request　　　　　　　　　　Find file　Clone or download ▾

airen Update README.md　　　　　　　　Latest commit 0261549 on 25 Jan

单击下载

📄 .editorconfig	New: 2.0	9 months ago
📄 .gitignore	New: 2.0	9 months ago
📄 README.md	Update README.md	3 months ago
📄 index.js	Update: adjust body font size	9 months ago
📄 index.min.js	Update: adjust body font size	9 months ago
📄 package.json	Update: add classic edition link	9 months ago

图 6-8-13
下载 lib-flexible 库

3）解压 lib-flexible-2.0.zip 到 lib-flexible-2.0 文件夹，网站目录结构如图 6-8-14 所示。

∨ 📁 基于lib-flexible库的rem单位使用
　∨ 📁 css
　∨ 📁 img
　∨ 📁 js
　∨ 📁 lib-flexible-2.0
　　　📄 .editorconfig
　　　📄 .gitignore
　　　📄 index.js
　　　📄 index.min.js
　　　[ ] package.json
　　　M↓ README.md
　<> author.html
　<> book.html
　<> index.html
　📄 lib-flexible-2.0.zip
　<> logon.html

图 6-8-14
网站目录结构

4）引用脚本，代码如下：

```
1    <head>
2        <meta charset="utf-8" />
3        <meta name="viewport" content="initial-scale=1.0, maximum-scale=1.0, user-
scalable=no" />
4        <title>首页</title>
5        <link rel="stylesheet" href="css/style.css" />
6        <script src="lib-flexible-2.0/index.js"></script>
7    </head>
```

任务实现

1）搭建各页面相同的框架部分，包含顶部菜单栏、搜索框、banner 及底部工具栏，如图 6-8-15 所示。

源代码：使用基于 lib-flexible 库的 rem 单位制作自适应网站

图 6-8-15
各页面相同的框架部分

根据基础知识的内容及页面的效果图，可以得到如下 HTML 代码：

微课 6-24
头部和 banner
制作

```
1    <!-- 顶部导航栏开始 -->
2    <div class="topmenu">
3        <div class="topmenu-icon l">
4            <a href="#"><img src="img/back.png" /><p>返回</p></a>
5        </div>
```

6	`<div class="topmenu-title l"><a href="#">首页</a></div>`
7	`<div class="topmenu-icon r">`
8	`<a href="#" class="r"><img src="img/more.png" /></a>`
9	`</div>`
10	`</div>`
11	`<div id="header">`
12	`<div class="search">`
13	`<input type="text" value="搜索..." onfocus="if(value=='搜索...') {value=''}" onblur="if (value=='') {value='搜索...'}">`
14	`</div>`
15	`<div class="banner"><img src="img/banner-1.jpg" /> </div>`
16	`</div>`
17	`<!-- 顶部导航栏结束 -->`
18	`<!-- 这里制作 A、B、C、D 模块的内容 -->`
19	`<!-- 底部导航栏开始 -->`
20	`<ul class="menu">`
21	`<li class="index   index-active">`
22	`<a href="index.html" class="active">首页</a>`
23	`</li>`
24	`<li class="news">`
25	`<a href="author.html">作者</a>`
26	`</li>`
27	`<li class="shop">`
28	`<a href="book.html">图书</a>`
29	`</li>`
30	`<li class="our">`
31	`<a href="logon.html">我的</a>`
32	`</li>`
33	`</ul>`
34	`<!-- 底部导航栏结束 -->`

微课 **6-25**
底部导航栏
制作

CSS 代码如下：

1	`body {`	8	`}`	
2	`font-family: "微软雅黑", helv-etica;`	9	`* {`	
3	`/*1920*1080 的手机宽度，1080px=10rem*/`	10	`margin: 0;`	
4	`/*width: 10rem;*/`	11	`padding: 0;`	
5	`margin: 0 auto;`	12	`}`	
6	`font-size: 16px;`	13	`ul {`	
7	`/*body 设置字体无效*/`	14	`list-style: none;`	
		15	`}`	
		16	`a {`	

```
17        padding: 0rem;
18        margin: 0rem;
19        text-decoration: none;
20    }
21    a .active {
22        color: #84D945;
23    }
24    .l {
25        float: left;
26    }
27    .r {
28        float: right;
29    }
30    /*********底部导航栏开始*****
      ****/
31    .menu {
32        width: 10rem;
33        border-top: .02rem solid #e5e5e5;
34        height: 1.3rem;
35        line-height: 1.3rem;
36        font-size: .33rem;
37        position: fixed;
38        bottom: 0;
39        background-color: #FFFFFF;
40        background-size: .58rem
      .58rem;
41    }
42    .menu li {
43        float: left;
44        background-repeat: no-repeat;
45        background-position: .
      96rem .16rem;
46    }
47    .menu li a {
48        display: bolok;
49        float: left;
50        width: 2.5rem;
51        text-align: center;
52        color: #000000;
53        text-decoration: none;
54        margin: .34rem 0rem
      .12rem 0rem;
55    }
56    .menu li a.active {
57        color: #46c01b;
58    }
59    .menu img {
60        width: .58rem;
61        height: .58rem;
62    }
63    .index {
64        background-image:
      url(../img/house.png);
65        background-size: .58rem
      .58rem;
66    }
67    .news {
68        background-image:
      url(../img/news.png);
69        background-size: .58rem
      .58rem;
70    }
71    .shop {
72        background-image:
      url(../img/shop.png);
73        background-size: .58rem
      .58rem;
74    }
75    .our {
76        background-image:
      url(../img/our.png);
77        background-size: .58rem
      .58rem;
78    }
79    .index-active {
80        background-image:
      url(../img/homeactive.png);
81        background-size: .58rem
      .58rem;
```

```
82    }
83    .news-active {
84        background-image: url(../img/
      newsa.png);
85        background-size: .58rem
      .58rem;
86    }
87    .shop-active {
88        background-image: url(../img
      /shopactive.png);
89        background-size: .58rem
      .58rem;
90    }
91    .our-active {
92        background-image: url(../img
      /ouractive.png);
93        background-size: .58rem
      .58rem;
94    }
95    /*********底部导航栏结束****
      *****/
96    /*********顶部导航栏开始******
      ***/
97    .topmenu {
98        width: 10rem;
99        background-color: #333;
100       height: 1.17rem;
101       line-height: 1.17rem;
102       font-size: .48rem;
103       position: fixed;
104       top: 0;
105       text-align: center;
106   }
107   .topmenu-icon {
108       font-size: .40rem;
109       width: 2rem;
110   }
111   .topmenu a {
112       color: #FFFFFF;
113   }
114   .topmenu-icon a p {
115       margin-right: .6rem;
116       float: right;
117   }
118   .topmenu-icon a img {
119       width: .58rem;
120       height: .58rem;
121       margin: 0.26rem 0rem
      .2rem 0rem;
122       width: .58rem;
123       height: .58rem;
124       float: left;
125   }
126   .topmenu-title {
127       width: 6rem;
128   }
129   #header {
130       margin-top: 1.17rem;
131       height: 4.61rem;
132       widows: 10rem;
133   }
134   .search {
135       height: .77rem;
136       width: 9.6rem;
137       margin: .1rem .2rem;
138       margin-top: 1.27rem;
139       background-color:
      #f2f2f2;
140       border-radius: .45rem;
141   }
142   .search input {
143       color: #999;
144       width: 9rem;
145       margin: 0rem .3rem;
146       font-size: .37rem;
147       height: .77rem;
148       line-height: .77rem;
149       background-color:
      #F2F2F2;
```

150 border: none;	157 }
151 float: right;	158 .banner {
152 background-image: url(../img/search.png);	159 height: 3.64rem;
153 background-repeat: no-repeat;	160 }
154 background-size: .58rem .58rem;	161 .banner img {
	162 width: 10rem;
155 background-position: .16rem;	163 height: 3.64rem;
	164 }
156 text-align: center;	165 /*********顶部导航栏结束*********/

2）制作 index.html 页面的 A 模块。在首页框架页面注释的地方加入如下 HTML 代码：

微课 6-26
主页面菜单
制作

```
1    <div id="content">
2        <div class="icon">
3            <ul>
4                <li><a href="#"><img src="img/a.png" /><p>历史</p></a></li>
5                <li><a href="#"><img src="img/b.png" /><p>哲学</p></a></li>
6                <li><a href="#"><img src="img/c.png" /><p>文化</p></a></li>
7                <li><a href="#"><img src="img/d.png" /><p>军事</p></a></li>
8                <li><a href="#"><img src="img/a.png" /><p>经济</p></a></li>
9                <li><a href="#"><img src="img/f.png" /><p>管理</p></a></li>
10               <li><a href="#"><img src="img/g.png" /><p>科普</p></a></li>
11               <li><a href="#"><img src="img/h.png" /><p>建筑</p></a></li>
12               <li><a href="#"><img src="img/i.png" /><p>医学</p></a></li>
13               <li><a href="#"><img src="img/g.png" /><p>农林</p></a></li>
14           </ul>
15       </div>
16   <!-- 这里制作 B 模块的内容 -->
17       </div>
```

CSS 代码如下：

1 .icon {	9 }
2 height: 4.2rem;	10 .icon li a p {
3 margin: .3rem 0rem;	11 font-size: .33rem;
4 }	12 color: #000000;
5 .icon li {	13 margin: 0rem .53rem;
6 width: 1.84rem;	14 }
7 height: 2.1rem;	15 .icon li a img {
8 float: left;	16 width: 1.25rem;

17	height: 1.25rem;		.295rem;
18	margin: .1rem .295rem 0rem	19	}

3）制作 index.html 页面的 B 模块。在 A 模块下方加入如下 HTML 代码：

微课 6-27
index.html 页面
制作

```
1    <div class="word">
2        <ul>
3            <li>
4                <a href="#"><img src="img/index/1.png" /></a>
5                <div class="r">
6                    <div class="word-content">
7                        <a href="#">本书的作者凭借广博的艺术理论知识和丰
    富的田野调查积累，凭借长期教学的经验，把中国古代艺术含绘画、雕塑、建筑、
    工艺美术、书法、戏剧、音乐、舞蹈等放在时代文化的大背景下进行综合研究与
    考察并对历代艺术典籍作系统评述，以期展现古代艺术和艺术思想发生发展的整
    体脉络，揭示其生成演变的原因，建构起自身融通艺术现象史、艺术理论史与美
    学史的独到史论框架。
8                        </a>
9                    </div>
10                   <ul class="word-copy">
11                       <li class="l">上海</li>
12                       <li class="r price">￥21</li>
13                   </ul>
14               </div>
15           </li>
16           <li>
17               <a href="#"><img src="img/index/2.png" /></a>
18               <div class="r">
19                   <div class="word-content">
20                       <a href="#">本书选择了近 50 篇能够大致反映中国哲
    学史研究进程概况的论文或经典著作的节选。这些论文或论著的节选或对中国哲
    学史的研究方法具有启发性，或在儒学研究、道教研究、佛教研究、哲学思想史、
    政治思想研究、伦理思想研究等方面具有开创性，或对中国哲学史研究的意义和
    研究方法进行探索，全面总结 20 世纪中国哲学史研究的学术成果。</a>
21                   </div>
22                   <ul class="word-copy">
23                       <li class="l">上海</li>
24                       <li class="r price">￥24.8</li>
25                   </ul>
26               </div>
27           </li>
```

```
28              <li>
29                  <a href="#"><img src="img/index/3.png" /></a>
30                  <div class="r">
31                      <div class="word-content">
32                          <a href="#">本书以大学生的心理需求为核心，涵盖心
理学的基本理论、常见的大学生心理需求以及大学生自我实现的发展需求三个方
面的内容，具体内容包括生活中的心理学、人的发展与心理变化、自我认识、人
格、人际关系、社会中的个体行为、情绪、压力、拖延、个体责任与自我实现、
常见变态心理行为，以及追寻生命的意义。</a>
33                      </div>
34                      <ul class="word-copy">
35                          <li class="l">上海</li>
36                          <li class="r price">￥34.6</li>
37                      </ul>
38                  </div>
39              </li>
40              <li>
41                  <a href="#"><img src="img/index/4.png" /></a>
42                  <div class="r">
43                      <div class="word-content">
44                          <a href="#">本书主要讲授现代交际礼仪的基本理论、
基本概念和基本礼仪知识，主要内容有仪容礼仪、仪表礼仪、仪态礼仪、交往礼
仪、见面礼仪、介绍礼仪、称呼礼仪、沟通礼仪、求职礼仪、馈赠礼仪、电话礼
仪、中餐礼仪、西餐礼仪、中式茶礼仪、西式茶礼仪、咖啡礼仪、葡萄酒礼仪、
旅行礼仪等。</a>
45                      </div>
46                      <ul class="word-copy">
47                          <li class="l">上海</li>
48                          <li class="r price">￥63.7</li>
49                      </ul>
50                  </div>
51              </li>
52              <li>
53                  <a href="#"><img src="img/index/5.png" /></a>
54                  <div class="r">
55                      <div class="word-content">
56                          <a href="#">本书内容是中国文化遗产的基础知识，对
文化遗产保护工作涉及和读者感兴趣的不可移动文物、可移动文物、博物馆工作、
文物的流通、考古工作、非物质文化遗产和文物保护工作中的法制建设等七个方
面进行了简明扼要的介绍，目的是帮助读者提高对文化遗产认知的水平，通过学
```

习阅读，激励大家积极参与保护文化遗产的行动。</a>

```
57                    </div>
58                    <ul class="word-copy">
59                        <li class="l">上海</li>
60                        <li class="r price">￥31.8</li>
61                    </ul>
62                </div>
63            </li>
64            <li>
65                <a href="#"><img src="img/index/6.png" /></a>
66                <div class="r">
67                    <div class="word-content">
68                        <a href="#">本书通过对中国传统思想发展历程中最有
代表性的思想学术流派、思潮和思想家及其主要观点的介绍，系统阐述了中国不
同历史时期学术与思想的渊源、发展及其对中国文化的影响，勾勒出中国传统思
想文化的发展脉络图，清晰呈现了中国传统思想与文化的核心价值、基本精神、
总体特色及其在世界文明发展史中的独特意义。</a>
69                    </div>
70                    <ul class="word-copy">
71                        <li class="l">上海</li>
72                        <li class="r price">￥18</li>
73                    </ul>
74                </div>
75            </li>
76        </ul>
77 </div>
```

CSS 代码如下：

```
1   .word {                        12        width: 1.5rem;
2       width: 9.2rem;             13        height: 1.7rem;
3       font-size: .37rem;         14        float: left;
4   }                              15        margin: .25rem .25rem
5                                        .25rem 0rem;
6   .word li {                     16        border-radius: 5px;
7       height: 2.2rem;            17    }
8       border-bottom: .02rem solid 18    .word-content {
    #A2A2A2;                       19        height: .9rem;
9   }                              20        margin: .25rem 0rem;
10                                 21    }
11  .word li a img {               22    .word-content a {
```

23	display: block;	37	}
24	width: 7.35rem;	38	.word-copy li {
25	height: 1rem;	39	height: .5rem;
26	color: black;	40	border: none;
27	text-decoration: none;	41	margin-right: .1rem;
28	white-space: pre-wrap;	42	}
29	overflow: hidden;	43	.word-copy li span {
30	text-overflow: ellipsis;	44	margin-left: .1rem;
31	}	45	}
32	.word-copy {	46	.price {
33	font-size: .26rem;	47	color: red;
34	height: .5rem;	48	font-size: .42rem;
35	line-height: .5rem;		}
36	color: #a2a2a2;		

微课 6-28
author.html 页
面制作

　　至此，index.html 页面制作完成。author.html 页面的 C 模块参考 B 模块进行制作，具体代码此处不再赘述。

　　4）制作 book.html 页面的 D 模块。根据基础知识的内容及页面的效果图，可以得到如下 HTML 代码：

微课 6-29
book.html 页面
制作

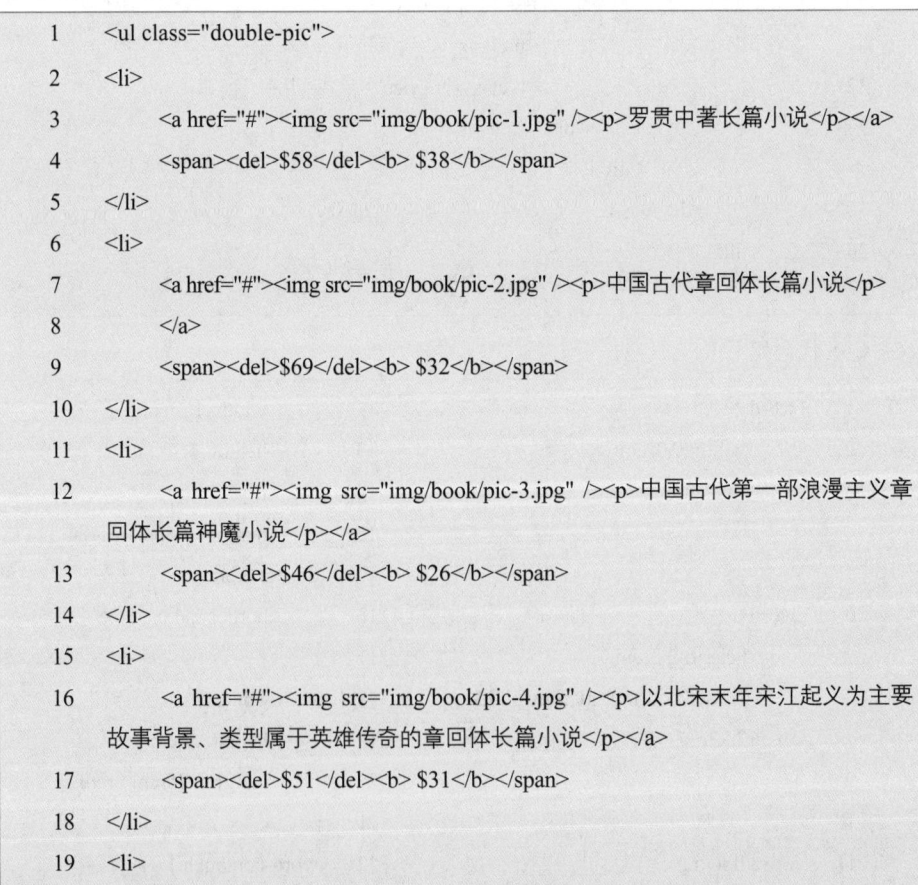

```
1   <ul class="double-pic">
2       <li>
3           <a href="#"><img src="img/book/pic-1.jpg" /><p>罗贯中著长篇小说</p></a>
4           <span><del>$58</del><b> $38</b></span>
5       </li>
6       <li>
7           <a href="#"><img src="img/book/pic-2.jpg" /><p>中国古代章回体长篇小说</p>
8           </a>
9           <span><del>$69</del><b> $32</b></span>
10      </li>
11      <li>
12          <a href="#"><img src="img/book/pic-3.jpg" /><p>中国古代第一部浪漫主义章
        回体长篇神魔小说</p></a>
13          <span><del>$46</del><b> $26</b></span>
14      </li>
15      <li>
16          <a href="#"><img src="img/book/pic-4.jpg" /><p>以北宋末年宋江起义为主要
        故事背景、类型属于英雄传奇的章回体长篇小说</p></a>
17          <span><del>$51</del><b> $31</b></span>
18      </li>
19      <li>
```

20	<a href="#"><img src="img/book/pic-5.jpg" /><p>北宋史学家司马光主编的一部多卷本编年体史书</p></a>
21	<span><del>$45</del><b> 23</b></span>
22	</li>
23	<li>
24	<a href="#"><img src="img/book/pic-6.jpg" /><p>西汉史学家司马迁撰写的纪传体史书，是中国历史上第一部纪传体通史</p></a>
25	<span><del>$79</del><b> $42</b></span>
26	</li>
27	<li>
28	<a href="#"><img src="img/book/pic-7.jpg" /><p>主要介绍历代诸家本草及中药基本理论等内容</p></a>
29	<span><del>$36</del><b> $18</b></span>
30	</li>
31	<li>
32	<a href="#"><img src="img/book/pic-8.jpg" /><p>哲学著作，由王阳明的门人弟子对其语录和信件进行整理编撰而成</p></a>
33	<span><del>$38</del><b> $23</b></span>
34	</li>
35	</ul>

CSS 代码如下：

```
1    .double-pic {
2        width: 10rem;
3        margin-bottom: 1.9rem;
4        height: 24.2rem;
5    }
6    .double-pic li {
7        width: 4.7rem;
8        height: 8rem;
9        float: left;
10       margin: .15rem;
11       background-color:
     #F2F2F2;
12       border-radius: .2rem;
13   }
14   .double-pic a p {
15       font-size: .37rem;
16       color: #000000;
17       width: 4.7rem;
18       white-space: nowrap;
19       overflow: hidden;
20       text-overflow: ellipsis;
21   }
22   .double-pic span {
23       font-size: .42rem;
24       color: red;
25       float: right;
26       margin: .2rem;
27   }
28   .double-pic img {
29       width: 4.7rem;
30       height: 6.4rem;
31       border-radius: .2rem;
     }
```

5）制作 logon.html 页面。根据基础知识的内容及页面的效果图，可以得到如下 HTML

代码：

微课 6-30
logon.html 页
面制作

```
1    <div id="content">
2        <ul class="logon">
3            <div class="input">
4                <li><p>昵称：</p>
5                    <input type="text" value="请输入昵称" onfocus="if(value=='请输入昵称') {value=''}" onblur="if (value=='') {value='请输入昵称'}">
6                </li>
7                <li><p>账号：</p>
8                    <input type="text" value="请输入账号" onfocus="if(value=='请输入账号') {value=''}" onblur="if (value=='') {value='请输入账号'}">
9                </li>
10               <li><p>密码：</p>
11                   <input type="text" value="请输入密码" onfocus="if(value=='请输入密码') {value=''}" onblur="if (value=='') {value='请输入密码'}">
12               </li>
13               <li><p>密码：</p>
14                   <input type="text" value="请确认密码" onfocus="if(value=='请确认密码') {value=''}" onblur="if (value=='') {value='请确认密码'}">
15               </li>
16               <li><p>邮箱：</p>
17                   <input type="text" value="请输入邮箱" onfocus="if(value=='请输入邮箱') {value=''}" onblur="if (value=='') {value='请输入邮箱'}">
18               </li>
19               <li><p>生日：</p>
20                   <input type="text" value="请输入生日" onfocus="if(value=='请输入生日') {value=''}" onblur="if (value=='') {value='请输入生日'}">
21               </li>
22           </div>
23           <li><p>地址：</p>
24               <select>
25                   <option value="1"> 上海</option>
26                   <option value="2" selected> 广州市</option>
27                   <option value="3"> 深圳</option>
28                   <option value="4"> 北京</option>
29               </select>
30           </li>
31           <li><p>性别：</p>
32               <select>
33                   <option value="1">男</option>
```

```
34              <option value="2" selected>女</option>
35          </select>
36      </li>
37      <li><p>职业：</p>
38          <select>
39              <option value="1">学生党</option>
40              <option value="2" selected>上班族</option>
41              <option value="3">自由职业者</option>
42          </select>
43      </li>
44          <button type="button">保存并登录</button>
45      </ul>
46  </div>
```

CSS 代码如下：

```
1   .logon {
2       font-size: .4rem;
3       border: none;
4   }
5   .logon li {
6       height: 1.17rem;
7       line-height: 1.17rem;
8       border-bottom: .02rem solid
    #A2A2A2;
9   }
10  .logon li p {
11      float: left;
12  }
13  .logon .input li input {
14      font-size: .4rem;
15      height: .77rem;
16      width: 2.5rem;
17      margin: 0.2rem 0rem;
18      border: none;
19      float: right;
20      color: #c3c3c3;
21  }
22  .logon select {
23      width: 2rem;
24      height: .77rem;
25      font-size: .33rem;
26      margin: 0.2rem 0rem;
27      border: none;
28      float: right;
29      color: #c3c3c3;
30  }
31  .logon button {
32      width: 4.6rem;
33      height: .85rem;
34      margin: .4rem 2.3rem;
35      font-size: .4rem;
36      border-radius: .13rem;
37      border:  .02rem  #000000
    solid;
38      background-color: #f2f2f2;
    }
```

单 元 小 结

本单元介绍了页面的整体布局，以及表格的基础知识和使用方法。通过本单元的学习，需要掌握以下知识和技能点：

1）HTML5 中表格的基础知识及相关标签的使用。

2）表格标签属性的使用。

3）HTML5 中表格的使用方法，并能够使用表格标签设置网页中的相关内容。

4）常用的页面布局方法。

5）常用的页面制作方法。

6）采用 rem 制作自适应网站的方法。

单元 *7*

Bootstrap5 框架简介

学习目标

【知识与技能目标】

1. 掌握 Bootstrap5 的安装和使用方法。
2. 了解并掌握栅格化布局的设置方法。
3. 学会使用响应式导航栏。
4. 学会使用响应式轮播图。
5. 学会文字和图片的排版方法。
6. 掌握完整的响应式网站开发流程。
7. 掌握 Bootstrap5 常用类。

【能力与素质目标】

总体目标：培养继往开来的创新精神。

1. 新技术、新框架不断涌现，需要不断学习。
2. 提升自学能力，打造个人核心竞争力。
3. 工作只是起点，终身学习才能赢得未来。

任务 7-1 Bootstrap5 基础知识

任务描述

制作一个响应式网页，效果如图 7-1-1 所示。

图 7-1-1
响应式网页效果

基础知识

响应式网站是一种网页布局形式，其能够兼容多个终端的网站，无论是便携式计算机、平板设备还是移动终端，页面都能够自动切换分辨率以适应。换句话说，页面应该有能力自动响应用户的设备环境，具体效果如图 7-1-2 所示。

图 7-1-2
自动响应用户的设备
环境效果

1. Bootstrap5 框架

Bootstrap 是目前最受欢迎的前端组件库之一，主要用于开发响应式布局、移动设备优先的 Web 项目。

Bootstrap5 是目前的最新版本，是一套用于 HTML、CSS 和 JavaScript 开发的开源工具集。它支持 Sass 变量和 mixins、响应式网格系统、大量的预建组件和强大的 JavaScript 插件，可以快速设计和自定义响应式、移动设备优先的站点。

2．Bootstrap5 的使用方法

可以使用 jsDelivr 工具跳过下载文件的操作，直接在项目中使用 Bootstrap 编译过的 CSS 和 JavaScript 文件。在<head>标签内添加如下 HTML 代码：

```
1    <head>
2    <meta charset="utf-8" />
3    <meta name="viewport" content="width=device-width, initial-scale=1">
4    <title></title>
5    <link href="https://cdn.jsdelivr.net/npm/bootstrap@5.1.3/dist/css/bootstrap.min.css" rel=
     "stylesheet">
6    <script
     src="https://cdn.jsdelivr.net/npm/bootstrap@5.1.3/dist/js/bootstrap.bundle.min.js"></scri-
     pt>
7    </head>
```

bootstrap.min.css 中的样式可以直接使用，例如.container 类用于固定宽度并支持响应式布局的容器，.container-fluid 类用于 100%宽度，占据全部视口（viewport）的容器。

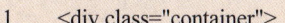 **任务实现**

源代码：Bootstrap5 基础知识

1）在<head>标签内引入 Bootstrap5 的 CSS 和 JavaScript 文件。加入以下代码：

```
<meta name="viewport" content="width=device-width, initial-scale=1">
```

告诉移动设备，将视区视为具有设备的物理宽度相同的宽度。

2）添加 div.container 及 div.container-fluid 类，在其标签里面添加<div>标签，并添加 class.row 样式。数据行（.row）必须包含在容器 div.container 中，以便为其赋予合适的对齐方式和内距（padding）。

3）在 div.row 标签里面添加 3 对<div>标签，并添加 class. col-sm-4 样式，同时设置背景色.bg-primary、.bg-success、.bg-info、.bg-warning、.bg-danger、.bg-secondary、.bg-dark、.bg-body、.bg-white、.bg-transparent 和.bg-light，以及字体颜色.text-muted、.text-primary、.text-success、.text-info、.text-warning、.text-danger、.text-secondary、.text-white、.text-dark、.text-body 和.text-light 中的一种。

微课 7-1 Bootstrap5 基础知识

结合任务描述及基础知识的内容，可以得到如下 HTML 代码：

```
1    <div class="container">                    4          <h3>列 1</h3>
2    <div class="row">                          5          <p>胜日寻芳泗水滨，无边光
3        <div  class="col-sm-4  bg-pri-             景一时新。</p>
     mary text-muted">                          6          <p>等闲识得东风面，万紫千
```

	红总是春。</p>	23	<h3>列 1</h3>
7	</div>	24	<p>胜日寻芳泗水滨，无边光景一时新。</p>
8	<div class="col-sm-4 bg-success text-primary">	25	<p>等闲识得东风面，万紫千红总是春。</p>
9	<h3>列 2</h3>	26	</div>
10	<p>纷纷红紫已成尘，布谷声中夏令新。</p>	27	<div class="col-sm-4 bg-danger text-warning">
11	<p>夹路桑麻行不尽，始知身是太平人。</p>	28	<h3>列 2</h3>
12	</div>	29	<p>纷纷红紫已成尘，布谷声中夏令新。</p>
13	<div class="col-sm-4 bg-info text-success">	30	<p>夹路桑麻行不尽，始知身是太平人。</p>
14	<h3>列 3</h3>	31	</div>
15	<p>远上寒山石径斜，白云生处有人家。</p>	32	<div class="col-sm-4 bg-secondary text-danger">
16	<p>停车坐爱枫林晚，霜叶红于二月花。</p>	33	<h3>列 3</h3>
17	</div>	34	<p>远上寒山石径斜，白云生处有人家。</p>
18	</div>	35	<p>停车坐爱枫林晚，霜叶红于二月花。</p>
19	</div>	36	</div>
20	<div class="container-fluid">	37	</div>
21	<div class="row">	38	</div>
22	<div class="col-sm-4 bg-warning text- info">		

任务 7-2　制作栅格化布局页面

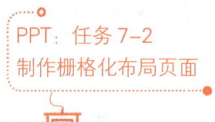  **任务描述**

制作一个栅格化布局页面，具体效果如图 7-2-1～图 7-2-6 所示。

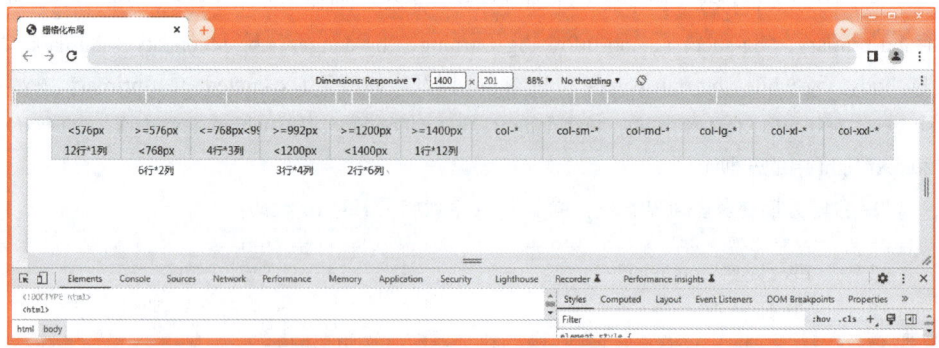

图 7-2-1
宽度≥1400 px，
显示 1 行 12 列

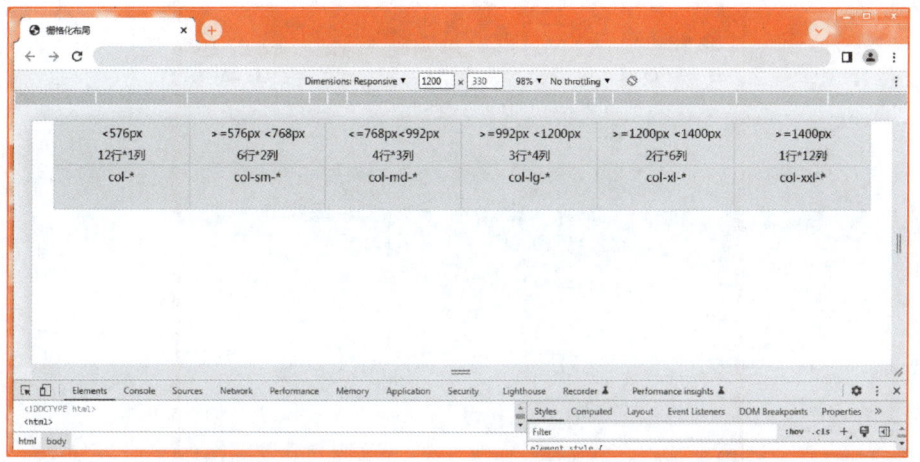

图 7-2-2
1200 px≤宽度
<1400 px，显示
2 行 6 列

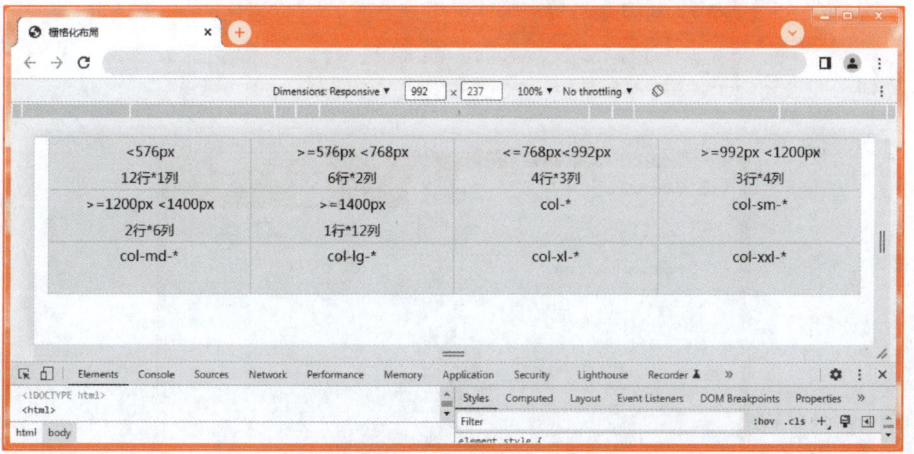

图 7-2-3
992 px≤宽度
<1200 px，显示
3 行 4 列

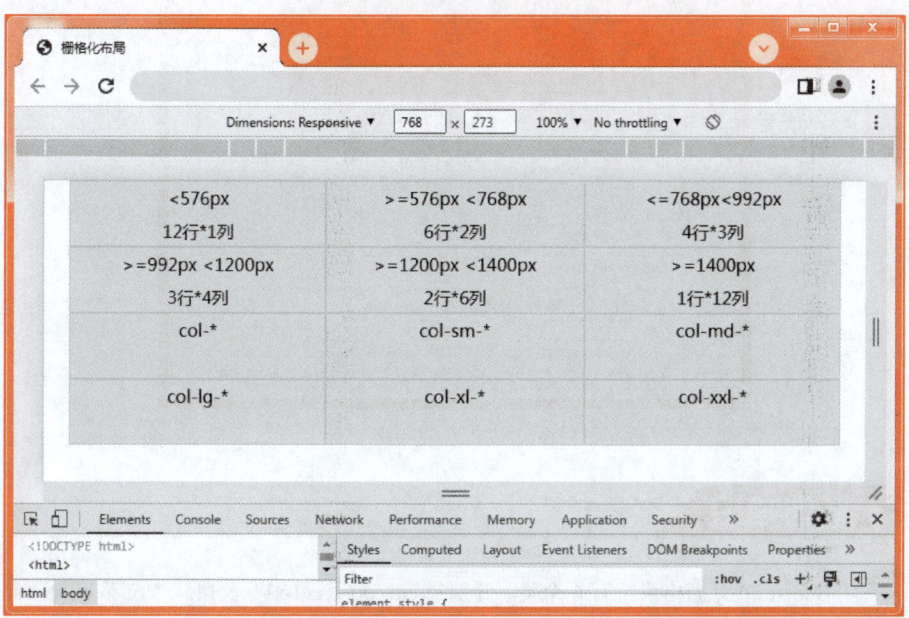

图 7-2-4
768 px≤宽度
<992 px，显示
4 行 3 列

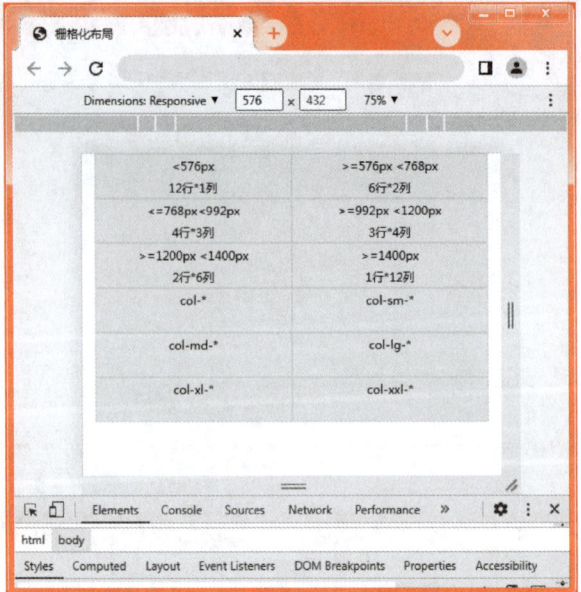

图 7-2-5
576 px≤宽度<768 px，显示 2 行 6 列

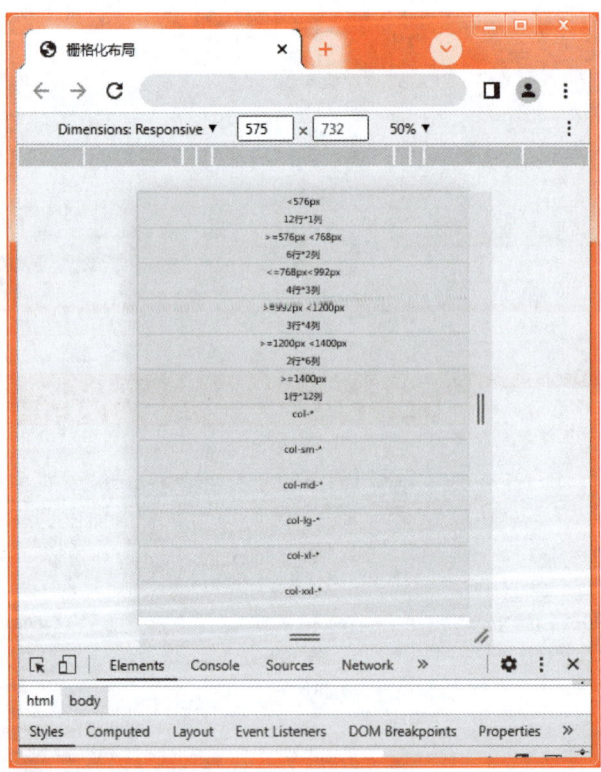

图 7-2-6
宽度<576 px，显示 12 行 1 列

基础知识

1）Bootstrap 5 栅格系统有 6 个类，分别是 col-xxl-、col-xl-、col-lg-、col-md-、col-sm- 以及 col-，栅格系统的特点如表 7-2-1 所示。

表 7-2-1　栅格系统的特点

项目	设备					
	超小设备 <576 px	平板 ≥576 px	桌面显示器 ≥768 px	大桌面显示器 ≥992 px	特大桌面显示器 ≥1200 px	超大桌面显示器 ≥1400 px
容器最大宽度	None (auto)	540 px	720 px	960 px	1140 px	1320 px
类前缀	.col-	.col-sm-	.col-md-	.col-lg-	.col-xl-	.col-xxl-
列数量和	12					
间隙宽度	1.5rem（一个列的每边分别为 0.75rem）					
可嵌套	Yes					
列排序	Yes					

2）.container 和.container-fluid 的样式代码如下：

```
1    width: 100%;
2    padding-right: var(--bs-gutter-x, .75rem);
3    padding-left: var(--bs-gutter-x, .75rem);
4    margin-right: auto;
5    margin-left: auto;
```

其中，padding-right: var（--bs-gutter-x, .75rem）相当于设置 padding-right 的值为 0.75rem。CSS 变量（CSS 中 VAR 的用法）如下：

```
cssPropertyName: var(--variableName , declarationValue);
```

var()会返回 --variableName 的值，declarationValue 表示默认值，也就是如果 --variableName 没有定义，则取 declarationValue 的值。

.row 的样式代码如下：

```
1    --bs-gutter-x: 1.5rem;
2    --bs-gutter-y: 0;
3    display: flex;
4    flex-wrap: wrap;
5    margin-top: calc(-1 * var(--bs-gutter-y));
6    margin-right: calc(-.5 * var(--bs-gutter-x));
7    margin-left: calc(-.5 * var(--bs-gutter-x))
```

CSS 中的 calc()函数用于动态计算长度值，基本语法如下：

```
calc(expression)
```

① 运算符前后都需要保留一个空格，如 width: calc(100% - 10 px)。

② 任何长度值都可以使用 calc()函数进行计算。

③ calc()函数支持"+""–""*"和"/"运算。

④ calc()函数使用标准的数学运算优先级规则。

3）每一个"row"代表一行，而内部的"col-*-数字"代表一个单元格；Bootstrap5栅格系统是用 flexbox 构建的，页面上最多允许 12 列，"col-*-数字"中的"数字"取 1～12，数字为几，就占几份。.container、.container-fluid 和.row 一般嵌套使用。

任务实现

1）插入<div>标签，给<div>标签添加 class.container，其主要作用是实现内容的居中对齐，而. container 中的 padding 是为了实现内容不从浏览器的边界开始显示。

2）在 div. container 类的标签里面添加<div>标签，并添加 class. row 样式。数据行（. row）必须包含在容器 div.container 中，以便为其赋予合适的对齐方式和内距（padding）。

3）在 div. row 类的标签里面添加<div>标签，代码如下：

```
<div class="col-lg-3 col-md-4 col-sm-6 col-xs-12 border">单元格内容</div>
```

其中的 col-lg-3、col-md-4、col-sm-6 和 col-xs-12 这 4 种样式分别针对不同的分辨率进行设置。

4）页面内通过嵌入式样式 class.border 设置边框、背景色，用于清楚地显示每个<div>标签。

5）将 div.row 重复 12 次。

结合任务描述及基础知识的内容，可以得到如下 HTML 代码：

```
1    <div class="container">
2        <div class="row">
3            <div class="col-xxl-1 col-xl-2 col-lg-3 col-md-4 col-sm-6 col-12 border">
4                <576px<br />12 行*1 列
5            </div>
6            <div class="col-xxl-1 col-xl-2 col-lg-3 col-md-4 col-sm-6 col-12 border">>=576px
7                <768px<br />6 行*2 列
8            </div>
9            <div class="col-xxl-1 col-xl-2 col-lg-3 col-md-4 col-sm-6 col-12 border">
10               <=768px<992px<br />4 行*3 列
11           </div>
12           <div class="col-xxl-1 col-xl-2 col-lg-3 col-md-4 col-sm-6 col-12 border">>=992px
13               <1200px<br />3 行*4 列
14           </div>
15           <div class="col-xxl-1 col-xl-2 col-lg-3 col-md-4 col-sm-6 col-12 border">>=1200px<1400px<br />2 行*6 列
```

16	</div>
17	<div class="col-xxl-1 col-xl-2 col-lg-3 col-md-4 col-sm-6 col-12 border">>= 1400px
1 行*12 列</div>
18	<div class="col-xxl-1 col-xl-2 col-lg-3 col-md-4 col-sm-6 col-12 border"> col-*</div>
19	<div class="col-xxl-1 col-xl-2 col-lg-3 col-md-4 col-sm-6 col-12 border"> col-sm-*</div>
20	<div class="col-xxl-1 col-xl-2 col-lg-3 col-md-4 col-sm-6 col-12 border"> col-md-*</div>
21	<div class="col-xxl-1 col-xl-2 col-lg-3 col-md-4 col-sm-6 col-12 border"> col-lg-*</div>
22	<div class="col-xxl-1 col-xl-2 col-lg-3 col-md-4 col-sm-6 col-12 border"> col-xl-*</div>
23	<div class="col-xxl-1 col-xl-2 col-lg-3 col-md-4 col-sm-6 col-12 border"> col-xxl-*</div>
24	</div>
25	</div>

CSS 代码如下：

```
1    .border {
2        height: 60px;
3        line-height: 30px;
4        border: 1px gray solid;
5        background: #efefef;
6        text-align: center;
7    }
```

说明：Chrome 浏览器可使用功能键 F12 键模拟不同分辨率的浏览器，模拟屏幕设备尺寸≥1400 px，显示 1 行 12 列；1200 px≤模拟屏幕设备尺寸<1400 px，显示 2 行 6 列；992 px≤模拟屏幕设备尺寸<1200 px，显示 3 行 4 列；768 px≤模拟屏幕设备尺寸<992 px，显示 4 行 3 列；576 px≤模拟屏幕设备尺寸<768 px，显示 2 行 6 列；屏幕设备尺寸<576 px，显示 12 行 1 列。

任务 7-3　制作响应式导航栏

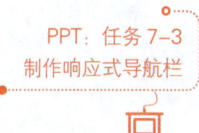

PPT：任务 7-3
制作响应式导航栏

📚 任务描述

制作响应式导航栏，具体效果如图 7-3-1 和图 7-3-2 所示，其中图 7-3-1 所示为 PC 端浏览效果，图 7-3-2 所示为移动端浏览效果。

图 7-3-1
响应式导航栏在 PC
端浏览效果

图 7-3-2
响应式导航栏在移动端浏览效果

🎓 基础知识

1）使用<nav>标签采用 .navbar 类创建标准导航栏，再使用响应式折叠类.navbar-expand-xxl|xl|lg|md|sm 在特大、超大、大、中或小型设备的屏幕上实现垂直堆叠导航栏。

2）使用<button>标签设置 class="navbar-toggler"、data-bs-toggle="collapse" 和 data-bs-target="#thetarget" 实现折叠按钮，然后将导航栏内容（超链接等）包裹在 class="collapse navbar-collapse" 的<div>元素中，后接与按钮的 data-bs-target 匹配的 id："thetarget"。

3）如果需要在导航栏中添加超链接，则使用 class="navbar-nav"的<ul>元素（或<div>）。然后添加带有.nav-item 类的<li>元素，后接带有.nav-link 类的<a>元素。将.active 类添加到<a>元素可突出显示当前超链接，或添加.disabled 类来指示超链接不可点击。

4）.navbar-brand 类用于突出显示页面的品牌、标志或项目名称：

```
<a class="navbar-brand" href="#">Logo</a>
```

5）导航栏可以固定在页面的顶部或底部，固定导航栏会在独立于页面滚动的固定位置（顶部或底部）保持可见。.fixed-top 类使导航栏固定在页面的顶部，.fixed-bottom 类使导航栏停留在页面底部。

6）结合 Font Awesome 字体图标库修饰网站栏目。

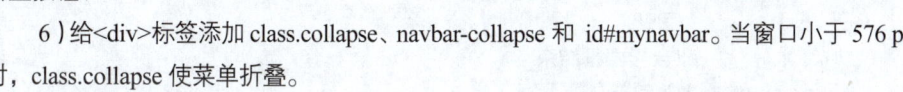 **任务实现**

1）设置<meta>标签的 viewport 属性，引入 Bootstrap5 框架和 Font Awesome 框架。

2）插入<nav>标签，添加 navbar、navbar-expand-sm、navbar-dark 和 bg-dark 样式，其中 navbar 类用于创建一个标准的导航栏，navbar-expand-sm 类用于创建响应式导航栏，navbar-dark 类用于设置暗色背景，bg-dark 类用于设置深色文本。

3）给<nav>标签添加 fixed-top 属性，设置导航栏组件固定在顶部。

4）在<nav>标签里面添加<div>标签，并添加 class.container-fluid 样式，使得导航栏没有内边距和外边距。

5）在 div.container 里面添加<a>、<button>和<div>标签，分别设置 logo 和缩小后的折叠按钮、

6）给<div>标签添加 class.collapse、navbar-collapse 和 id#mynavbar。当窗口小于 576 px 时，class.collapse 使菜单折叠。

7）在 div#mynavbar 标签里插入<ul>和<form>标签，给<ul>设置菜单内容，给<form>设置搜索框。

8）头部引入 Font Awesome 字体图标库（详见任务 4-1），可在网站栏目文字前插入<i>标签来修饰网站栏目。

此处，采用本地已下载的 Bootsrap 框架的方法，结合任务描述及基础知识的内容，可以得到如下 HTML 代码：

微课 7-3
响应式导航栏

源代码：制作响应式
导航栏

```
1    <nav class="navbar navbar-expand-sm navbar-dark bg-dark fixed-top">
2    <div class="container-fluid">
3        <!-- logo 开始 -->
4        <a class="navbar-brand fa fa-audio-description fa-2x" href="javascri- pt:void(0)">
     </a>
5        <!-- logo 结束 -->
6        <!-- 三横线按钮开始 -->
7        <button class="navbar-toggler" type="button" data-bs-toggle="collapse" data-
     bs-target="#mynavbar">
```

```
8                <span class="navbar-toggler-icon"></span>
9            </button>
10           <!-- 三横线按钮结束 -->
11       <div class="collapse navbar-collapse" id="mynavbar">
12               <!-- 导航栏开始 -->
13               <ul class="navbar-nav me-auto">
14               <li class="nav-item">
15                   <a class="nav-link" href="javascript:void(0)"><i class="fa fa-home"
         aria-hidden="true"></i> 网站栏目</a></li>
16               <li class="nav-item">
17                   <a class="nav-link" href="javascript:void(0)"><i class="fa fa-picture-
         o" aria-hidden="true"></i> 网站栏目</a></li>
18               <li class="nav-item">
19                   <a class="nav-link" href="javascript:void(0)"><i class="fa fa-star"
         aria-hidden="true"></i> 网站栏目</a></li>
20               </ul>
21               <!-- 导航栏结束 -->
22               <!-- 搜索框开始 -->
23               <form class="d-flex">
24               <input class="form-control me-2" type="text" placeholder="搜索内容...">
25               <button class="btn btn-primary" type="button">Search</button>
26               </form>
27               <!-- 搜索框结束 -->
28       </div>
29    </div>
30 </nav>
```

说明：使用 Bootstrap5 框架文件时，可以修改 bootstrap.min.css 文件中的 .navbar-dark，对导航栏样式进行修改，或者在样式表文件 style.css 中设置所需的样式将其覆盖。

任务 7-4　制作响应式轮播图

PPT：任务 7-4
制作响应式轮播图

任务描述

制作响应式 banner 图片，要求将 3 幅图片放置在页面上端，可以自动轮流播放，也可以单击图片左、右方的箭头图标进行人为的播放。图 7-4-1 和图 7-4-2 分别是响应式 banner 轮播图片在 PC 端的浏览效果和在移动端的浏览效果。

图 7-4-1
响应式 banner
轮播图片在 PC 端
浏览效果

图 7-4-2
响应式 banner 轮播图片在
移动端浏览效果

基础知识

如图 7-4-3 所示，图片轮播功能需要使用的具体内容如下。

1）.carousel：创建一个轮播。

2）.carousel-indicators：为轮播添加一个指示符，就是轮播图下方的指示点，轮播的过程中可以显示目前是第几幅图。

3）.carousel-inner：存放图片的标签，按钮不在里面。

4）.carousel-item：指定每幅图片的内容。

5）.carousel-control-prev：添加左侧的按钮，单击会返回上一幅图片。

6）.carousel-control-next：添加右侧的按钮，单击会切换到下一幅图片。

7）.carousel-control-prev-icon 与.carousel-control-prev 一起使用，设置左侧的按钮。

8）.carousel-control-next-icon 与.carousel-control-next 一起使用，设置右侧的按钮。

9）.slide：切换图片的过渡和动画效果，如果不需要这样的效果，则可以删除这个类。

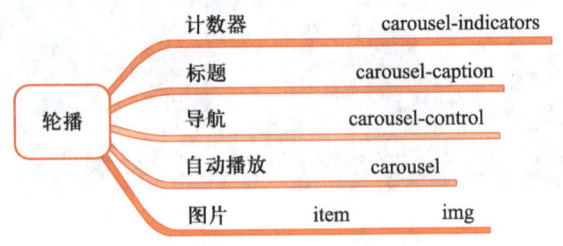

图 7-4-3
图片轮播功能结构示意

任务实现

微课 7-4
响应式轮播图

1）插入\<div\>标签，添加 class.carousel slide 和 id#carousel，在 div#carousel 中插入 div#carousel-indicators、div.carousel-inner，button.carousel-control-prev 和 button.carousel-control-next，分别代表图片下方的 3 条横线、轮播图片、左右箭头。

2）在 div#carousel-indicators 标签中插入 3 个\<button\>标签，实现设置图片下方的 3 条横线。3 条横线分别对应 0、1、2，用 data-bs-slide-to 参数进行控制。

3）在 div.carousel-inner 标签中插入 3 个 div.carousel-item 标签，里面添加\<img\>标签用于显示图片，以及 div.carousel-caption 标签用于显示标题和文字介绍。

源代码：制作响应式轮播图

4）button.carousel-control-prev 和 button.carousel-control-next 分别是向前和向后播放控制器，分别对应轮播导航上方的左右箭头，data-bs-slide 接受关键字 prev 或 next，用来改变要显示的图片相对于当前位置的位置。也可以使用转义字符&lsaquo（＜）和&rsaquo（＞）实现单击翻页。

结合任务描述及基础知识的内容，可以得到如下 HTML 代码：

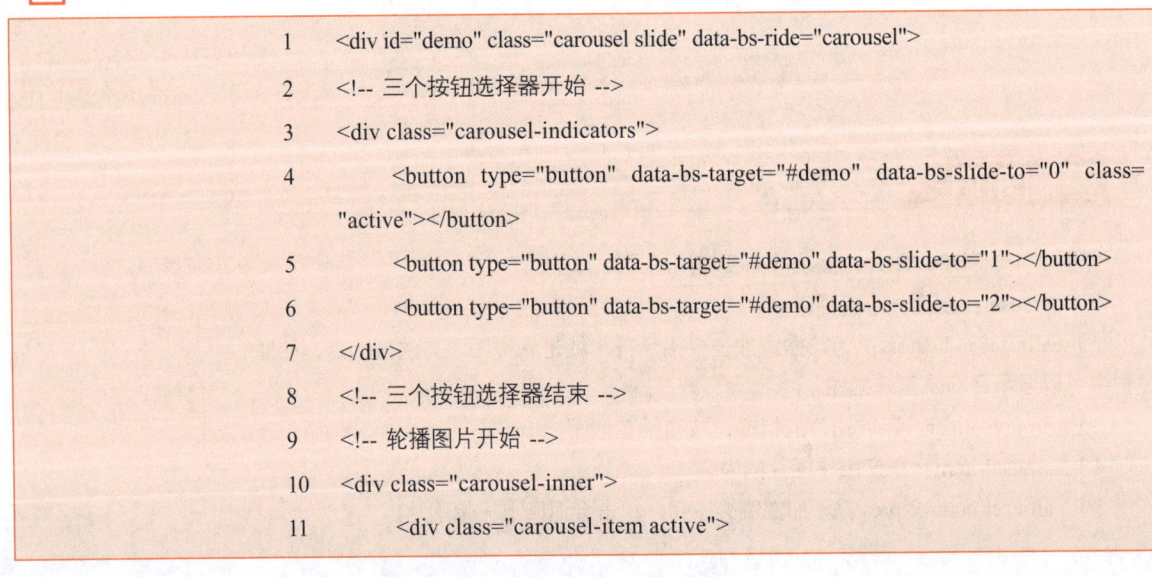

```
1    <div id="demo" class="carousel slide" data-bs-ride="carousel">
2    <!-- 三个按钮选择器开始 -->
3    <div class="carousel-indicators">
4        <button type="button" data-bs-target="#demo" data-bs-slide-to="0" class="active"></button>
5        <button type="button" data-bs-target="#demo" data-bs-slide-to="1"></button>
6        <button type="button" data-bs-target="#demo" data-bs-slide-to="2"></button>
7    </div>
8    <!-- 三个按钮选择器结束 -->
9    <!-- 轮播图片开始 -->
10   <div class="carousel-inner">
11       <div class="carousel-item active">
```

```
12              <img src="img/a.jpeg" class="d-block" style="width:100%">
13              <div class="carousel-caption">
14                  <h3>黄山迎客松</h3>
15                  <p>迎客松在黄山玉屏楼右侧、文殊洞之上，倚青狮石破石而
        生，黄山"四绝"之一。</p>
16              </div>
17          </div>
18          <div class="carousel-item">
19              <img src="img/b.jpeg" class="d-block" style="width:100%">
20              <div class="carousel-caption">
21                  <h3>张家界武陵源</h3>
22                  <p>景区北部大片石灰岩喀斯特地貌，经亿万年河流变迁降位
        侵蚀溶解，形成了无数的溶洞、落水洞、天窗、群泉。</p>
23              </div>
24          </div>
25          <div class="carousel-item">
26              <img src="img/c.jpeg" class="d-block" style="width:100%">
27              <div class="carousel-caption">
28                  <h3>三亚市亚龙湾</h3>
29                  <p>亚龙湾为一个月牙湾，拥有 7 千米长的银白色海滩，沙质相
        当细腻。</p>
30              </div>
31          </div>
32      </div>
33      <!-- 轮播图片结束 -->
34      <!-- 左右箭头开始 -->
35      <button    class="carousel-control-prev"    type="button"    data-bs-target="#demo"
        data-bs-slide="prev">
36          <span class="carousel-control-prev-icon"></span>
37      </button>
38      <button  class="carousel-control-next"  type="button"  data-bs-target="#demo"  data-
        bs-slide="next">
39          <span class="carousel-control-next-icon"></span>
40      </button>
41      <!-- 左右箭头结束 -->
42  </div>
```

任务 7-5　制作响应式文字和图片

任务描述

制作一个包含图文混排内容的响应式网页，在 PC 端的浏览效果如图 7-5-1 所示。

图 7-5-1
包含图文混排内容的
网页在 PC 端的
浏览效果

基础知识

响应式页面中图片样式设置如下。

1）.rounded：为图片添加圆角。

2）.rounded-circle：将图片设置为圆形。

3）.img-thumbnail：将图片设置为缩略图（带边框）。

4）.float-start：将图片向左浮动；.float-end：将图片向右浮动。

5）.mx-auto (margin:auto)和.d-block (display:block)：使图片居中。

6）.img-fluid：为图片应用 max-width: 100%和 height: auto，图片将被很好地压缩并放到父元素内。

任务实现

结合任务描述及基础知识的内容，可以得到主要 HTML 代码如下：

```
1    <img src="img/a.jpeg" class="rounded img m-3" alt="桂林漓江">
2    <img src="img/b.jpeg" class="rounded-circle img m-3" alt="厦门鼓浪屿">
```

3	`<img src="img/c.jpeg" class="img-thumbnail img m-3" alt="苏州园林">`
4	`<div> <img src="img/1.jpeg" class="float-start img m-3" alt="杭州西湖">`
5	`<p>`西湖之美，美在其如诗如画的湖光山色。环湖四周，绿荫环抱，山色葱茏，画桥烟柳，云树笼纱。逶迤群山之间，林泉秀美，溪涧幽深。100 多处各具特色的公园景点中，有三秋桂子、六桥烟柳、九里云松、十里荷花，更有著名的"西湖十景"和"新西湖十景"以及"三评西湖十景"等，将西湖连缀成了色彩斑斓的大花环，使其春夏秋冬各有景致，阴晴雨雪独有情韵。西湖之美，更美在湖山与人文的浑然相融。西湖不仅独擅山水秀丽之美，林壑幽深之胜，而且更有丰富的文物古迹、优美动人的神话传说，把自然、人文、历史、艺术巧妙地融为一体。西湖四周，古迹遍布，文物荟萃，60 多处国家、省、市级重点文物保护单位和 20 多座博物馆（纪念馆）熠熠生辉，是我国著名的历史文化游览胜地。`</p>`
6	`<img src="img/2.jpeg" class="float-end img m-3" alt="港珠澳大桥">`
7	`<p>`港珠澳大桥全长 55 公里，设计使用寿命 120 年。大桥于 2009 年 12 月开工建设，于 2018 年 10 月开通营运。大桥主体工程实行桥、岛、隧组合，总长约 29.6 公里，穿越伶仃航道和铜鼓西航道段约 6.7 公里为隧道，东、西两端各设置一个海中人工岛（蓝海豚岛和白海豚岛），犹如"伶仃双贝"熠熠生辉；其余路段约 22.9 公里为桥梁，分别设有寓意三地同心的"中国结"青州桥、人与自然和谐相处的"海豚塔"江海桥，以及扬帆起航的"风帆塔"九洲桥三座通航斜拉桥。和其他跨海大桥不同的是，港珠澳大桥是像"搭积木"一样拼装出来的。先在中山、东莞等地的工厂里把桥墩、桥面、钢箱梁、钢管桩统统做好，再等到伶仃洋风平浪静时一块块、一层层、一段段的组装起来——"大型化、工厂化、标准化、装配化"建设理念在港珠澳大桥首次实现。
8	`</p>`
9	`</div>`

样式 CSS 代码如下：

```
1    .img {
2        width: 300px;
3        height: 200px;
4    }
```

任务 7-6　制作完整的响应式网站

PPT：任务 7-6
制作完整的响应式网站

 **任务描述**

制作一个完整的响应式网站，具体页面效果如图 7-6-1 和图 7-6-2 所示，其中图 7-6-1 所示为页面在 PC 端的浏览效果，图 7-6-2 所示为页面在移动端的浏览效果。希望读者能够结合前面的任务加以练习，从而进一步掌握响应式网站的开发技巧。

图 7-6-1
响应式网站在 PC 端的浏览效果

图 7-6-2
响应式网站在移动端的浏览效果

基础知识

源代码：制作完整的
响应式网站

制作响应式网站的流程如下。

1）新建网站，在<head>标签中引入 Bootstrap 框架， HTML 代码如下：

```
1    <head>
2    <meta charset="utf-8" />
3    <meta name="viewport" content="width=device-width, initial-scale=1">
4    <title></title>
5    <link href="https://cdn.jsdelivr.net/npm/bootstrap@5.1.3/dist/css/bootstrap.min.css" rel=
     "stylesheet">
6    <script
     src="https://cdn.jsdelivr.net/npm/bootstrap@5.1.3/dist/js/bootstrap.bundle.min.js"></scri
     pt>
7    </head>
```

2）制作大框架半成品，将各栏目的位置用不同颜色标记出来，PC 端效果如图 7-6-3 所示，移动端效果如图 7-6-4 所示。

微课 7-6
制作响应式
框架

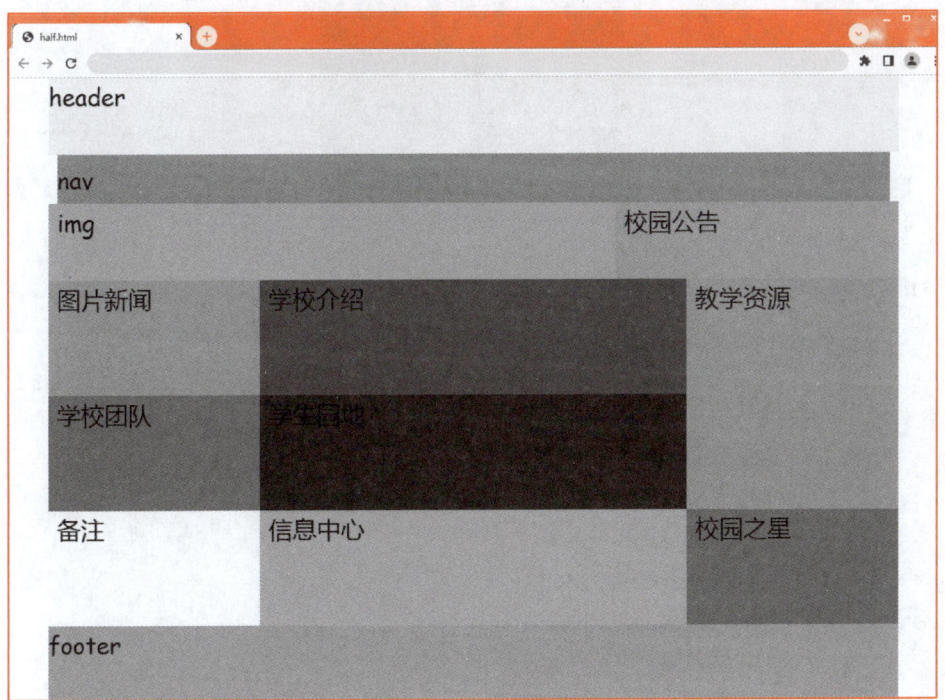

图 7-6-3
响应式网站大框架
半成品 PC 端效果

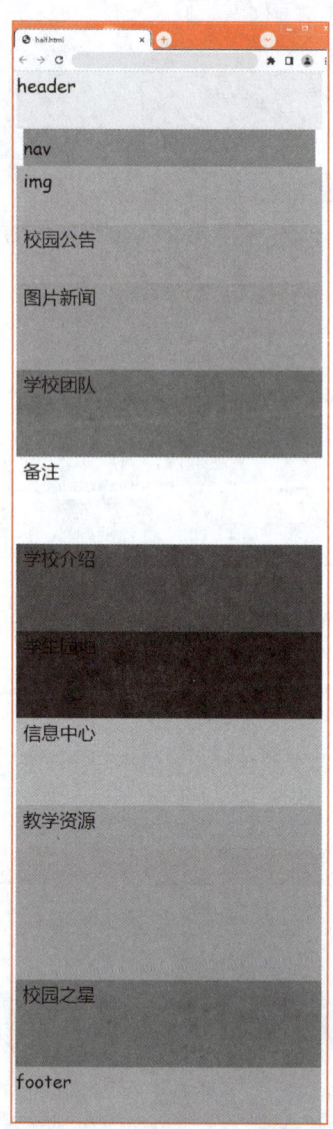

图 7-6-4
响应式网站大框架半成品移动端效果

实现响应式网站大框架半成品效果的 HTML 代码如下：

```
1    <div class="container">
2        <!-- 头部开始 -->
3        <div class="row header">header</div>
4        <!-- 头部结束 -->
5        <!-- 导航开始 -->
6        <nav class="navbar bg-info">nav</nav>
7        <!-- 导航结束 -->
8        <!-- 校园公告一整行开始 -->
9        <div class="row">
10           <div class="col-lg-8 col-md-12" style="height: 100px;background-color:
         lightblue;">img</div>
```

```
11              <div class="col-lg-4 col-md-12" style="height: 100px;background-color:
        lightpink;">校园公告</div>
12          </div>
13          <!-- 校园公告一整行结束 -->
14          <div class="row">
15              <!-- 内容第一列开始 -->
16              <div class="col-lg-3 col-md-12">
17                  <div class="row"><div class="col-12" style="height: 150px;back-
        ground-color:lightskyblue;">图片新闻</div>
18                      <div class="col-12" style="height: 150px;background-color:
        lightseagreen;">学校团队</div>
19                      <div class="col-12" style="height: 150px;background-color:
        lightyellow;">备注</div>
20                  </div>
21              </div>
22              <!-- 内容第一列结束 -->
23              <!-- 内容第二列开始 -->
24              <div class="col-lg-6 col-md-12">
25                  <div class="row">
26                      <div class="col-12" style="height: 150px;background-color:
        darkcyan;">学校介绍　</div>
27                      <div class="col-12" style="height: 150px;background-color:
        darkmagenta;">学生园地</div>
28                      <div class="col-12" style="height: 150px;background-color:
        lightgray;">信息中心</div>
29                  </div>
30              </div>
31              <!-- 内容第二列结束 -->
32              <!-- 内容第三列开始 -->
33              <div class="col-lg-3 col-md-12">
34                  <div class="row">
35                      <div class="col-12" style="height: 300px;background-color:
        lightskyblue;">教学资源</div>
36                      <div class="col-12" style="height: 150px;background-color:
        lightseagreen;">校园之星</div>
37                  </div>
38              </div>
39              <!-- 内容第三列结束 -->
40          </div>
41          <!-- 页脚开始 -->
42          <div class="row footer">footer</div>
```

43	<!-- 页脚结束 -->
44	</div>

样式 CSS 代码如下：

1	body {
2	font-family: "comic sans ms", "微软雅黑";
3	font-size: 32px;
4	}
5	/* 页面结构变化时候的过渡动画 */
6	div {
7	-webkit-transition: width 2s ease;
8	-moz-transition: width 2s ease;
9	-o-transition: width 2s ease;
10	-ms-transition: width 2s ease;
11	transition: width 2s ease;
12	}
13	.header {
14	background-color: lightgoldenrodyellow;
15	min-height: 100px;
16	}
17	.footer {
18	background-color: lightpink;
19	min-height: 100px;
20	}

注意

这里的 CSS 代码仅仅用来展示效果，后面将删除。

3）制作头部背景图片及菜单，效果如图 7-6-5 所示。

图 7-6-5
头部背景图片及
菜单效果

微课 7-7
制作头部背景
图片及菜单

实现头部背景图片及菜单效果的 HTML 代码如下：

1	<header></header>
2	<nav class="navbar navbar-expand-lg navbar-dark bg-dark">
3	<button class="navbar-toggler" type="button" data-bs-toggle="collapse" data-bs-target="#mynavbar">

4	`<span class="navbar-toggler-icon"></span>`
5	`</button>`
6	`<div class="collapse navbar-collapse" id="mynavbar">`
7	`<ul class="navbar-nav">`
8	`<li class="nav-item">`
9	`<a class="nav-link" href="#"><i class="fa fa-home" aria-hidden="true"></i>网站首页</a></li>`
10	`<li class="nav-item">`
11	`<a class="nav-link" href="#"><i class="fa fa-graduation-cap" aria-hidden="true"></i>学校简介</a></li>`
12	`<li class="nav-item"><a class="nav-link" href="#"><i class="fa fa-tachometer" aria-hidden="true"></i> 信息中心</a></li>`
13	`<li class="nav-item"><a class="nav-link" href="#"><i class="fa fa-pencil" aria-hidden="true"></i> 办公系统</a></li>`
14	`<li class="nav-item"><a class="nav-link" href="#"><i class="fa fa-book" aria-hidden="true"></i> 教学资源</a></li>`
15	`<li class="nav-item"><a class="nav-link" href="#"><i class="fa fa-recycle" aria-hidden="true"></i> 师生互动</a></li>`
16	`<li class="nav-item"><a class="nav-link" href="#"><i class="fa fa-star-half-o" aria-hidden="true"></i> 学习网站</a></li>`
17	`<li class="nav-item"><a class="nav-link" href="#"><i class="fa fa-trophy" aria-hidden="true"></i> 学生园地</a></li>`
18	`<li class="nav-item"><a class="nav-link" href="#"><i class="fa fa-user-circle" aria-hidden="true"></i> 杰出校友</a></li>`
19	`<li class="nav-item"><a class="nav-link" href="#"><i class="fa fa-phone" aria-hidden="true"></i> 联系我们</a></li>`
20	`</ul>`
21	`</div>`
22	`</nav>`

样式 CSS 代码如下：

1	`body {`	9	`background-size: cover;`
2	`line-height: 2em;`	10	`-webkit-background-size:`
3	`}`		`cover;`
4	`a {`	11	`-moz-background-size: cover;`
5	`text-decoration: none;`	12	`-o-background-size: cover;`
6	`}`	13	`-ms-background-size: cover;`
7	`header {`	14	`min-height: 150px;`
8	`background: url(img/header.jpg) no-repeat 0px 0px;`	15	`}`
		16	`header form {`

```
17        margin-top: 120px;
18        margin-left: 500px;
19    }
20    ul.list-unstyled li {
21        background-image:
url("img/ li.png");
22        background-repeat:
no-repeat;
23        background-position: 0
7px;
24        padding-left: 15px;
25        overflow: hidden;
26        white-space: nowrap;
27        text-overflow: ellipsis;
28    }
29    ul.list {
30        margin-left: -10px;
31    }
32    ul.list li a,ul.list-unstyled li a {
33        display: block;
34        float: left;
35        width: 100%;
36        overflow: hidden;
37        white-space: nowrap;
38        text-overflow: ellipsis;
39        color: #337ab7;
40    }
      /* 根据浏览器的大小调整
header 的高度*/
41    @media (min-width:1200px) {
42        header {
43            min-height: 150px;
44        }
45    }
46    @media (min-width:992px) and
(max-width:1199px) {
47        header {
48            min-height: 124px;
49        }
50    }
51    @media (min-width:768px) and
(max-width:991px) {
52        header {
53            min-height: 96px;
54        }
55    }
56    @media (min-width:576px) and
(max-width:767px) {
57        header {
58            min-height: 100px;
59        }
60    }
61    @media (min-width:240px) and
(max-width:575px) {
62        header {
63            min-height: 70px;
64        }
65    }
66    .search {
67        margin-top: 100px;
68        padding: 0;
69    }
      /* 导航条的样式修改开始 */
70    .bg-dark {
71        background: linear-gradient(to
bottom, #356AA0, #337ccb);
72        line-height: 1em;
73    }
74    .navbar-dark .navbar-nav .nav-link {
75        color: #fff;
76    }
```

① 如果需要修改 nav 的默认样式，建议在 style.css 中新建和 bootstrap.min.css 类名一模一样的类，覆盖掉其样式。例如，bootstrap.min.css 中的.bg-dark 在 style.css 中进行背景色修改：

```
.bg-dark {
            background: linear-gradient(to bottom, #356AA0, #337ccb);
    }
```

默认的背景色将被修改成渐变色。

② 使用@media 查询，可以针对不同的屏幕尺寸设置不同的样式，特别是如果需要设置响应式的页面，@media 是非常有用的。在重置浏览器大小的过程中，页面也会根据浏览器的宽度和高度重新渲染，这对调试来说是一个极大的便利。

拓展阅读 7-1
CSS3@media
媒体查询

CSS 语法如下：

```
@media mediaType and|not|only (media feature) {
     /*CSS-Code;*/
}
```

③ 在<head>…</head>中引入 Font Awesome 图标库，代码如下：

```
<link rel="stylesheet" href="https://cdn.staticfile.org/font-awesome/4.7.0/css/font-awesome.css">
```

4）制作 banner 图片和校园公告，效果如图 7-6-6 所示。

图 7-6-6
banner 图片和校园
公告效果

实现 banner 图片和校园公告效果的 HTML 代码如下：

```
1    <div class="row">
2        <div class="col-lg-9 col-md-12"> <img src="img/banner.jpg" alt="" class="img-
fluid margin-top"> </div>
3        <div class="col-lg-3 col-md-12">
4            <h4>校园公告<span class="text-white">Notice</span><span class="float-
end more"><a href="#">more</a></span></h4>
5            <ul class="list">
6                <li> <a href="#">学校介绍学校介绍学校介绍学校介绍学校介绍学校介
绍</a> </li>
7                <li> <a href="#">学校介绍学校介绍学校介绍学校介绍学校介绍学校介
绍 学校介绍学校介绍学校介绍学校介绍学校介绍学校介绍 学校介绍学校介绍学
校介绍学校介绍学校介绍学校介绍学校介绍学校介绍学校介绍学校介绍学校介绍
学校介绍 </a> </li>
8                <li> <a href="#">学校介绍学校介绍学校介绍学校介绍学校介绍学校介
绍</a> </li>
```

微课 7-8
制作 banner 图
片和校园公告

9	`<li> <a href="#">`学校介绍学校介绍学校介绍学校介绍学校介绍学校介绍 学校介绍学校介绍学校介绍学校介绍学校介绍学校介绍 学校介绍学校介绍学校介绍学校介绍学校介绍学校介绍学校介绍学校介绍学校介绍学校介绍学校介绍学校介绍学校介绍学校介绍学校介绍 `</a> </li>`
10	`<li> <a href="#">`学校介绍学校介绍学校介绍学校介绍学校介绍学校介绍`</a> </li>`
11	`</ul>`
12	`</div>`
13	`</div>`

样式 CSS 代码如下：

1	`.text-white {`
2	`margin-left: 1em;`
3	`font-size: 80%;`
4	`}`
5	`.text-dark {`
6	`font-weight: bold;`
7	`}`
8	`.text-indent {`
9	`text-indent: 2em`
10	`}`
11	`.more a {`
12	`font-size: 80%;`
13	`color: #000;`
14	`background-image: url(img/more.png);`
15	`background-repeat: no-repeat;`
16	`background-position: right center;`
17	`padding-right: 18px;`
18	`}`
19	`h4 {`
20	`font-size: 16px;`
21	`color: #fff;`
22	`margin-top: 0.5rem;`
23	`padding: 8px 12px;/*参考.btn 样式*/`
24	`background: linear-gradient(to bottom, #356AA0, #337ccb);`
25	`}`

5）制作网页主体部分，效果如图 7-6-7 所示。

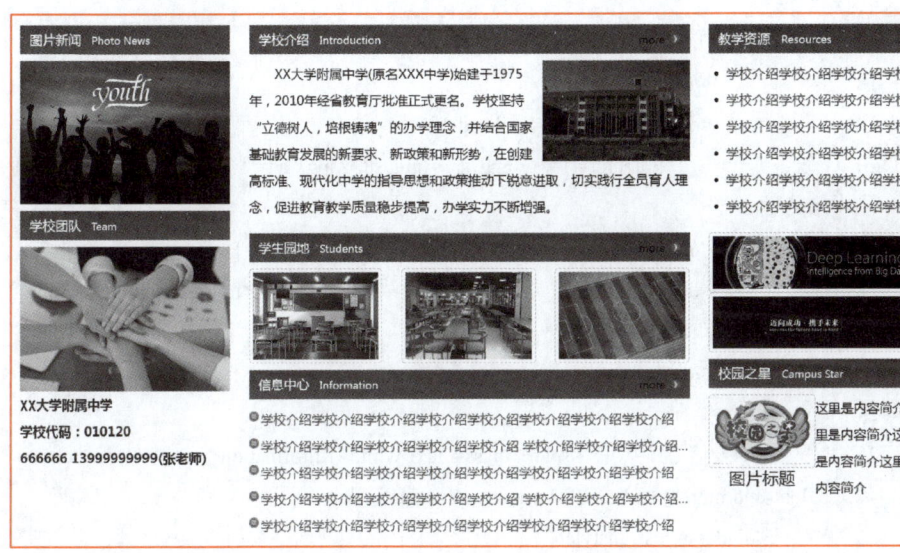

图 7-6-7
网页主体效果

实现网页主体效果的 HTML 代码如下：

```
1    <div class="row">
2    <!--左列开始-->
3    <div class="col-lg-3 col-md-12">
4        <h4>图片新闻<span class="text-white">Photo News</span></h4>
5        <img src="img/news.jpg" alt="" class="img-fluid">
6        <h4>学校团队<span class="text-white">Team</span></h4>
7        <img src="img/tea.jpg" alt="" class="img-fluid">
8        <p class="text-dark">××大学附属中学<br /> 学校代码：010120 <br />
     666666 13999999999(张老师)</p>
9    </div>
10   <!--左列结束-->
11   <!--中列开始-->
12   <div class="col-lg-6 col-md-12">
13       <h4>学校介绍<span class="text-white">Introduction</span><span class="float-
     end more"><a href="#">more</a></span></h4>
14       <p class="text-indent"><img src="img/school.jpg" class="float-end col-md-4
     img-fluid" />××大学附属中学(原名×××中学)始建于 1975 年，2010 年经省教育
     厅批准正式更名。学校坚持"立德树人，培根铸魂"的办学理念，并结合国家基
     础教育发展的新要求、新政策和新形势，在创建高标准、现代化中学的指导思想
     和政策推动下锐意进取，切实践行全员育人理念，促进教育教学质量稳步提高，
     办学实力不断增强。 </p>
15       <h4>学生园地<span class="text-white">Students</span><span class="float-end
     more"><a href="#">more</a></span></h4>
16       <div class="row">
17           <div class="col-lg-4 col-md-12"><a href="#"> <img src="img/stu-1.jpg"
```

微课 7-9
制作网页主体

	alt="" class="img-thumbnail"> </a>
18	</div>
19	<div class="col-lg-4 col-md-12">
20	<a href="#"> <img src="img/stu-2.jpg" alt="" class="img-thumbnail"> </a>
21	</div>
22	<div class="col-lg-4 col-md-12"><a href="#"> <img src="img/stu-3.jpg" alt="" class="img-thumbnail"> </a>
23	</div>
24	</div>
25	<h4> 信 息 中 心 <span class="text-white">Information</span><span class="float-end more"><a href="#">more</a></span></h4>
26	<ul class="list-unstyled">
27	<li><a href="#">学校介绍学校介绍学校介绍学校介绍学校介绍学校介绍学校介绍学校介绍</a></li>
28	<li><a href="#">学校介绍学校介绍学校介绍学校介绍学校介绍 学校介绍学校介绍学校介绍学校介绍学校介绍学校介绍 学校介绍学校介绍学校介绍学校介绍学校介绍学校介绍 学校介绍学校介绍学校介绍学校介绍学校介绍学校介绍 </a></li>
29	<li><a href="#">学校介绍学校介绍学校介绍学校介绍学校介绍学校介绍学校介绍学校介绍</a></li>
30	<li><a href="#">学校介绍学校介绍学校介绍学校介绍学校介绍 学校介绍学校介绍学校介绍学校介绍学校介绍 学校介绍学校介绍学校介绍学校介绍学校介绍学校介绍 学校介绍学校介绍学校介绍学校介绍学校介绍学校介绍 </a></li>
31	<li><a href="#">学校介绍学校介绍学校介绍学校介绍学校介绍学校介绍学校介绍学校介绍</a></li>
32	</ul>
33	</div>
34	<!--中列结束-->
35	<!--右列开始-->
36	<div class="col-lg-3 col-md-12">
37	<h4>教学资源<span class="text-white">Resources</span></h4>
38	<ul class="list">
39	<li><a href="#">学校介绍学校介绍学校介绍学校介绍学校介绍学校介绍</a></li>
40	<li><a href="#">学校介绍学校介绍学校介绍学校介绍</a></li>
41	<li><a href="#">学校介绍学校介绍学校介绍学校介绍</a></li>
42	<li><a href="#">学校介绍学校介绍学校介绍学校介绍</a></li>
43	<li><a href="#">学校介绍学校介绍学校介绍学校介绍</a></li>
44	<li><a href="#">学校介绍学校介绍学校介绍学校介绍</a></li>

45	`</ul>`
46	`<a href="#"> <img src="img/li-1.jpg" alt="" class="img-thumbnail"> </a>`
47	`<a href="#"> <img src="img/li-2.jpg" alt="" class="img-thumbnail"> </a>`
48	`<h4>校园之星<span class="text-white">Campus Star</span></h4>`
49	`<div class="float-start col-md-6">`
50	`<a href="#"> <img src="img/xyzx.jpg" alt="" class="img-thumbnail"></a>`
51	`<h5 class="text-center">图片标题</h5>`
52	`</div>`
53	`<div class="float-end col-md-6">` 这里是内容简介这里是内容简介这里是内容简介这里是内容简介 `</div>`
54	`</div>`
55	`<!--右列结束-->`
56	`</div>`

6）制作网页页脚部分，效果如图 7-6-8 所示。

©版权所有：西安工业大学附属中学2014-2017 技术支持：勇者无惧

图 7-6-8
网页页脚效果

实现页脚的 HTML 代码如下：

```
<div class="row float-end"> &copy；版权所有：西安工业大学附属中学 2014-2017 技术支持：勇者无惧</div>
```

微课 7-10
制作网页页脚

任务实现

结合任务描述及基础知识的内容，不难得到实现任务的完整 HTML 代码和样式 CSS 代码，此处不再赘述。

拓展阅读 7-2
Bootstrap5
教程

单 元 小 结

本单元通过对HTML5中常用的5个响应式网页制作任务和一个完整的响应式网站制作任务的介绍，帮助读者根据要求实现相应的响应式网页。通过本单元的学习，需要掌握以下知识和技能点：

1）掌握 Bootstrap5 的安装和使用。

2）了解并掌握栅格化布局。

3）学会制作响应式导航栏。

4）学会制作响应式轮播图。

5）学会制作响应式文字和图片。

6）掌握完整的响应式网站开发流程。

7）掌握 Bootstrap5 的常用类。

Bootstrap5 的常用类如表 7-7-1 所示。

表 7-7-1　Bootstrap5 的常用类

常用类	含义

.float-start {
　　float: left !important
}
	左浮动

.float-end {
　　float: right !important
}
	右浮动

.mx-auto {
　　margin-right: auto !important;
　　margin-left: auto !important
}
	左右居中

.d-flex {
　　display: flex !important
}
	弹性布局

.d-none {
　　display: none !important
}
	隐藏元素并脱离文档，不占实际空间

.d-block {
　　display: block !important
}
	转换为块状元素

.fixed-top {
　　position: fixed;
　　top: 0;
　　right: 0;
　　left: 0;
　　z-index: 1030
}
	置顶

.fixed-bottom {
　　position: fixed;
　　right: 0;
　　bottom: 0;
　　left: 0;
　　z-index: 1030
}
	置底

.visible {
　　visibility: visible !important
}
	元素正常显示

.invisible {
　　visibility: hidden !important
}
	隐藏元素

.overflow-hidden {
　　overflow: hidden !important
}
	元素溢出隐藏

.overflow-visible {
　　overflow: visible !important
}
	内容不会被修剪，会呈现在元素框之外

.overflow-scroll {
　　overflow: scroll !important
}
	如果内容被修剪，则浏览器会显示滚动条以便查看其余的内容

设置间距	1.　{property}{sides}-{size} //适用 xs(<=576 px) 2.　{property}{sides}-{breakpoint}-{size}	例 如 .ms-5：m 用来设置 margin；s 用来设置 margin-left 或 padding-left；5 表示 margin

续表

	常用类	含义

设置间距	//适用 sm (>=576 px)、md (>=768 px)、
	lg (>=992 px)、xl (>=1200 px)或 xxl (>=1400 px)
	● breakpoints 指屏幕宽度：xs (<=576 px)、sm(>=576 px)、md(>=768 px)、lg (>=992 px)、xl(>=1200 px)或 xxl (>=1400 px)
	● property 代表属性：m 用来设置 margin；p 用来设置 padding
	● sides 主要指方向：t 用来设置 margin-top 或 padding-top；b 用来设置 margin-bottom 或 padding-bottom；s 用来设置 margin-left 或 padding-left；e 用来设置 margin-right 或 padding-right；x 用来设置 *-left 和 *-right；y 用来设置 *-top 和 *-bottom；blank 用来设置元素在四个方向的 margin 或 padding
	● size 指边距的大小：0 表示 margin 或 padding 为 0；1 表示 margin 或 padding 为 $spacer * .25；2 表示 margin 或 padding 为 $spacer * .5；3 表示 margin 或 padding 为 $spacer；4 表示 margin 或 padding 为 $spacer * 1.5；5 表示 margin 或 padding 为 $spacer * 3；auto 表示 margin 为 auto。
		或 padding 为 $spacer * 3。
		因此，其属性值如下：
		{
		    margin-left: 3rem !important
		}

设置文本颜色	1. text-muted 2. text-primary 3. text-success 4. text-info 5. text-warning 6. text-danger 7. text-secondary 8. text-dark 9. text-body 10. text-light 11. text-white	1. 浅灰色文本 2. 蓝色文本 3. 绿色文本 4. 浅蓝色文本 5. 黄色文本 6. 红色文本 7. 灰色文本 8. 深灰色文本 9. 黑色文本 10. 浅灰色文本（白色背景上看不清楚） 11. 白色文本
设置背景颜色	1. bg-primary 2. bg-secondary 3. bg-success 4. bg-danger 5. bg-warning 6. bg-info 7. bg-light 8. bg-dark 9. bg-body 10. bg-white 11. bg-transparent	1. 蓝色背景 2. 深灰色背景 3. 绿色背景 4. 红色背景 5. 黄色背景 6. 浅蓝色背景 7. 浅灰色背景 8. 黑色背景 9. 白色背景 10. 白色背景 11. 透明背景

单元 *8*

HTML5 综合案例

学习目标

【知识与技能目标】

1. 掌握静态网页开发的基本流程。

2. 结合案例巩固网页制作的知识。

【能力与素质目标】

总体目标：培养更新观念、终身学习、与时俱进的精神。

1. 能够以项目经理的角色完成网站开发。

2. 培养团队协作精神及集体合作意识。

3. 能够高效利用时间完成工作计划任务。

任务 8-1　静态网页开发的基本流程

任务描述

制作电影网站，界面样式可参考图 8-1-1 所示网站。要求使用 960 网格布局制作，页面的样式单独使用 CSS 样式表文件，通过制作网站掌握静态网页开发的基本流程。

图 8-1-1
电影网站界面参考
样式

基础知识

静态网页开发的基本流程和软件开发的流程基本一致，包括对网站进行需求分析、概要设计、详细设计、代码编写、项目测试、网站交付、网站运维等一系列操作，以满足客户的需求或解决客户的问题。如果客户有更高需求，还需要对网站进行二次开发、升级处理、运营推广等操作。

1. 需求分析

1）相关系统分析员向用户初步了解需求，然后用相关的工具软件列出要开发网站的大功能模块，每个大功能模块有哪些小功能模块，对于有些比较明确的需求，在这一步中可以初步定义好少量相关的界面。

2）系统分析员深入了解和分析需求，根据经验和实际情况用 Word 或相关工具再做出一份系统的功能需求文档。这次的文档会清楚地列出网站的大功能模块以及包含的小功能模块，并且还列出相关的界面和功能。

2．概要设计

概要设计需要对网站的整体设计进行考虑，根据需求分析确定网站由哪些页面组成、每个页面的网站风格、页面结构、模块划分、数据结构设计和出错处理设计等，为网站的详细设计提供基础。

3．详细设计

在概要设计的基础上，开发者需要进行网站的详细设计。在详细设计中，根据用户提供的素材确定网站展示的内容、大小、位置、颜色和形式等，以便开发人员进行编码和测试。应当保证网站的需求完全分配给整个网站。详细设计应当足够详细，能够根据详细设计报告进行编码。

4．代码编写

在代码编写阶段，不同技术人员会根据自己的职责安排进行代码编写，分别实现软件在功能、性能、接口、界面等方面的要求，这一过程需要项目经理、UI 设计师、系统开发工程师、测试工程师等人员共同配合完成，在开发过程中需要项目经理统筹全局，保持和客户的紧密沟通，对于开发中出现的各种问题及时采取相应措施。

5．项目测试

测试人员根据业务逻辑，尽可能全方位地测试项目，找出网站的缺陷，并且提交测试报告，研发人员则需要根据报告对项目漏洞（bug）进行修复。测试过程需要反复多次进行，尽量多地找出网站的问题所在。

6．网站交付

在网站测试证明达到用户要求后，网站开发者应向用户提交开发的网站源代码、用户安装手册、用户使用指南、需求报告、设计报告、测试报告等双方合同所约定的材料文件，同时将网站部署到服务器，以方便用户使用。网站交付之前，需要给客户申请域名并完成备案工作，同时将域名解析到云服务器。

7．网站运维

运维是指在已完成对网站的开发（分析、设计、编码和测试）工作并交付使用以后，对网站运行所进行的一些维护或升级活动，即根据网站运行的情况对网站进行适当修改，以适应客户新的要求，以及纠正运行中发现的错误，同时需要编写网站问题报告、网站修改报告等。

任务实现

1. 网站开发各阶段的详细步骤及生成文件（见表 8-1-1）

表 8-1-1 网站开发各阶段的详细步骤及生成文件

序号	流程	详细步骤	生成文件
1	需求分析	电影网站需要展示电影分类、电影列表及部分明星列表，可以查看电影的图文介绍、对应的评论以及单个电影明星的信息，具有留言板功能。采用 PC 端、移动端、响应式 3 种方式制作网站	需求文档
2	概要设计	页面及功能如下：index.html（网站首页）、guoNei.html（国内电影列表）、ouMei.html（欧美电影列表）、riHan.html（日韩电影列表）、dongMan.html（动漫电影列表）、starList.html（电影明星列表）、starDetail.html（单个电影明星简介及主演电影列表）、detail.html（展示单部电影内容及评论列表）、guestBook.html（留言板）	网页效果图，可预览页面颜色、元素外观、配图
3	详细设计	页面详细设计如下：index.html（上面为 banner 电影广告，左侧为排名前五的电影缩略图，右侧为各个二级栏目的最新上映电影列表）、guoNei.html（左侧为排名前十的电影列表，右侧为最新上映排名前十二的电影缩略图列表）、ouMei.html（左侧为排名前十的电影列表，右侧为最新上映排名前五的电影缩略图+文字列表）、riHan.html（左侧为排名前十的电影列表，右侧为最新上映排名前四的电影标题+文字简介列表）、dongMan.html（左侧为排名前十的电影列表，右侧为最新上映排名前十二的电影缩略图列表）、starList.html（左侧为排名前五的明星列表，右侧为最新上映排名前十二的明星缩略图列表）、starDetail.html（左侧为电影明星简介、照片集及主演电影列表，右侧为和其相关的五位影星列表）、detail.html（左侧为电影内容、演职员表及评论列表，右侧为和其相关的七部电影列表）、guestBook.html（左侧为最热的五部电影列表，右侧为按照留言日期排名的留言及发表表单）	每个页面的效果图，修饰网页的图片素材，制作内容所需的图片和文字素材
4	代码编写	根据页面效果图，使用素材制作网站	PC 端、移动端、响应式 3 种网站
5	项目测试	测试包括功能测试、性能测试、兼容性测试、安全测试等，此处只做功能测试及兼容性测试	PC 端、移动端、响应式 3 种网站可以完美展示页面功能
6	网站交付	在线部署网站并交付给客户，客户可以正常使用并反馈网站使用过程中的漏洞，研发人员针对漏洞进行修改并重新部署网站	双方合同约定的各类文件材料
7	网站运维	对网站运营过程中出现的漏洞进行修改，维持网站的正常运行	网站问题报告、网站修改报告等

2. 网站页面模块图（见图 8-1-2～图 8-1-10）

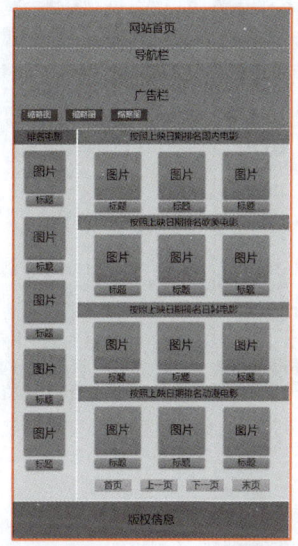

图 8-1-2
网站首页 index.html

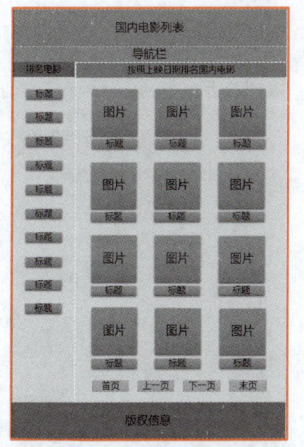

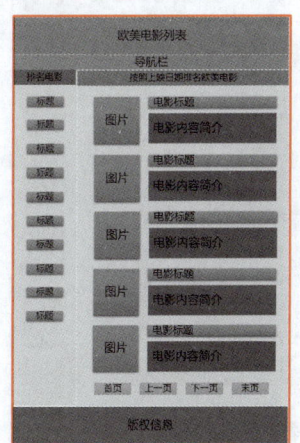

图 8-1-3
国内电影列表 guoNei.html

图 8-1-4
欧美电影列表 ouMei.html

图 8-1-5
日韩电影列表 riHan.html

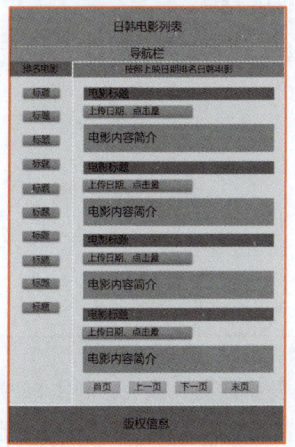

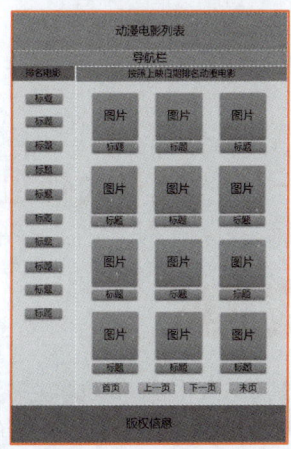

图 8-1-6
动漫电影列表 dongMan.html

图 8-1-7
电影明星列表 starList.html

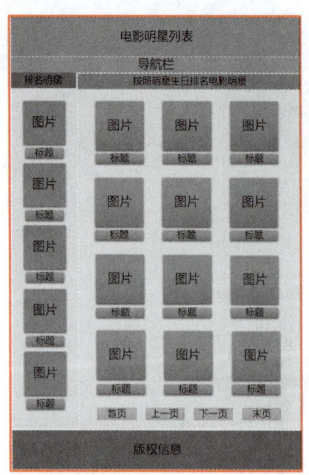

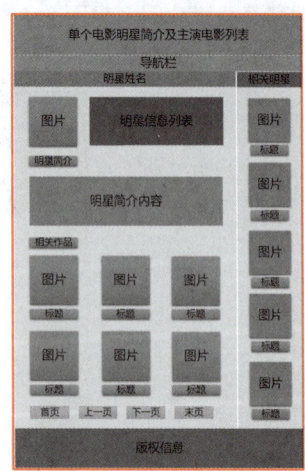

图 8-1-8
单个电影明星简介及主演
电影列表 starDetail.html

图 8-1-9
展示单部电影内容及
评论列表 detail.html

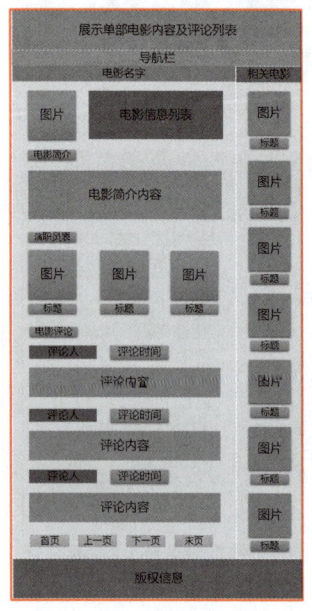

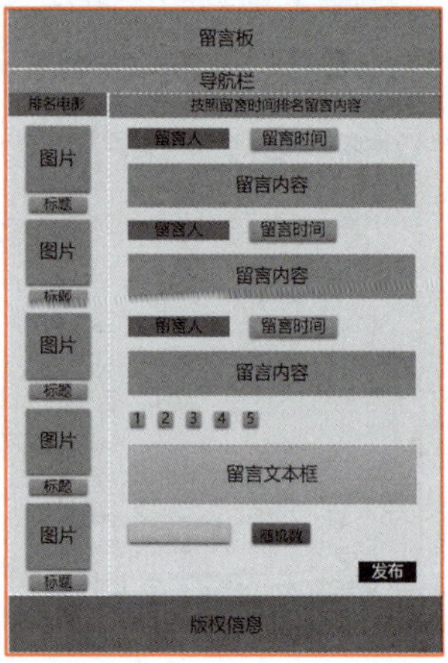

图 8-1-10
留言板 guestBook.html

3. 代码

略。

任务 8-2　期末大作业

任务描述

本任务是期末大作业，每位学生需要根据老师给的图片模板，制作 PC 端、移动端、响应式 3 种网站。期末大作业建议放在第 8 周布置，教师可以定期检查学生完成情况，掌控过程往往比给出结果更为重要。

推荐步骤

1. 模板选择

根据班级学生人数准备相应的难度相近的网站图片，人手一图，各不相同。

2. 需求分析

1）设计主题，如家乡、美食、游戏、汽车、动漫、电影、专业、校园、班级、室友等，收集文字、图片、音视频等网站素材。

2）设计网站的栏目、栏目对应的页面名称、栏目放置哪些内容等。

3）设计网页的大块，每大块分别放什么内容，哪些地方放什么特效等。

4）将设计好的网站模块及每个模块放置的内容整理成电子文档。

3. 作业要求

1）PC 端页面不得低于 10 个，页面名称一律采用英文表示，页面都以图片为模板进行修改。

2）开发分辨率在 1024 px×768 px 以上，采用 Chrome 浏览器调试。

3）学生自己处理的图片至少为 5 幅，类型不得相同，至少下载 5 种非 Windows 字体，图片需要保存好，扩展名为 psd。

4）需要使用 5 个以上 jQuery 特效（如无间隙滚动、天气预报、图片弹出带阴影背景、轮转图片等，单独的 marquee 标记不为特效）。

5）每个网站需要有主题和 logo（自己利用 logo 制作工具开发）。

6）"联系我们"采用内嵌地图，提供 QQ 在线服务。

7）每一个链接都应能够成功跳转，每页都要有醒目的返回首页的超链接。

8）CSS 样式代码和 HTML 代码必须分离，网页中不得出现样式。

9）移动端页面不得低于 5 个，需要打包成 apk 格式文件，能够在安卓手机上正常运行。

10）响应式页面不得低于 3 个，需要适配便携式计算机、平板设备和移动终端。

4. 评分标准

1）每次制作过程都应单独录像，录像格式为 MP4，总计不得低于 50 个小时（30 分）。

2）普通 PC 端网站（20 分），移动端网站（20 分），响应式网站（10 分）。

3）每周集体演示一次，每次 2 分，共 5 次（10 分）。

4）需求文档齐全（10 分）。

5）凡出现以下情况一律不及格：修改现成模板、网页另存、只有文字和图片的网页、消磨时间的录像内容、与模板出入过大。

制作流程

1）新建网站文件夹，以网站主题单词命名，如 car（汽车网）、movie（电影网）、school

（校园网）、class（班级网）、game（游戏网）等，网站名称建议采用英文，不建议使用中文。

2）img 文件夹存放图片，css 文件夹存放样式，js 文件夹存放 JavaScript 脚本文件，back 文件夹存放半成品网站备份，font 文件夹存放下载的字体，file 文件夹存放收集的网站素材，psd 文件夹存放处理的图片，jquery 文件夹存放特效，other 文件夹存放其他文件。文件夹名称最好不包含汉字。

3）网页引入 reset.css，将网页样式初始化，淘宝、腾讯、新浪、搜狐、网易等网站的 reset.css 均可使用。

4）新建样式 style.css，新建公共样式 body（修饰网页页边距，背景、字体等）、a（修饰超链接）、.clear（清除浮动）、.left（左浮动）、.right（右浮动）。style.css 引用在 reset.css 之后。

5）开发 PC 端网页，采用 960 网格系统布局网页，对 12 列内容合理地进行两栏或者三栏布局。

6）对网站首页 index.html 进行大块布局，一般网页都有以下大块布局#container（设置宽度和居中）、header（网页头部）、menu（菜单栏，一般里面放 ul、li、a 制作菜单）、#banner（大块广告图片）、#main（网页主体，根据要求可以进行两栏或者三栏布局）、#sidebar（网页侧边栏）、#content（网站主体部分，多用<ul><li>和<a>制作新闻列表或者缩略图列表）、footer（网站页脚，放置制作公司和版权信息等）。

7）放置网页内容，并进行局部修饰，规划好 menu 中每个菜单的名称及链接地址：index.html（网站首页）、news.html（新闻列表）、product.html（公司产品）、service.html（公司服务）、contact.html（联系我们）。一般网站首页 index.html 会显示当前日期、天气预报、无间隙滚动图片、轮播图片等。

8）参照 index.html 制作各个子网页，news.html 放新闻列表，product.html 放缩略图列表，service.html 放图文混排列表，contact.html 放表单。

9）适当地加入 jQuery 特效，例如产品图片点击放大、首页 banner 图片轮播、"联系我们"表单验证等。

10）完成 PC 端网站后，再根据实际需求，设计移动端网站、响应式网站需要放置哪些内容，然后分别进行制作。

单 元 小 结

本单元主要通过制作电影网站掌握网站开发的基本流程，以及如何制订一个合理的计划并高效完成。通过本单元的学习，需要掌握以下知识和技能点：

1）网页开发的基本流程。

2）培养有计划地推进工作任务的习惯。

3）培养与时俱进、勇于创新的精神。

4）培养不逃避问题、主动解决问题的精神。

5）培养团队合作能力，提高团队凝聚力。

参考文献

[1] 郑娅峰. 网页设计与开发——HTML、CSS、JavaScript 实例教程[M]. 4 版. 北京：清华大学出版社，2021.

[2] 刘增杰，臧顺娟，何楚斌. 精通 HTML5+CSS3+JavaScript 网页设计[M]. 北京：清华大学出版社，2012.

[3] Adam Freeman. HTML5 权威指南[M]. 谢廷晟，牛化成，刘美英，译. 北京：人民邮电出版社，2014.

[4] 前端科技. HTML5+CSS3+JavaScript 从入门到精通（微课精编版）[M]. 2 版. 北京：清华大学出版社，2022.

[5] 颜珍平，陈承欢，汤梦姣. HTML5+CSS3 网页设计与制作实战（项目式）（微课版）[M]. 5 版. 北京：人民邮电出版社，2023.

读者意见反馈

为收集对教材的意见建议，进一步完善教材编写并做好服务工作，读者可将对本教材的意见建议通过如下渠道反馈至我社。

咨询电话　400-810-0598

反馈邮箱　gjdzfwb@pub.hep.cn

通信地址　北京市朝阳区惠新东街 4 号富盛大厦 1 座

　　　　　高等教育出版社总编辑办公室

邮政编码　100029